Vue.js 3
前端漸進式建構框架
實戰應用
完美搭配 Bootstrap 5 與 PHP

關於本書 ↓

本書分為二部份，分別是第一章到第七章為 Vue 的前端資料展現功能，及第八章關於整合後端的 PHP 與 MySQL 資料庫的資料展現功能。本書主要說明 Vue 的資料展現功能，至於元件、Vue Router 及 VUE CLI…等進階主題則不在本書說明之列。

Vue 是一個「漸近式」的前端框架，開發人員可以逐步地、階段性的加進所需要的功能。本書章節即是這樣漸近式的安排，逐章節漸次加入不同的應用主題，因此，對於初次接觸的讀者，個人建議第一章到第八章循序閱讀，至於錄附則視需要參閱即可。

為了詳細說明程式設計的步驟細節，每一支範例程式的各步驟都會獨立存檔，例如，vue03-06-001-01.html 到 vue03-06-001-04.htmll 是第三章第六節的第一支範例（vue03-06-001），最後序號由 01 編到 04，表示這個範例在不同階段的程式碼，這樣逐步的程式檔可以供各位在實作每一步驟時都有方便核對與參考的內容。

一、適合讀者

整合 Vue 前端框架到網頁應用程式時會使用到 HTML 5、CSS 及 ES 6，因此，本書希望讀者至少知道什麼是 HTML 5、什麼是 CSS，及對 JavaScript 程式語言及程式設計有初步的概念。

二、範例

本書的範例作為 Vue 基本觀念講解時主要係以 Bootstrap 5 作為使用者介面。基於講解的範例，其功能大部分都有其界限，為了讓 Vue 貼近真實世界，本書採「站在巨人肩膀」的觀點，因此會利用 Vue 改寫一些網路上的 Bootstrap 範本。主要的範本範例如下：

章	範例
1	Live Canva Library 的 Jumbtron、Start Bootstrap 的履歷表、AdminKit 的登入頁面、Corlib 的聯絡我們、中興大學的單一登入頁面、bbbootstrap 的登入頁面
2	bbbootstrap 的登入頁面、Corlib 的登入頁面
3	bbbootstrap 的 Card 元件、W3Schools 的關於我們
4	聯合新聞網的字體大小按鈕
5	Start Bootstrap 的履歷表、Live Canva Library 的 Jumbtron
8	demo.dashboardpack.com 的登入使用者圖示、W3Schools 的關於我們

三、使用工具

（一） 編輯器，使用 Visual Studio Code。下載網址 https://code.visualstudio.com/。安裝時，建議「勾選」：

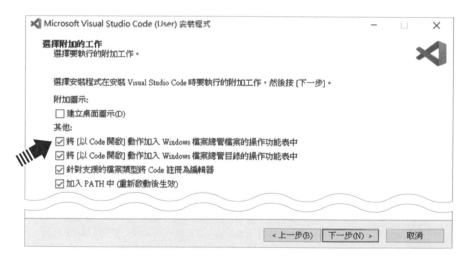

安裝後，建議安裝下列擴充套件：

- ⊘ **vscode-icons**：將 VS Code 檔案與資料夾 icon 美化。

- ⊘ **Prettier – Code formatter**：能夠將 JavaScript、TypeScript、CSS 程式碼格式化，進而統一程式碼的風格。

- ✅ **Bracket Pair Colorize**：可以用不同顏色區分出代碼中的括弧。

- ✅ **Color Highlight**：安裝 color highlight 就可以高亮顯示你所輸入的顏色。

- ✅ **AutoFileName**：讓編輯器自動完成圖片或檔案路徑。

- ✅ **Copy filename**：編輯器的右鍵選單多出了一個名為「Copy name to clipboard」的選項，點選後可以直接複製檔名。

在檔案總管中想要利用 VS Code 開啟特定網頁所在的資料夾時，利用滑鼠在待開啟的資料夾中按下「滑鼠右鍵」開啟選單，再從選單中點選「以 Code 開啟」：

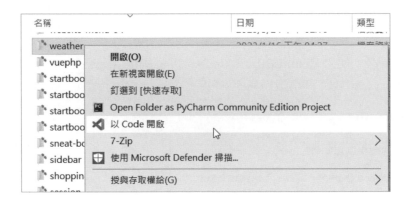

（二）　瀏覽器，使用 Edge。書中會使用到開發者工具，為開啟此工具，各位可點選瀏覽器的右上角的設定按鈕開啟選單：

接著從選單中點選「更多工具」：

最後，再從其次選單中點選「開發人員工具」即可：

或者亦可直接用 Ctrl + Shift + I 快捷鍵的方式開啟。

（三） XAMP 架站軟體，用來試測所有的網頁應用程式。下載網址 https://www.apachefriends.org/zh_tw/download.html。如果不想用架站軟體，也可以在 Visual Code 中安裝 Live Server，這樣也可以針對網頁進行測試。

（四） Bootstrap 5 的 v5.3 版本。不過截至目前為止（113 年 2 月 6 日），從 Google 搜尋 Bootstrap 5 時通常只會開啟 v5.0 的版本：

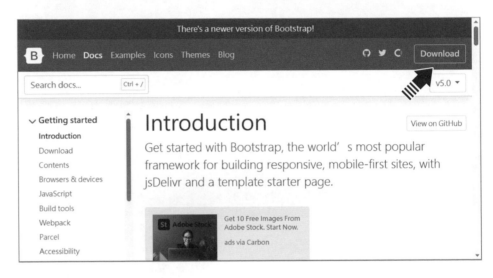

此時，請點左上角的 Logo。

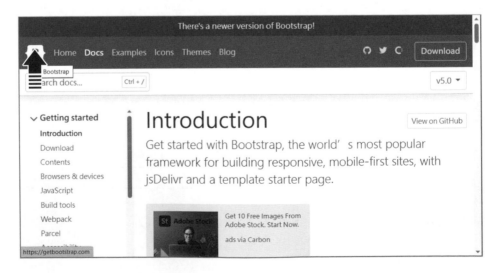

即可從開啟的網頁中點選 v5.3 的版本。

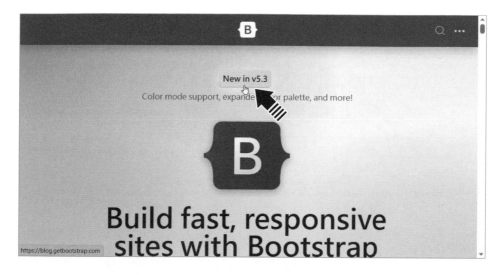

書中使用多個 Bootstrap 5 的元件，為標示元件的層次或其結構性，本書
會在截圖的左側利用箭頭加以指示，例如：

（五）JavaScript

當瀏覽器載入網頁時，就會執行該網頁相應的程式碼，該程式碼基本上包
含了 HTML、CSS 和 JavaScript，其運作就像是工廠收集原料（程式碼）
並且產出商品（網頁呈現的結果）。

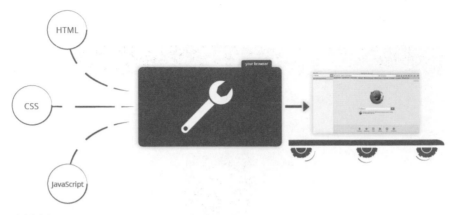

資料來源：https://developer.mozilla.org/zh-TW/docs/Learn/JavaScript/First_steps/
What_is_JavaScript

上述的 HTML、CSS 和 JavaScript 三
者間的關係，倘以開發的標準網頁技
術蛋糕來比喻，JavaScript 的作用係
作為整合的第三層：

資料來源：https://developer.mozilla.org/zh-
TW/docs/Learn/JavaScript/First_
steps/What_is_JavaScript

相較於 Java 或者是 C# 這種程式語言（programming language）而言，
JavaScript 是一種腳本語言（script langue），但是隨著其越趨完整的功能及
ECMAScript 的出現，也能稱它為程式語言。藉由 JavaScript，讓網頁開發人
員可以在網頁中實現出複雜的功能。

網頁中最基本的使用 JavaScript 的方式是在 HTML 中加入 <script> 標籤：

```
<script>
 // JavaScript 將放在這裡
</script>
```

上述的 ECMAScript，是一個標準、或稱為規範。常見的 ES5 或者是 ES6，其實即為 JavaScript 根據這個標準來實作的結果。

四、主要網址

名稱	網址	作用
Visual Studio Code	https://code.visualstudio.com/	微軟編輯器
XAMPP	https://www.apachefriends.org/zh_tw/download.html	架站軟體
Vue.js	https://vuejs.org/ https://cn.vuejs.org/	Vue 官網與簡體中文官網
Bootstrap 5	https://blog.getbootstrap.com/	Bootstrap 官網
Font Awesome	https://fontawesome.com/	圖示
Google Icons	https://material.io/tools/icons/?style=baseline	圖示
Lorem Picsum	https://picsum.photos/	隨機圖片
lorempixel	http://lorempixel.com/	隨機圖片
亂數假文產生器	http://www.richyli.com/tool/loremipsum/	中文假字
cdnjs	https://cdnjs.com/	套件 CDN
JSONPlaceholder	https://jsonplaceholder.typicode.com/	線上 json 資源
Clip Art Mag	http://clipartmag.com/	免費圖片
Clipart Library	http://clipart-library.com/	免費圖片
Open Clipart	https://openclipart.org/	免費圖片
Free Icons Library	http://chittagongit.com/	免費圖片
Icon Finder	https://www.iconfinder.com/	付 / 免費圖片
W3Schools	https://www.w3schools.com/	範例網站

關於作者 ↓

目前為政府部門會計主管，部定講師，並就讀於中正大學法律博士班。

一、學歷

（一） 臺灣大學商學研究所。

（二） 中興大學法律研究所。

二、學術著作

（一） 自動化知識擷取—神經網路於稅務查核之應用，臺灣大學商學研究所碩士論文，民國 81 年。

（二） 電腦詐欺罪不正方法的解構與重構，中興大學法律碩士專班碩士論文，民國 112 年。

（三） 圖解刑法財產犯罪，五南圖書出版股份公司，民國 113 年。

三、專業成就

（一） 著作

⊘ 政府會計歷屆考題題庫，志光出版社，民國 87 年。

⊘ 建置 MIDP 的應用程式：行動電話應用程式設計快速入門（一），網際先鋒第八十八期，民國 90 年 9 月。

⊘ 建置 MIDP 的應用程式：行動電話應用程式設計快速入門（二），網際先鋒第八十八期，民國 90 年 10 月。

⊘ Java 行動通訊程式設計，文魁資訊股份有限公司，民國 90 年。

⊘ Pocket PC 資料庫應用程式設計，文魁資訊股份有限公司，民國 90 年。

◎ Java 2 程式設計徹底研究，文魁資訊股份有限公司，民國 91 年。

◎ C# 物件導向程式設計，文魁資訊股份有限公司，民國 91 年。

◎ CSS 版面樣式設計實務，文魁資訊股份有限公司，95 年。

◎ Oracle XE 資料庫管理與設計實務，文魁資訊股份有限公司，民國 96 年。

◎ SPSS 操作與統計分析實務，文魁資訊股份有限公司，民國 97 年。

◎ Visual C# 2008 程式設計實務，文魁資訊股份有限公司，民國 98 年。

◎ Visual C# 2012 物件導向程式設計，松崗資產管理股份有限公司，民國 102 年。

◎ Visual C# 2013 視窗程式設計，松崗資產管理股份有限公司，民國 103 年。

◎ Objective-C 程式設計，超 Easy，松崗資產管理股份有限公司，民國 103 年。

◎ 精通 Joomla! 架站技巧：規劃 × 建置 × 管理 (松崗，民國 103 年)。

◎ iOS App 程式開發與設計，松崗資產管理股份有限公司，民國 106 年。

◎ Vue.js 2 前端漸進式建構框架實戰應用 —— 完美搭配 Bootstrap 4 與 Firebase，碁峰資訊股份有限公司，民國 108 年。

◎ 第一次用 Word 寫論文就上手，碁峰資訊股份有限公司，民國 110 年。

◎ Vue.js 3 前端漸進式建構框架實戰應用 —— 完美搭配 Bootstrap 5 與 PHP，碁峰資訊股份有限公司，民國 112 年。

（二）　證照

✓ **System**：

RHCE、RHCT、

SCSA、SCNA、

LPI Level I、LPI Level 2、

Linux+、

CIW Associate、CIW Professional、Master CIW Administrator

✓ **Developer**：

MCP、MCAD.NET、MCSD.NET、

SCJP 1.4、SCWCD 1.4、

BEA 8.1 Certified Administrator、

BEA 8.1 Certified Developer : Portal Solutions、

IBM Certified Associate Developer - WebSphere Studio, V5.0

✓ **Collaborative Computing**：

IBM Certified Associate System Administrator-Lotus Notes and Domino 6/6.5、

IBM Certified Associate Developer-Lotus Notes and Domino 6/6.5

✓ **Database:**

Oracle Database 10g Administrator Certified Associate, OCA、

IBM Certified Database Associate、

IBM Certified Database Administrator、

IBM Certified Advanced Database Administrator、

MCP:Installing, Configuring, and Administering Microsoft SQL Server 2000 Enterprise Edition、

MCP:Designing and Implementing Databases with Microsoft SQL Server™ 2000 Enterprise Edition

- ⊘ **Network:**
  CCNA

- ⊘ **Security:**
  Security+、
  CIW Security Analysts、
  SCSecA、
  MCP: Installing, Configuring, and Administering Microsoft ISA

- ⊘ 政府採購法（基礎）

- ⊘ TOEIC 藍色證書

（三） 程式

- ⊘ **App 部分**：支出標準審核作業、隨手翻 Excel、貼身帳房、王子的筆記、記事本

- ⊘ **Web 部分**：

  （1）資訊刑法 (https://informationcrime.law)

  （2）刑法 (https://law.shared4u.me/01sidebar-criminal.html)

  （3）刑法財產犯罪 (https://books320.shared4u.me/)

  （4）合約管理系統 (https://law.shared4u.me/tom.html)

  （5）批價代碼管理系統 (https://law.shared4u.me/login.html)

（四） 教學

- ⊘ 大專院校兼任講師，民國 90 年起陸續八年。

- ⊘ 民間資訊教育訓練機構，講授程式設計、辦公室軟體等凡八年。

目錄 ↓

Chapter 3　資料的呈現

Chapter 4　CSS 樣式的動態綁定

Chapter 5　選擇性資料的呈現

Chapter 6　表單及其元件

Chapter **7**

再談事件繫結

Chapter **8**

來自後端的資料

Appendix A　快速掌握 ES 6

📥電子書，請線上下載

📥線上下載

本書範例檔及附錄電子書請至 http://books.gotop.com.tw/download/ACL068300
下載。其內容僅供合法持有本書的讀者使用，未經授權不得抄襲、轉載或任意散佈。

1

Vus.js 起步走

傳統在撰寫網頁應用程式（web application）時，網頁提供一個資料視覺化的載具並提供互動的機制。細繹之，視覺化之使用者介面用 HTML 的各式標籤構成並透過 CSS（Cascading Style Sheets，樣式表）來美化（這個部份稱為 View，視圖），如果要有互動功能，需再藉由 JavaScript 程式語言做資料或處理邏輯（這個部份稱為 Model，模型）直接去操弄使用者介面中的元素（由上而下檔案分別是 vue0-10001-01.html、vue0-10001-02.html 及 vue0-10001.html）：

單純的資料呈現

利用CSS的資料
視覺化

提供互動的機制

其結構如下,程式碼請參閱 vue01-0001.html:

一、 使用者介面是純 HTML 打造,本例僅做用一個 `<span>` 的 HTML 標籤 (tag)。

二、 為呈現 3D 的文字效果,利用 `<style>` 的 HTML 的標籤加入 CSS。

三、 資料/處理邏輯則是使用純 JavaScript 與 DOM 的物件所建構,用來操弄使用者介面中的 HTML 元素或稱標籤。

```
<style>
    body {
        background-color: #c4c4c4;
    }

    .ThreeDtext {
        position: absolute;
        ...
    }
</style>
</head>
<body>
    <span class="ThreeDtext" id="demo" onclick="change_text(); return false">Vue.js 3</span>
    <script>
    function change_text() {
        var old_value = document.getElementById("demo").innerHTML
        document.getElementById("demo").innerHTML = old_value + "<br/>" + "漸進式框架"
    }
    </script>
</body>
```

資料視覺化

資料處理與互動機制

這樣的結構將會隨著網頁內容及機制的複雜化之後,其程式碼將更形凌亂。採用 Vue.js 之後,原先網頁的資料及處理機制將被「抽離出來」交由 Vue 物件「統籌」:

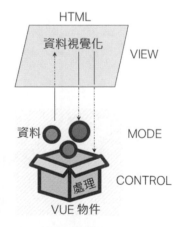

例如下面這 W3Schools 的範例 [1]：

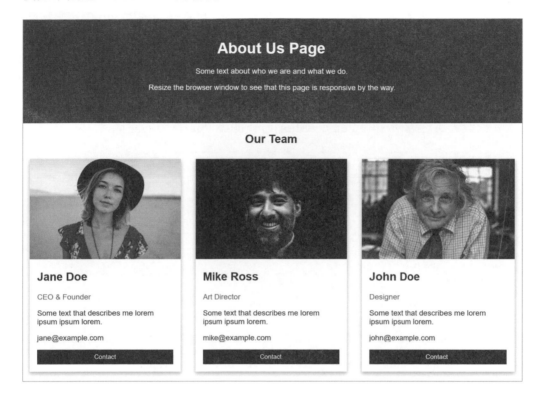

將資料抽離後僅餘框架後,在還沒填充資料之前,該頁面的結果如下：

---

[1] https://www.w3schools.com/howto/howto_css_about_page.asp。

採用 Vue.js 之後，Vue 實例把手深進原本的 UI 及 JavaScript 部份，但卻不是直接去操弄使用者介面中的元素，其結構如下，程式碼請參閱 vue01 鄉 -002. html：

一、使用者介面中的 {{ }} 與 v-on:click 指令即為 Vue 的「資料綁定」與「事件繫結」。

二、資料 / 處理邏輯中的 Vue.createApp () 即為 Vue 實例的建構。

```html
<style>
    body {
        background-color: #c4c4c4;
    }

    .ThreeDtext {
        position: absolute;
        ...
    }
</style>
</head>
<body>
<div id="app">
    <span class="ThreeDtext" @click="change_text">{{ message }}</span>
</div>
</body>

<script src="https://unpkg.com/vue@3/dist/vue.global.js"></script>
<script>
    const app = Vue.createApp({
        data() {
            return {
                message: "Vue.js 3"
            }
        },
        methods: {
            change_text() {
                this.message = this.message + "\n漸進式框架";
            }
        }
    })
    app.mount('#app')
</script>
```

（圖示標註）框架 → 資料視覺化 → 資料視覺化

框架內容的供給者

此種各司其職的分工方式，就是為什麼 Vue.js 這個與 React 及 Angular 齊名的前端框架在前端程式設計時被稱為 MVVM 的原因。

> MVVM 是由 Model、View 及 ViewModel 三部分構成，Model 代表資料及
> 資料操作的處理邏輯，View 代表 UI 的視覺化部份，至於 ViewModel 則
> 被用來同步 View 和 Model 的實物或稱物件，讓 View 中的資料的變化會
> 同步到 Model 中，而 Model 中的資料變化也會立即反應到 View 上。

NOTE

　　使用過 jQuery 框架的朋友可能會問說，jQuery 框架與 Vue.js 有什麼不同
嗎？如果從結構來看，jQuery 只是提供了更好的方式來操弄 HTML 而已，一樣是
去操弄使用者介面中的元素，但並未「統籌」整個網頁所需的「內容」及其相關的
「處理」。使用 jQuery 的結構如下，程式碼請參閱 vue01-0003.html：

使用 HTML 撰寫網頁時，<a> 與 <button> 及 <input> 的標籤最常使用，甚至
只使用這三種標籤就幾乎完成一個頁面。

例如，下面這個臺鐵的訂票網頁中有各種使用 <a> 標籤的超連結所構成的表
單，有使用 <input> 標籤的的單列文字框用來輸入資料及執行特定功能的「開
始查詢」按鈕 <button> 標籤：

關於 <a> 標籤的結構，除了 <a href="..." >...</a> 外，href 可以指定構成網址的任意字串，而顯示 <a> 標籤內容的文字也可以是任意的字串。這表示我們有機會利用程式碼的方式視實際需要來填入適合的內容，因此，<a> 標籤需要的資料可以透過程式來動態提供，這樣就能依情況的不同來動態建構一個指向特定連結的 <a> 標籤。

至於 <input> 標籤作為單列文字框作用時，主要則是從使用者手中拿到資料，然後提供資料給程式讓程式決定如何進行下一步，例如，上述網頁的「身分證字號」及「電腦代碼」的單列文字框被程式拿來進行後續查詢之用；至於 <button> 標籤就像一個開關，被用來啟動某個動作，像是上述網頁的「開始查詢」。

本章會利用 Vus.js 實作上述三種 HTML 標籤達成下面的需求，簡單來說就是 HTML 標籤與 Vue.js 做「資料綁定」與「事件繫結」：

一、由 Vue.js 提供資料給 HTML 標籤。

二、用 Vue.js 取得 HTML 標籤提供的資料。

三、如何讓 HTML 的 <button> 標籤按下之後的動作與 Vue.js 繫結起來。

Vue.js 的使用方式可以是單一的 HTML 檔案，或是程式碼與網頁的使用者介面分離的多檔案結構，也可以是搭配使用 Vue CLI。不過，為了專注在觀念的介紹，本書的範例主要是使用單一的 HTML 檔案的方式來撰寫，這樣的話可以讓準備工作會少一點，程式碼的撰寫上也單純很多。一旦有了單一的 HTML

檔案的撰寫經驗之後，轉換成多檔案或是以 Vue CLI 的專案的方式實作時，都可以很容易地上手！

本節最後說明一下本書各個範例的執行環境。本書範例的截圖都是從 127.0.0.1 的本機端 Apache 網頁伺服器所執行，而未來也會在本地端使用 MySQL 資料庫伺服器。安裝這二個伺服器很簡單，例如本書的測試環境即安裝 XAMPP 而成。

各位可以到 Apache Friends 網站的 https://www.apachefriends.org/zh_tw/download.html 下載頁面，依各位的作業系統選擇適合的安裝版本：

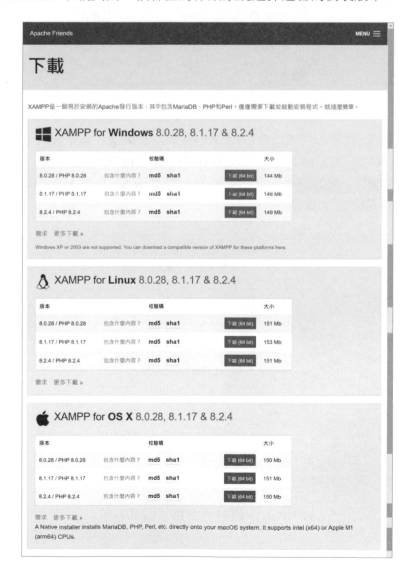

安裝之後，其安裝資料夾中有一名為 htdocs 者，所有範例必須放到這個資料夾中：

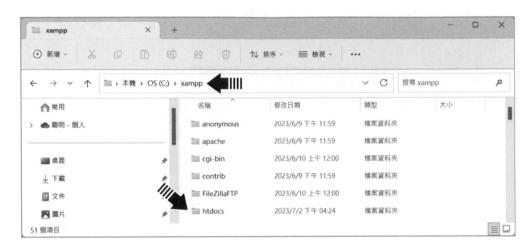

為了分章釋例的需要，可以在 htdocs 資料夾再依資料夾分類，例如下面的 ch03 及 ch04 是我們分別在第 3 章及第 4 章範例所在；像下面的 adminkit-3-3-0 資料夾就是從網頁下載的範本所在，如果要使用該範本，即可利用編輯器，像是 Visual Code 開啟後加以修改：

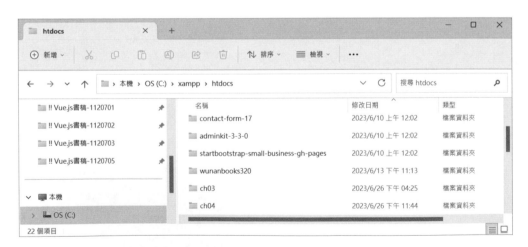

這樣的結構，利用瀏覽器開啟時，網址會是如下的格式：

127.0.0.1/ 資料夾名稱 / 檔案名稱

例如，開啟 vue05-02-002-02.html 檔案，其網址為 127.0.0.1/ch05/vue05-02-002-02.html：

127.0.0.1/ch05/vue05-02-002-02.html

最後，如何啟動伺服器？利用檔案總管切換到安裝 XAMPP 所在資料夾，然後捲動畫面到最下方，即可看到 xampp-control.exe：

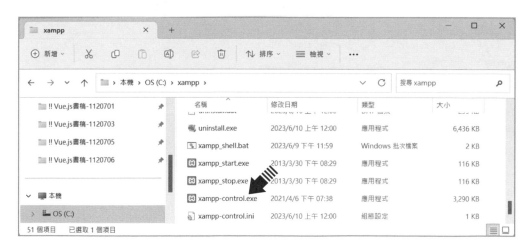

滑鼠雙擊此檔案後，即會開啟下列視窗，此時點擊 Apache 右側 Actions 欄位的 Start 按鈕即可啟動 Apache 網頁伺服器；同理，點擊 MysSQL 右側 Actions 欄位的 Start 按鈕即可啟動 MysSQL 資料庫伺服器：

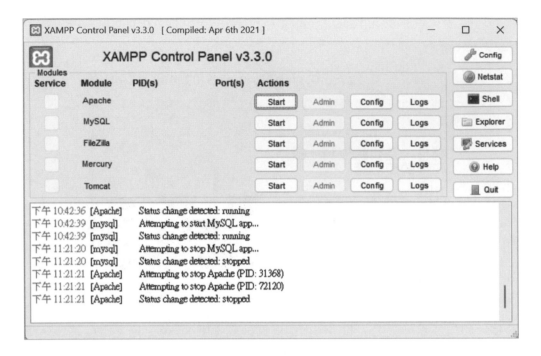

啟動後的畫面如下，如果要關閉，就點擊伺服器相應的 Stop 按鈕即可：

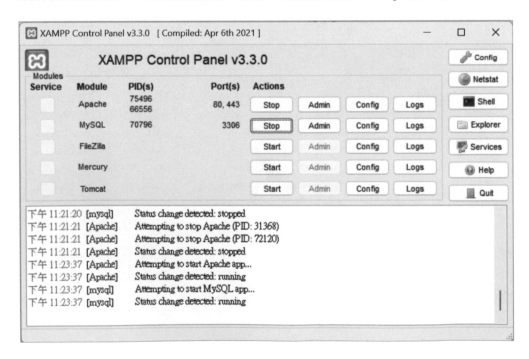

1-1 Vue.js 範本檔的實作

實作範例之前，我們先來把使用 Vue 時的檔案結構做好。請依下列步驟逐步完成我們在本書一直會重複利用的範本檔結構。

STEP 1 在 Visual Studio Code 中新增 vue01-template-pl.hthm 檔。

STEP 2 在編輯器中輸入「!」後，按下「Tab」鍵產生基本的 HTML 結構。

STEP 3 接下來是在 HTML 中使用 Vue.js 的三個基本動作：

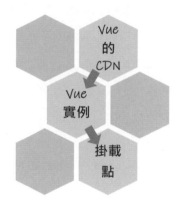

①　通常會在 <body> 標籤最後面加入 <script> 標籤來指定 Vue.js 的 CDN [2]，此種方式使用了全域構建版本的 Vue，該版本的所有頂層 API 都以屬性的形式暴露在全域的 Vue 物件上 [3]（詳 vue01-template-01.html）：

```
<body>
  <!-- Vue 的 CDN -->
  <script src=" https://unpkg.com/vue@3/dist/vue.global.js"></script>
</body>
```

---

[2]　依據官網站（https://cn.vuejs.org/guide/quick-start.html#using-vue-from-cdn）的說明，範例中採用的是「使用全域構建版本」。另外，關於 CDN 亦可採下面的「使用 ES 模組構建版本」語法：
import { createApp } from 'https://unpkg.com/vue@3/dist/vue.esm-browser.js'

[3]　詳 https://cn.vuejs.org/guide/quick-start.html#using-vue-from-cdn 官方線上文件的說明。

依據維基百科，CDN 的說明如下：

內容傳遞網路（英語：Content delivery network 或 Content distribution network，縮寫：CDN）是指一種透過網際網路互相連接的電腦網路系統，利用最靠近每位使用者的伺服器，更快、更可靠地將音樂、圖片、影片、應用程式及其他檔案傳送給使用者，來提供高效能、可擴展性及低成本的網路內容傳遞給使用者。

內容傳遞網路的總承載量可以比單一骨幹最大的頻寬還要大。這使得內容傳遞網路可以承載的使用者數量比起傳統單一伺服器多。也就是說，若把有 100Gbps 處理能力的伺服器放在只有 10Gbps 頻寬的資料中心，則亦只能發揮出 10Gbps 的承載量。但如果放到十個有 10Gbps 的地點，整個系統的承載量就可以到 10*10Gbps。

同時，將伺服器放到不同地點，可以減少互連的流量，進而降低頻寬成本。

資料來源：https://zh.wikipedia.org/wiki/ 內容傳遞網路。

利用 Microsoft Edge 開啟 vue01-template-01.html 後，利用開發人員工具的「主控台」頁籤的最後一列之顯示，可看該網頁已處於可利用 Vue 的狀態，如果展開其內容，即可看到 Vue 提供的 createApp() 方法：

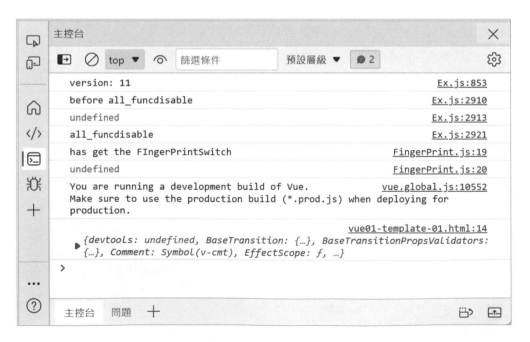

② 接著在上述的 <script> 標籤後面再加入用來建構 Vue 實例的程式碼區塊。在區塊中利用「Vue.createApp(({})」的語法加入建構 Vue 實例的程式碼（詳 vue01-template-02.html）：

```
<body>
  <!-- Vue 的 CDN -->
  <script src=" https://unpkg.com/vue@3/dist/vue.global.js"></script>

  <!-- Vue 實例的程式碼 -->
  <script>
    const app = Vue.createApp({
      …

    })
  </script>
</body>
```

使用「Vue.createApp ({})」的語法[4] 建構 Vue 實例時，會傳入一個 JavaScript 物件（object），這個物件稱為 options（選項物件），透過在這個選項物件中加入特定的屬性可以用來完成特定的用途，例如，本章一開始範例中使用 data() 函式，其傳回的 message 是供結網頁之資料。

由於選項物件是 JavaScript 物件，因此，其格式會以常數物件（object literal）方式來撰寫，而且可以使用 ES 6 的語法。

③ 配合上述 Vue 實例要「供給」的網頁區塊，必須將該區塊作為其掌控的「掛載點」也就是作為 Vue 實例的「領域」。通常是一個 id 為「app」的

---

[4] 依官方文件所示，如果是採用第一種 CDN 的話，另外一種建構 Vue 實例的方法如下（詳 vue01-template-02-a1.html）：

```
const { createApp } = Vue
const app = createApp({

})
```

如果採用第二種 CDN 的話，可以是（詳 vue01-template-02-a2.html）：

```
import { createApp } from 'https://unpkg.com/vue@3/dist/vue.esm-browser.js'
const app = createApp({

})
```

<div> 標籤（詳 vue01-template-03.html）：

```html
<body>
  <!-- Vue 實例的掛載點 -->
  <div id='app'>

  </div>
  <!-- Vue 的 CDN -->
  <script src=" https://unpkg.com/vue@3/dist/vue.global.js"></script>

  <!-- Vue 實例的程式碼 -->
  <script>
    const app = Vue.createApp( ({
      …
    })
    app.mount('#app')
  </script>
</body>
```

上述完成了使用 Vue.js 的檔案結構，若以 MVVM 模型來看，其結構如下：

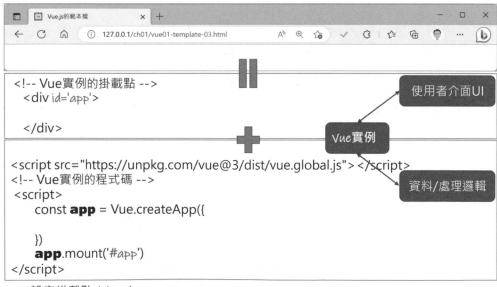

一、設定掛載點id='app'。
二、Vue實例利用mount()方法掛載使用者介面的掛載點：**app**.mount('#app')。
三、利用Vue的createApp()方法建立Vue實例。
四、Vue的存在在於Vue的CDN。

到此為止就是使用 Vue.js 的 HTML 檔案的基本結構，大家可以將這個檔案特別保存下來做為本書其他範例的初始化範本。

> NOTE
>
> 關於 Vue 實例的建構部分亦可獨立出來，如此則讓 HTML 資料視覺化的使用者介面與資料的處理邏輯完全分開。例如，以最後完成的 vue01-template-03.html 為例，可以將 HTML 資料視覺化的使用者介面以 vue01-template-03-a1.html 存在，而 Vue 實例的建構部分則以 vue01-template-03-a1.js 存檔，二者則藉由在 vue01-template-03-a1.html 以 <script> 予以介接起來：
>
> ```
> <script src="vue01-template-03-a1.js"></script>
> ```
>
> ```
> // Vue實例的程式碼
> <script>
>     const app = Vue.createApp({
>
>     })
>     app.mount('#app')
> </script>
> ```
> _vue01-template-03-a1.js_
>
> ```
> <!-- Vue實例的掛載點 -->
> <div id='app'>
>
> </div>
> <script src="https://unpkg.com/vue@3/dist/vue.global.js"></script>
> <script src="vue01-template-03-a1.js"></script>
> ```
> vue01-template-03-a1.html

除了上述此種被稱之為「選項式 API（Options API）」的結構之外，Vue 3 額外提供了一種稱之為「组合式 API（Composition API）[5]」的結構，其中跟 vue 操作有關都會寫在這 steup() 裡面，而需要「供給」給 HTML 上的資料，需要 return 出來（詳 vue01-template-04.html）：

```
<div id="app">
  <span>{{ message }}</span>
</div>
<script src="https://unpkg.com/vue@3/dist/vue.global.js"></script>
```

---

[5] 關於組合式 API，詳官方文件：https://cn.vuejs.org/guide/extras/composition-api-faq.html。

```
<script>
  const { ref } = Vue;
  const app = Vue.createApp({
    setup() {
      const message = ref('Vue.js 3');
      return {
        message
      }
    }
  })

  app.mount('#app')
</script>
```

由於學習成本可能會增加，以前的思維方式也要轉變，而且根據官方文件所言：「兩種 API 風格都能夠覆蓋大部分的應用場景。它們只是同一個底層系統所提供的兩套不同的介面。實際上，選項式 API 是在組合式 API 的基礎上實現的！關於 Vue 的基礎概念和知識在它們之間都是通用的。[6]」，因此本書主要以選項式 API 為例。

1-2 {{ }}，mustache 語法的「單向流出之資料綁定」

為了讓資料能夠在 HTML 標籤中呈現出來，Vue 實例中會加上選項物件的 data 屬性來指定要提供的資料，然後在 HTML 標籤中加上 {{ }} 這個取其形狀而被戲稱為 mustache[7]（鬍子）的模板語法語法進行「單向流出的資料綁定 data binding」。

---

6 詳細內容，請參閱 https://cn.vuejs.org/guide/introduction.html#api-styles 線上官方文件。

7 其實這個稱呼存在於一個 Mustache 的 JavaScript 函式庫，這是一個相當著名的模板引擎，所謂的模板引擎就是為了將使用者介面 (HTML) 與業務邏輯 (JS) 分離而產生的，它可以生成特定格式的文件，這樣可以讓美術 / 程式設計師分工處理上更佳的流暢。可參考 https://www.cnblogs.com/lyzg/p/5133250.html，關於「Javascript 模板引擎 mustache. js 詳解」

例如，下面範例程式碼中，定義在 Vue 實例選項物件 data 函式所 return（傳回）的 message 資料「流出」到 Vue 實例掛載點中的 {{ message }}，這個 mustache 模板語法中，由於是「單向流出之資料綁定」，故使用中介面中的 {{ message }} 是無法變更其值而「倒流」回 Vue 實例中的 message 的：

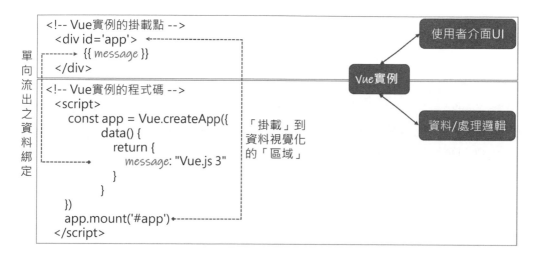

看似複雜的程式碼以 MVVM 解構如下：數字 1 標示的位置表示將資料撈給 HTML，然後在瀏覽器呈現，即數字 2 標示的位置（詳 vue01-02-001.html）：

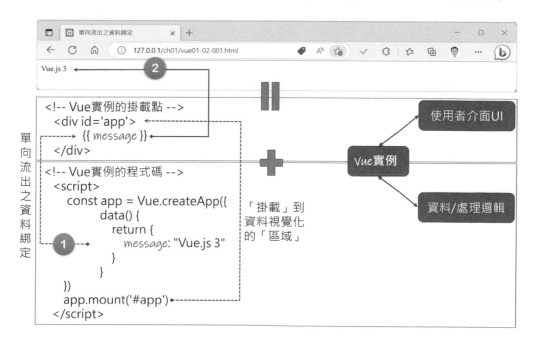

Mustache 中文為「鬍子」：

資料來源：https://pixabay.com/zh/ 小胡子 - 手把 - 男 - 头发 - 复古 - 男子 - 面部 护理 - 酿酒 - 黑 -473661/

拜網際網路的普及，只要用 Google 查詢，不難發現網路上有很多前輩先進免 費提供的範本或樣式供我們學習與使用，因此，開發網頁時，不儘然都必須自 己從頭到尾自行撰寫，很多時候「合法地」「站在巨人肩膀上」進行開發是增 進網頁開發效率與效果的一個捷徑。

接下來這個範例只要簡單地使用上述「mustache 模板語法」即可完全打造出 美侖美奐的 Jumbotron[8]（詳 vue01-02-002.html）。

程式碼主要來自於 Live Canva Library 網站（Hero with Glassmorphism - Bootstrap 5 Snippets (livecanvas.com)）。

---

8 Jumbotron 於 Bootstrap 3 時引進，不過現行的 Bootstrap 5 已不再支援。中文譯名為 「超大屏幕」。

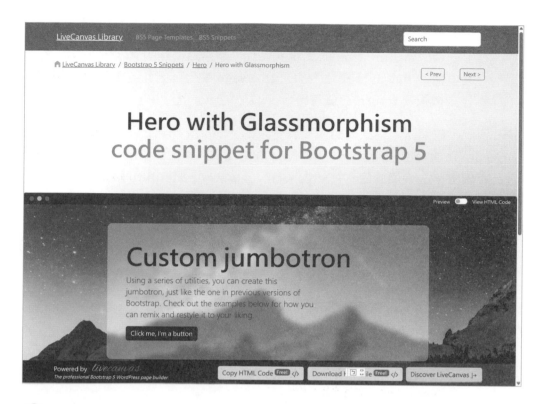

STEP
1 請將上述網頁中的畫面切換到 View HTML Code：

STEP
2 在 Visual Code 中新增一支名為「vue01-02-002.html」的檔案，同時將 Step 1 畫面中的程式碼複製進來。

STEP 3 從上述截圖看來，使用者介面中共有三組文字：一個做為 Jumobron 的標題、一個做為 Jumbtron 的文字內容及一個作為按鈕的文字。在 Vue 實例的選項物件中的 data 屬性中加入 message 字串，因此，本例會使用到三個 {{ }} 模板及 return 三個資料。

因此，先將下列程式碼寫入複製過來的 </body> 標籤之前，如此即準備好「供給」HTML 使用者介所需的 Vue 環境及資料。三個資料中的 text 文字內容摘自 Vue 官網的簡介（https://cn.vuejs.org/guide/introduction.html）：

```
<script src="https://unpkg.com/vue@3/dist/vue.global.js"></script>
```

```
<!-- Vue 實例的程式碼 -->
<script>
  const app = Vue.createApp({
    data() {
      return {
        jumbotron: "Vue.js 3 教學 ",
        text: "Vue ( 發音為 /vju:/，類似 view) 是一款用於構建使用者介面的 JavaScript 框架。它基於標準 HTML、CSSJavaScript 構建，並提供了一套聲明式的、元件化的程式設計模型， 明你高效地開發使用者介面。無論是簡單還是複雜的介面，Vue 都可以勝任。"
        button_title: " 開始學習 "
        }
      }
  })
  app.mount('#app')
</script>
```

STEP 4 Vue 實例及資料準備妥當之後，接下來即是在 HTML 中畫出一個「區域」使之與 Vue 實例互動，同時將 {{ }} 鬍子模板語法「刻入」HTML 中（為呈現結構，原先複製進來的程式碼中關於 HTML 標籤中的 CSS 樣式設定，在下面的程式碼中予以忽略不顯示）：

```
<body>
  <!-- Vue 實例的掛載點 -->
  <div id="app">
    <div>
      <div class="lc-block">
        <div editable="rich">
          <h2 class="fw-bolder display-3">{{ jumbotron}}</h2>
        </div>
```

```
      </div>
      <div class="lc-block col-md-8">
        <div editable="rich">
          <p class="lead">{{ text }}
          </p>
        </div>
      </div>
      <div class="lc-block">
        <a class="btn btn-dark" href="#" role="button">{{ button_title}}</a>
      </div>
    </div>
  </div>
```

鬍子模板語法的 {{}} 模板被用來作為單向資料流出的綁定之用，但不限於只是單純資料的流出，如果是要經過運算或者說能夠以「運算式」的方式表達者，像是呼叫有傳回值的函數，一樣可以用鬍子模板語法。

例如，下面這個範例將多個數值構成的陣列經過乘以 2 的運算後輸出：

STEP 1 請將 vue01-template-03.html 複製為 vue01-02-003.html。

STEP 2 在 Vue 實例的選項物件中的 data 屬性中加入 numbers 陣列。

```
<!-- Vue 實例的程式碼 -->
<script>
  const app = Vue.createApp({
    data(){
      return {
        numbers: [1, 4, 9, 16]
      }
    }
  })
  app.mount('#app')
```

STEP 3 然後在 id 為 app 的 Vue 實例的掛載點中利用鬍子語法做 numbers 陣列運算的「資料綁定」。

```
<!-- Vue 實例的掛載點 -->
<div id='app'>
  {{ numbers.map(x => x * 2) }}
</div>
```

開啟 vue01-02-003.html 網頁,其結果如下:

雖然 Vue 實例中如何寫 methods 屬性尚未提及,不過由於函式或稱方法一樣有可能傳回資料,因此一樣可以提供 {{ }} 模板之用,例如下面程式碼(詳 vue01-02-004.html)即以此方式完成與上範例(vue01-02-003.html)相同的結果:

```html
<body>
  <!-- Vue 實例的掛載點 -->
  <div id="app">
    {{ mustache() }}
  </div>
  <script src="https://unpkg.com/vue@3/dist/vue.global.js"></script>

  <!-- Vue 實例的程式碼 -->
  <script>
    const app = Vue.createApp({
      data() {
        return {
          numbers: [1, 4, 9, 16]
        }
      },
      methods: {
        mustache() {
          return this.numbers.map(x => x * 2)
        }
      }
    })
    app.mount('#app')
  </script>
</body>
```

鬍子模板語法的 {{}} 被用來作為單向資料流出的綁定之用,萬一我們的資料本身就是鬍子語法,但是不想被解譯為單向資料流出的綁定時,例如,下面的第一列輸出 {{ message }} 字串:

這個時候,我們可以使用 v-pre 指令搭配 <span> 標籤包起含有鬍子語法的字串(詳 vue01-02-005.html):

```html
<!-- Vue 實例的掛載點 -->
<div id="app">
  <p> 使用鬍子語法 <span v-pre>{{ message }}</span> 的結果 </p>
  {{ message }}
  </div>
```

> **NOTE**
>
> 像 v-pre 這種以 v- 開頭的片語稱為「directive」,本書使用「指令」稱呼這樣的片語。

> **NOTE**
>
> data 函式中關於 return 物件之資料的設值,也可以變數的形式寫在 Vue 實例之外,然後再指定給 return 物件中的屬性,如果變數的名稱「恰好」與 data 物件中的名稱相同時,可以有二種寫法(ES 6 寫法的部份,詳 vue01-02-006.html):

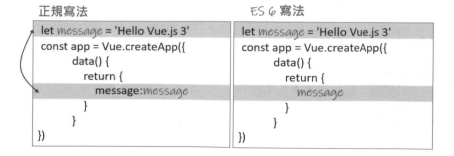

當然也可以將整個選項物件中的 data 函式的 return 物件獨立出來（詳 vue01-02-007.html）：

```html
<body>
  <!-- Vue 實例的掛載點 -->
  <div id="app">
    {{ message }}{{ framework}}
  </div>
  <script src="https://unpkg.com/vue@3/dist/vue.global.js"></script>

  <!-- Vue 實例的程式碼 -->
  <script>
    let item = {
      message: "Hello Vue.js 3",
      framework: " 漸近式框架 "
    }
    const app = Vue.createApp({
      data() {
        return item
      }
    })

    app.mount("#app")
  </script>
</body>
```

本節最後再以一個免費範本利用獨立的物件改寫其中的側邊欄選單的選項物件：

CLARENCE TAYLOR

3542 BERRY STREET · CHEYENNE WELLS, CO 80810 · (317) 585-8468 · NAME@EMAIL.COM

ABOUT

EXPERIENCE

EDUCATION

SKILLS

INTERESTS

AWARDS

I am experienced in leveraging agile frameworks to provide a robust synopsis for high level overviews. Iterative approaches to corporate strategy foster collaborative thinking to further the overall value proposition.

STEP 1 先到 https://startbootstrap.com/theme/resume 免費下載。

STEP 2 將下載的壓縮檔解壓後的 startbootstrap-resume-gh-pages 資料夾複製到伺服器的適當位置（以 XAMPP 為例即為 htdocs 資料夾）。

STEP 3 利用 Visual Code 開啟上述資料夾。

STEP 4 開啟資料夾中的 index.html，選定掛載點為其中的 sideNav 及為原先的選項加上 {{ }} 模板，這幾個選項的名稱未來將在 Vue 實例中的 return 物件中出現。

```html
<!-- Navigation-->
<nav class="navbar navbar-expand-lg navbar-dark bg-primary fixed-top"
id="sideNav">
  <a >
    <span class="d-block d-lg-none">Clarence Taylor</span>
    <span><img/></span>
  </a>
  <button><span class="navbar-toggler-icon"></span></button>
  <div>
    <ul class="navbar-nav">
      <li><a>{{ About }}</a></li>
      <li><a>{{ Experience }}</a></li>
      <li><a>{{ Education }}</a></li>
      <li><a>{{ Skills }}</a></li>
      <li><a>{{ Interests }}</a></li>
      <li><a>{{ Awards }}</a></li>
    </ul>
  </div>
</nav>
```

STEP 5 在 index.html 的 <body> 標籤前新增 Vue 實例。

```html
<script src="https://unpkg.com/vue@3/dist/vue.global.js"></script>

<!-- Vue 實例的程式碼 -->
<script>
  let menu = {
    About: " 關於 ",
```

```
            Experience: " 歷練 ",
            Education: " 學歷 ",
            Skills: " 技能 ",
            Interests: " 興趣 ",
            Awards: " 得獎 "

    }
    const app = Vue.createApp({
        data() {
            return menu
        }
    })

    app.mount("#sideNav")
</script>
```

以上修改後之 index.html 內容可參考 vue01-02-008.html。開啟瀏覽器執行的結果可知側邊欄的選項已中文化：

單純將資料流出到 HTML 的標籤中，其實除了 {{ }} 鬍子模板語法，v-text 指令亦具有相同的作用喔。

不過二者的位置並不相同，{{ }} 鬍子模板語法要放在開始與結束標籤之中，卻不能放在標籤的屬性，而 v-text 恰好相反：

STEP 1 複製上述的模板檔 vue01-template-03.html 為 vue01-02-010-01.html。

STEP 2 分別利用將 data 中的 msg 資料流出（aka 渲染）：

```
<!-- Vue 實例的掛載點 -->
<div id="app">
    <p>{{ msg }}</p>
    <p v-text="msg"></p>
</div>
<script src="https://unpkg.com/vue@3/dist/vue.global.js"></script>

<!-- Vue 實例的程式碼 -->
<script>
 const app = Vue.createApp({
  data() {
   return {
    msg: "Vue 資料實戰篇 ",
   };
  },
 });
 app.mount("#app");
</script>
```

開啟 vue01-02-010-01.html 檔案，其結果並不讓人意外：

如果二個合併使用呢？例如下面的程式碼（詳 vue01-02-010-02.html）：

```
<!-- Vue 實例的掛載點 -->
<div id="app">
 <p>** {{ msg }} **</p>
 <p v-text="msg">** {{ msg }} **</p>
</div>
```

開啟 vue01-02-010-02.html 檔案,其結果如下:

由此結果可知,任何放在開始與結束標籤之中的內容都會被 v-text 指令所替換。因此,如果流出來的資料還要進行加工處理的話,像是上面在 msg 前後加上其他符號;依此類推,如果是多層次的使用時,也不要使用 v-text 指令:下面這個例子使用 {{ }} 子模板語法與 Font Awesome 圖示的加工(詳 vue01-02-010-03.html):

```
<!-- Vue 實例的掛載點 -->
<div id="app">
  <p><i class="fa-brands fa-facebook"></i>{{ facebook }}</p>
  <p><i class="fa-brands fa-twitter"></i>{{ twitter }}</p>
  <p><i class="fa-brands fa-instagram"></i>{{ finstagram }}</p>
  <p><i class="fa-brands fa-tiktok"></i>{{ tiktok }}</p>
  <p><i class="fa-brands fa-linkedin"></i>{{ linkedin }}</p>
</div>
```

開啟 vue01-02-010-03.html 檔案,其執行結果:

此時就不應再使用 v-text。同時使用的結果如下（詳 vue01-02-010-04.html）：

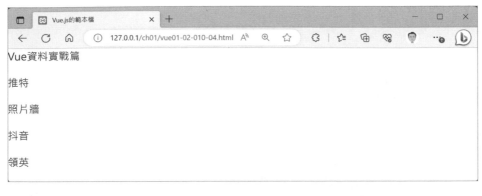

```
<!-- Vue 實例的掛載點 -->
<div id="app">
  <p v-text="facebook">
      <i class="fa-brands fa-facebook"></i>{{ facebook }}
  </p>
  <p v-text="twitter">
      <i class="fa-brands fa-twitter"></i>{{ twitter }}
  </p>
  <p v-text="instagram">
      <i class="fa-brands fa-instagram"></i>{{ instagram }}
  </p>
  <p v-text="tiktok">
      <i class="fa-brands fa-tiktok"></i>{{ tiktok }}
  </p>
  <p v-text="linkedin">
      <i class="fa-brands fa-linkedin"></i>{{ linkedin }}
  </p>
</div>
```

1-3 Bootstrap 5 與 Font awesome 的使用

本書除了使用 Vue.js 這個 JavaScript 框架外，同時也會在使用者介面 UI 的部份使用了 Bootstrap 5[9] 框架提供的樣式、各項網頁元件及網格排版系統：

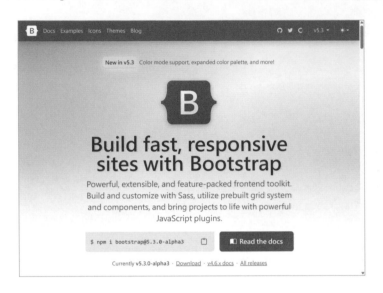

另外對於圖示 icon 則會使用 Font Awesome[10]：

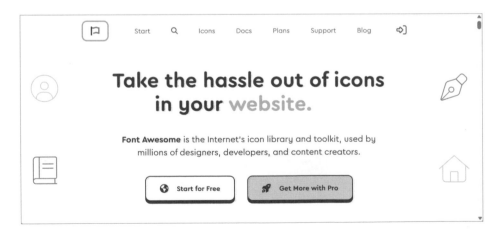

9　詳細內容可參閱 https://getbootstrap.com/ 官方線上文件的說明。

10　詳細內容可參閱 https://fontawesome.com 官方線上文件的說明。

因此，接下我們來看看如何簡單地用「複製」與「貼上」的操作來利用現有的
Bootstrap 5 與 Font Awesome 提供的範例程式碼做為我們的網頁使用，完成
後的範例如下：

一、第一列是使用 Bootstrap 5 提供的 Input group 元件。

二、第二列是使用 Bootstrap 5 提供的 Button 元件後再搭配 Font Awesome 的
圖示。

STEP
1 在 Visual Code 中新增一支 HTML 檔案，檔名為 vue01-03-001-01.html。

STEP
2 開啟 Bootstrap 5（https://getbootstrap.com/docs/5.3/getting-started/
introduction/）線上官方文件，點選複製按鈕直接將其程式碼複製到上述
vue01-03-001-01.html。

接下來，點選左側 Layout 項下的 Containers 後，右側則到 Default container
將其程式碼複製下來並貼到 vue01-03-001-01.html 中，以取代現有的
<h1> 標籤（完成後的內容請參閱 vue01-03-001-01.html 檔案）：

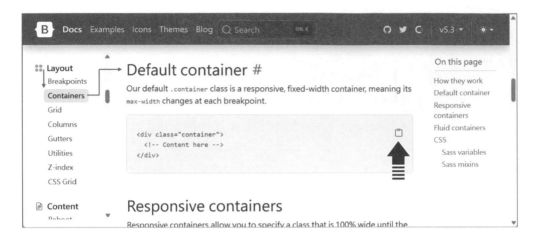

STEP **3** 加入 Font Awesome 的 CDN。Font Awesome 的 CDN（https://cdnjs.com/libraries/font-awesome）可以到 CDNJS 複製後貼上 vue01-03-001-01.html，完成後的內容請參閱 vue01-03-001-01.html 檔案。

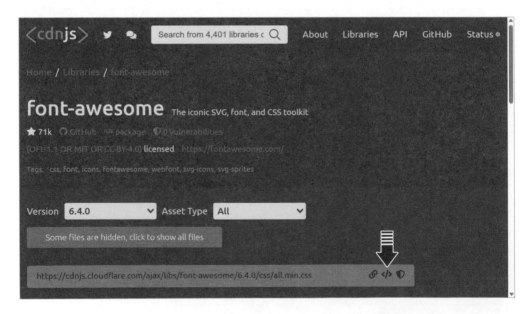

STEP **4** 開啟 https://getbootstrap.com/docs/5.3/forms/input-group/ 網址到表單元件（Forms）項下的 Input group 元件頁面後，捲動頁面到「Basic example」段落，並複製 Bootstrap 5 的 Input group 元件的範例程式碼，

貼上 vue01-01-001-01.html 標示為「<!-- Content here -->」之後。本例僅複製其中的第二個 <div> 程式碼（詳 vue01-03-001-02.html）：

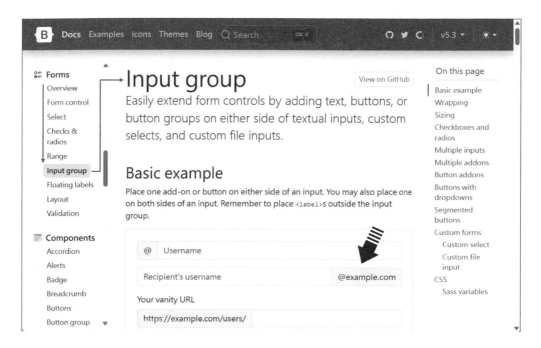

本例使用的 Input-group 元件，其使用者介面與結構對照如下：

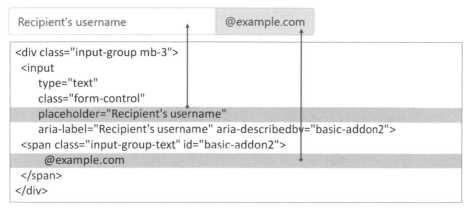

一、<div> 是元件最外圍的結構。

二、單純HTML的 <input> 標籤套上Bootstrap 5的CSS形成單列文字框。

三、以aria-開頭的屬性是無障礙網絡倡議的無障礙豐富互聯網應用規範（WAI-ARIA，簡稱ARIA）。

四、所有可以修改的字串位置，都是可以客製化的內容，也就是Vue可以供給的資料，例如上述的placeholder屬性的值及 <span> 標籤的@example。

STEP 5 標示與 Vue 實例互動的 Vue 實例的掛載點（詳 vue01-03-001-03.html）：

```html
<div class="container">
  <!-- Content here -->
<!-- Vue 實例的掛載點 -->
<div id='app'>
  <div class="input-group mb-3">
    <input
      type="text"
      class="form-control"
      placeholder="Recipient's username"
      aria-label="Recipient's username"
     aria-describedby="basic-addon2">
    <span
      class="input-group-text"
      id="basic-addon2">@example.com
    </span>
  </div>
</div>
<div'>
```

STEP 6 基本上從 Bootstrap 5 複製下來的程式碼都是立即可用的，只是我們用到自己的網頁時再配合需要做簡單的修改即可，例如，上述程式碼片斷中的 placeholder 屬性及 <span> 中的 @example.com 文字就很可能會被 Vue 實例的資料替代掉。為了利用 Vue 實例提供資料，在 </body> 標籤的前面加入下列程式碼，其中 data() 中傳回由 Vue 實例供給的 officialEmail 資料以取代原先 <span> 的內容（詳 vue01-03-001-04.html）：

```html
<script src="https://unpkg.com/vue@3/dist/vue.global.js"></script>

<!-- Vue 實例的程式碼 -->
<script>
  const app = Vue.createApp({
    data() {
      return {
        officialEmail: "@example.com"
      }
    }
  })

  app.mount("#app")
</script>
```

配合上述的調整，修改 <span> 的內容如下：

<span class="input-group-text" id="basic-addon2">**{{ officialEmail }}**</span>

(STEP 7) 開啟 https://getbootstrap.com/docs/5.3/components/buttons/ 網址到 Components 項下的 Button 元件頁面後，並捲動到「Examples」段落去複製 Bootstrap 5 的 Button 元件的範例程式碼，本例僅複製其中文字為「Primary」字串的第三個 <button> 程式碼（詳 vue01-03-001-05.html）：

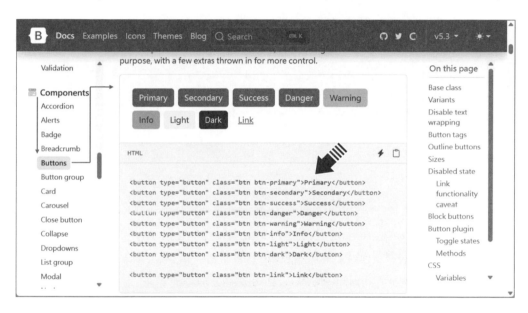

本例使用的 Button 元件，其使用者介面與結構對照如下：

一、單純HTML的<button>標籤套上Bootstrap 4的CSS形成按鈕。
二、class要同時指定btn及btn-色彩名稱。
三、可用的色彩名稱有primary、secondary、success、danger、warning、info、light、dark及ink。範例中即套用各顏色示範的結果。

```
<div id='app'>
  <div class="input-group mb-3">
    <input
      type="text"
      class="form-control"
      placeholder="Recipient's username"
      aria-label="Recipient's username"
     aria-describedby="basic-addon2">
    <span
       class="input-group-text"
       id="basic-addon2">@example.com
    </span>
    <button
      type="button"
      class="btn btn-success">
      Success
    </button>
  </div>
</div>
<div'>
```

STEP 8 開啟 https://fontawesome.com/icons 網址到 Font Awesome 網頁以便搜尋要使用的符號。假設我們要使用一個「+」，因此在預設文字為「Search 26,107 icons …」的搜尋欄輸入 plus 後開始搜尋：

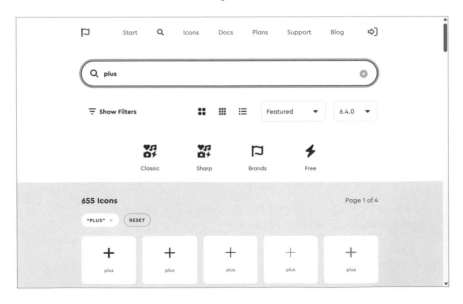

找到圖示之後，即可點選該圖示，如此將開啟該圖示之程式碼之頁面，將
頁面捲到程式碼後置後，即可利用滑鼠左點選的方式複製相關的程式碼，
例如下圖中游標停留處看到的「Click Code Snippet」：

本例複製下來的程式是 <i> 標籤：<i class="fas fa-plus"></i>

STEP
9 　用上述符號的程式碼來取代原來在 Button 中的 Success 文字（詳 vue01-
03-001-06.html）：

```html
<!-- Vue 實例的掛載點 -->
<div id='app'>
      <div class="input-group mb-3">
      <input
       type="text"
       class="form-control"
       placeholder="Recipient's username"
       aria-label="Recipient's username"
       aria-describedby="basic-addon2">
       <span
         class="input-group-text"
         id="basic-addon2">
         @example.com
       </span>
    </div>
    <button
       type="button"
       class="btn btn-success">
        <i class="fas fa-plus"></i>
    </button>
</div>
```

完成後開啟 vue01-03-001-06.html 網頁即能在瀏覽器中看到下面的結果：

上述的文字框看起來緊貼在在網址列，如果想要加上一些距離，不用 CSS，直接利用 Bootstrap 5 提供的方式即可，例如，在原先的文字框所在的 `<div>` 加上 mt-3 用來設置該元件的上方距離（詳 vue01-03-001-07.html）：

```html
<!-- Vue 實例的掛載點 -->
<div id='app'>
        <div class="input-group mb-3 mt-3">
          <input
            type="text"
            …
    </div>
```

完成後開啟 vue01-03-001-07.html 網頁即能在瀏覽器中看到下面的結果：

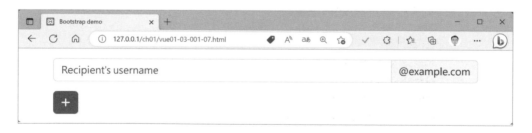

利用此節的內容即可為本章前面的「履歷表」範例的 index.html 加以調整成更美觀的結果，只要加上適當的 Font awesome 圖示及 Bootstrap 5 提供的工具，例如，將「關於」的 HTML 程式碼調整如下（詳 vue01-02-009.html）：

```html
<li class="nav-item">
  <a class="nav-link js-scroll-trigger" href="#about">
    <i  class="fa-solid fa-address-card pe-1"></i>
      {{About}}
  </a>
</li>
```

參考下圖及上面程式碼依序加入適當的圖示即可，完成後開啟 index.html 檔
案即能在瀏覽器中看到下面的結果：

這就是「站在巨人肩膀上」，利用「複製」與「貼上」這麼簡單的操作就可以
為我們的網頁加上美美的使用者介面了！

最後，是 W3School 提供的一個利用 Bootstrap 5 製作的首頁範本[11]，各位不妨
自己改寫一下吧：

---

[11] https://www.w3schools.com/howto/tryhow_website_bootstrap5.htm。此網頁亦可由
https://www.w3schools.com/howto/howto_website_bootstrap5.asp 網頁的側邊欄選單
中的「Make a Website（BS5）」選頁開啟後，經由該頁面的「Demo」按鈕而開啟，如
果點選該頁的「Try It Yourself」則可取得程式碼。

My First Bootstrap 5 Page

Resize this responsive page to see the effect!

Active   Link   Link   Disabled

About Me

Photo of me:

Some text about me in culpa qui officia deserunt mollit anim..

Some Links

Lorem ipsum dolor sit ame.

- Active
- Link
- Link
- Disabled

TITLE HEADING

Title description, Dec 7, 2020

Some text..

Sunt in culpa qui officia deserunt mollit anim id est laborum consectetur adipiscing elit, sed do eiusmod tempor incididunt ut labore et dolore magna aliqua. Ut enim ad minim veniam, quis nostrud exercitation ullamco.

TITLE HEADING

Title description, Sep 2, 2020

Some text..

Sunt in culpa qui officia deserunt mollit anim id est laborum consectetur adipiscing elit, sed do eiusmod tempor incididunt ut labore et dolore magna aliqua. Ut enim ad minim veniam, quis nostrud exercitation ullamco.

Footer

同時包含 Vue 實例與 Bootstrap 5 的範本 ⬇

截至目前為止，作為 Vue 實例的範本檔是 vue01-template-03.html，而 vue01-03-001-01 則為 Bootstrap 5 的範本。

往後的範例常會同時用到含 Vue 實例與 Bootstrap 5 的程式碼，因此有需要製作一支具有二種結構的範本。

STEP 1 將 vue01-template-03.html 複製為 vue01-template-all-in-one-01.html。

STEP 2 將 vue01-03-001-01.html 在 <head></head> 中的二個 <link> 標籤複製下來，然後貼上原 vue01-template-03.html 下述標示的位置之後（詳 vue01-template-all-in-one-02.html）：

```html
<!DOCTYPE html>
<html lang="zh-HANT-TW">

<head>
  <meta charset="utf-8">
  <title>Vue.js 的範本檔 </title>

  <!-- Bootstrap 5 使用到的 <link> 標籤 -->

</head>

<body>
  <!-- Vue 實例的掛載點 -->
  <div id="app">

  </div>
  <script src="https://unpkg.com/vue@3/dist/vue.global.js"></script>

  <!-- Vue 實例的程式碼 -->
  <script>
    const app = Vue.createApp({

    })
    app.mount('#app')
  </script>
</body>
```

將 vue01-03-001-01.html 在 </body> 中的 <script> 標籤複製下來，然後貼
上原 vue01-template-03.html 下述標示的位置之後（詳 vue01-template-all-in-one-03.html）：

```
<!DOCTYPE html>
<html lang="zh-HANT-TW">

<head>
  <meta charset="utf-8">
  <title>Vue.js 的範本檔 </title>

  <!-- Bootstrap 5 使用到的 <link> 標籤 -->

</head>

<body>
  <!-- Vue 實例的掛載點 -->
  <div id="app">

  </div>

  <!-- Bootstrap 5 使用到的 <script> 標籤 -->

  <script src="https://unpkg.com/vue@3/dist/vue.global.js"></script>

  <!-- Vue 實例的程式碼 -->
  <script>
    const app = Vue.createApp({

    })
    app.mount('#app')
  </script>
</body>

</html>
```

完成後的檔案詳 vue01-template-all-in-one-04.html。

1-4 v-bind「單向流出資料綁定」

關於資料綁定，前面用了 {{ }} 的鬍子模板語法做「單向流出的資料提供」。{{ }} 模板語法會從 Vue 實例中「撈資料」出來用，「資料流」是從 Vue 實例「單向」流動到 HTML 中的 {{ }} 模板位置。

接下來延續上面範例的內容，我們來看一下一樣是 Vue 實例「資料單向」流動到 HTML 中，卻是「無法使用「{{ }} 鬍子」語法的情形，例如，要將資料綁定給 HTML 標籤的屬性，像是 <img> 標籤用來指定圖片來源的 src 屬性，又或者是 class 屬性或是 style 屬性時。例如下面的語法將為 <img> 標籤指定名為 bannerImage 名稱之值的圖片：

```
<img :src=" banner-image" />
```

STEP 1 請開啟 https://startbootstrap.com/template/small-business，下載範本：

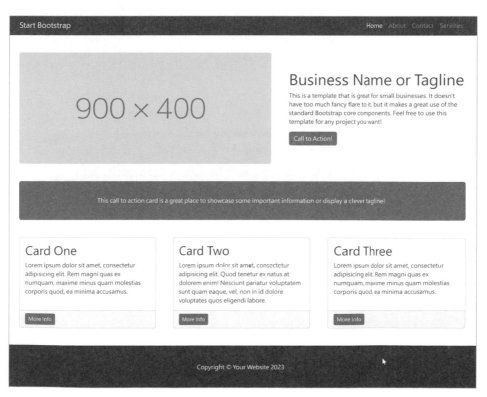

2 將下載的壓縮檔解壓後的 startbootstrap-small-business-gh-pages 資料夾複製到伺服器的適當位置（以 XAMPP 為例即為 htdocs 資料夾）：

3 利用 Visual Code 開啟上述資料夾。

4 開啟資料夾中的 index.html，然後在原有內容之外包一個 id 為 app 的 `<div>` 標籤作為 Vue 實例的掛載點，即下面程式碼的第 18 列及 99 列：id 為 app 的 `<div>` 區塊。

```
16    <body>
17        <!-- Vue實例的掛載點 -->
18        <div id="app">
19            <!-- Responsive navbar-->
20  >         <nav class="navbar navbar-expand-lg navbar-dark bg-dark">…
36            </nav>
37            <!-- Page Content-->
38  >         <div class="container px-4 px-lg-5">…
92            </div>
93            <!-- Footer-->
94            <footer class="py-5 bg-dark">
95                <div class="container px-4 px-lg-5">
96                    <p class="m-0 text-center text-white">Copyright &copy; Your Website 2023</p>
97                </div>
98            </footer>
99        </div>
100       <!-- Bootstrap core JS-->
101       <script src="https://cdn.jsdelivr.net/npm/bootstrap@5.2.3/dist/js/bootstrap.bundle.min.js"></script>
102       <!-- Core theme JS-->
103       <script src="js/scripts.js"></script>
104   </body>
105
106   </html>
```

5 在 index.html 的 `<body>` 標籤前新增 Vue 實例，並於 return 物件中設定提供給 `<img>` 標籤 src 屬性所需資料來源之 bannerImage：

```html
<script src="https://unpkg.com/vue@3/dist/vue.global.js"></script>

<!-- Vue 實例的程式碼 -->
<script>
  const app = Vue.createApp({
    data() {
      return {
        bannerImage: "53813-7-abstract-world-map-hd-image-free-png.png"
      }
    }
  })
  app.mount("#app")
</script>
```

該資料的值「53813-7-abstract-world-map-hd-image-free-png.png」係由 https://freepngimg.com/png/53813-abstract-world-map-hd-image-free-png 下載的圖片名稱，此圖將用來指定給原下載範本中所需之圖片之用，因此，請一併下載該圖片並儲存到與 index.html 檔案相同的資料夾中。

🄢 利用 v-bind 綁定該圖片，即下列程式碼片斷的第 41 列：

```
<img class="img-fluid rounded mb-4 mb-lg-0" :src="bannerImage" alt="..." />
```

```
39        <!-- Heading Row-->
40        <div class="row gx-4 gx-lg-5 align-items-center my-5">
41            <div class="col-lg-7"><img class="img-fluid rounded mb-4 mb-lg-0" :src="bannerImage" alt="..." /></div>
42            <div class="col-lg-5">
43                <h1 class="font-weight-light">Business Name or Tagline</h1>
44                <p>This is a template that is great for small businesses. It doesn't have too much fancy flare to
45                    it, but it makes a great use of the standard Bootstrap core components. Feel free to use this
46                    template for any project you want!</p>
47                <a class="btn btn-primary" href="#!">Call to Action!</a>
48            </div>
49        </div>
```

完成後的結果詳 vue01-04-001.html，下圖是開啟 index.html 後的執行結果：

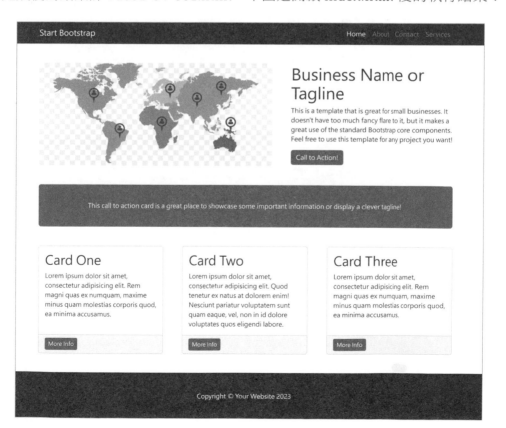

不是說要用 v-bind 嗎？怎麼沒見到，反而出現了一個半型的冒號呢？原來，v-bind 是很常用的指令，因此，使用半型的冒號為作 v-bind 指令的簡寫或稱之為「語法糖（syntax sugar）」！

v-bind:placeholder="yourname" 的簡寫：placeholder="yourname"

這樣就完成了在單一 .html 檔案中同時使用了 Vue.js、Bootstrap 5 的效果了，也就是 .html 的程式邏輯與使用者介面 UI 的部份都不用從 HTML 及 CSS 從頭學起，就能做出看起來很專業的網頁！

  Vue 資料綁定的複習

v-bind 使用在 HTML 標籤中，其格式為「v-bind:」+「綁定的屬性」，例如上述的 v-bind:placeholder。

{{ }} 鬍子模板語法用在 HTML 開始標籤與結束標籤的內容中，像是 vue010105.html 中的 <div></dive 中：

```
<div id='app'>
  {{ message }}
</div>
```

截至目前為止，我們好像談了很多東西，我們來回顧一下，如果扣除一些程式碼的細節部份，我們「主要」做了這些事：

一、在 <head> 標籤加入二個 CDN，分別是 Bootstrap 5 CSS、Font Awesome 的 CDN。

二、在 <body> 標籤則做了這些事：

（1）加入一個 id 為 app 的 Vue 實例的掛載點：

```
<div id='app'>…</div>
```

並在其中複製了 Bootstrap 5 的 Input Group 及 Button 元件，還使用了幾個 Utilities 輔助工具的設定。

（2）Vue 及 Bootstrap 5 JavaScript 的 CDN。

（3）使用了 {{ }} 鬍子模板語法及 v-bind 指令與 v-bind 指令的簡寫「:」。

三、在 <script> 標籤中加入了 Vue 的實例、資料及掛載，例如：

```
<!-- Vue 實例的程式碼 -->
<script>
  const app = Vue.createApp({
    data() {
      return {
        bannerImage: "53813-7-abstract-world-map-hd-image-free-png.png"
      }
    }
  })

  app.mount("#app")
</script>
```

從結果看來，我們其實都站在巨人的肩膀上作業而已，大部份的程式碼都直接來自巨人提供的範例，而我們要做的就是「剪下、複製、貼上、搭配與修改」，這樣就完成了！

本節最後利用 {{ }} 鬍子模板語法及 v-bind 指令來改寫下列的登入表單做合綜合練習之用：

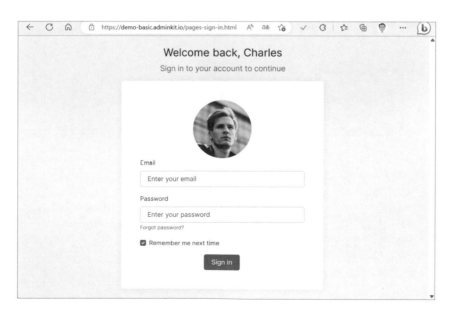

(STEP 1) 請開啟
https://adminkit.io/#download，下載
Dashboard 儀表板的範本。

(STEP 2) 下載之後將之解壓縮後之 adminkit-3-3-0 資料夾複製到伺服器的適當位置（以 XAMPP 為例即為 htdocs），該資料夾的結構如下：

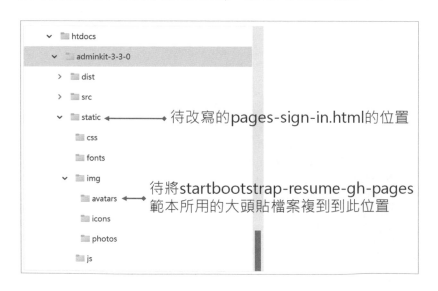

(STEP 3) 利用 Visual Code 開啟 adminkit-3-3-0 資料夾。

(STEP 4) 改寫 pages-sign-in.html 檔案。從該檔案的執行結果來看，本例要改寫的情形如下：

① 將原先登入視窗的文字都用 {{ }} 鬍子模板語法改寫。

② 大頭貼使用 <img> 標籤的 src 屬性，而二個文字框的提示文字都是用 placeholder 屬性，因此會使用到 v-bind 指令。

依上圖及上一頁的說明，進行原 pages-sign-in.html 的改寫（原程式碼中不相關的細節在下面的程式碼中將被省略）：

```
<div class="d-table-cell align-middle">

  <div class="text-center mt-4">
    <h1 class="h2">{{ WelcomeBackGreeting }} , {{ user }}</h1>
    <p class="lead">
```

```
      {{ SignInTip }}
    </p>
</div>

<div class="card">
  <div class="card-body">
    <div class="m-sm-4">
      <div class="text-center">
        <img src="img/avatars/profile.jpg" :alt="user" />
      </div>
      <form>
        <div class="mb-3">
          <label class="form-label">{{ Email }}</label>
          <input
            class="form-control form-control-lg"
            type="email"
            name="email"
            :placeholder="EnterYourEmail" />
        </div>
        <div class="mb-3">
          <label class="form-label">{{ Password }}</label>
          <input
            class="form-control form-control-lg"
            type="password"
            name="password"
            :placeholder=" EnterYourPassword " />
          <small>
            <a href="index.html">{{ ForgotPassword }}</a>
          </small>
        </div>
        <div>
          <label class="form-check">
            <input
            class="form-check-input"
            type="checkbox"
            value="remember-me"
            name="remember-me"
              checked>
            <span class="form-check-label">
```

```
                        {{ RememberMeNextTime }}
                    </span>
                </label>
            </div>
            <div class="text-center mt-3">
                <a href="index.html" class="btn btn-lg btn-primary">{{ SignIn }}</a>
                <!-- <button type="submit" class="btn btn-lg btn-primary">Sign in</button>
-->
            </div>
        </form>
    </div>
  </div>

</div>
```

STEP 5 加入 Vue 實例的掛載點以便取得 Vue 實例「供給」的資料。以本例而言，可以將 id="app" 加到能夠含括所有能與 Vue 實例互動的區塊，例如下面框起來的位置：

```
<main class="d-flex w-100">
  <div class="container d-flex flex-column">
    <div class="row vh-100">
      <div class="col-sm-10 col-md-8 col-lg-6 mx-auto d-table h-100">
        <div id="app" class="d-table-cell align-middle">

          <div class="text-center mt-4">
          </div>

          <div class="card">
          </div>

        </div>
      </div>
    </div>
  </div>
</main>
```

STEP 6 依據 Step 4 中改寫所用到的 {{ }} 鬍子模板語法及 v-bind 指令的資料名稱設置 Vue 實例：

```
<script src="https://unpkg.com/vue@3/dist/vue.global.js"></script>

<!-- Vue 實例的程式碼 -->
<script>
    const app = Vue.createApp({
        data() {
            return {
                WelcomeBackGreeting: " 歡迎回到本系統 ",
                avatar: "img/avatars/profile.jpg",
                user: "John",
                SnlignTip: " 登入後繼續使用本系統 ",
                Email: " 電子郵件信箱 ",
                EnterYourEmail: " 請輸入您註冊的電子郵件信箱 ",
                Password: " 密碼 ",
                EnterYourPassword: " 請輸入您註冊時設定的密碼 ",
                ForgotPassword: " 忘記密碼？ ",
                RememberMeNextTime: " 記住此帳號 ",
                SignIn: " 登入 "
            }
        }
    })

    app.mount("#app")
</script>
```

STEP 7 配合置 Vue 實例的 return 物件所使用的 avatar 的值所需，請將本章前面的 startbootstrap-resume-gh-pages 資料夾中的圖檔 profilejpg，複製到 pages-sign-in.html 所在的資料夾下的 img 資料夾下的 avatars 資料夾。

改寫完成後的內容可參考 vue01-04-002.html。開啟 pages-sign-in.html 網頁，結果如下：

類似的做法，各位叮修改下列的聯絡表單 [12]（contact us form）：

修改後的內容詳 vue01-04-003.html。開啟改後的網頁，其執行結果如下：

感謝您的寶貴意見		與我們聯繫

（表單畫面）

1-5 ▶ 事件繫結的 v-on 指令

資料的呈現與互動是我們在網頁上常會看到的功能。前面的範例利用 Vue 的「資料繫結」功能對資料的呈現內容利用 Vue 實例的方式可做到「動態化」的效果 [13]；至於互動則是本節會做介紹的，首先，我們先來看一下按鈕 Button 的 click 點擊事件。

STEP 1 準備一支 .html 檔案，或者使用本書準備的 vue01-05-D01-01.html。

STEP 2 在未搭配 Vue 使用時，寫入右側的程式碼，可以達成勾選「顯示密碼」後顯示密碼的功能（詳 vue01-05-D01-02.html）。

---

[13] 雖說截至目前為止的範例都是直接將資料值寫在資料名稱裡，不過，這些資料值是可以動態地由伺服器端取得或是動態地從檔案取得的。後面的章節自然會有相關的範例加以說明。

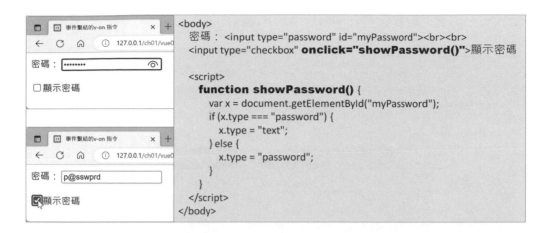

```html
<body>
    密碼： <input type="password" id="myPassword"><br><br>
    <input type="checkbox" onclick="showPassword()">顯示密碼

    <script>
      function showPassword() {
        var x = document.getElementById("myPassword");
        if (x.type === "password") {
          x.type = "text";
        } else {
          x.type = "password";
        }
      }
    </script>
</body>
```

STEP 3 搭配 Vue 使用時完成上述的功能（詳 vue01-05-D01-03.html）。二者的做法只在於介入 Vue 實例時，必須搭配 Vue 的結構及語法：

① 原先的事件驅動處理程序改寫到 Vue 實例的 methods 物件中：

```html
<script src="https://unpkg.com/vue@3/dist/vue.global.js"></script>

<!-- Vue 實例的程式碼 -->
<script>
  const app = Vue.createApp({
    methods: {
      showPassword() {
        var x = document.getElementById("myPassword");
        if (x.type === "password") {
          x.type = "text";
        } else {
          x.type = "password";
        }
      }
    }
  })

  app.mount("#app")
</script>
```

② 原先的事件驅動處理程序與 HTML 標籤繫結的方式改變：

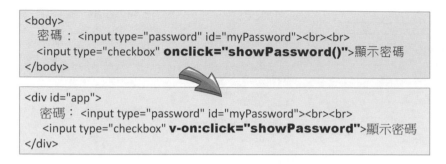

```
<body>
    密碼：<input type="password" id="myPassword"><br><br>
    <input type="checkbox" onclick="showPassword()">顯示密碼
</body>
```

```
<div id="app">
    密碼：<input type="password" id="myPassword"><br><br>
    <input type="checkbox" v-on:click="showPassword">顯示密碼
</div>
```

前面曾說過，關於程式碼我們不見得要一個字一個字自己從無到有寫出來，我們可以「站在巨人的肩膀上」來完成這件事，因此接下來的程式碼會直接利用 Bootstrap 5 建立一個 Modal 視窗，此一視窗已經可以直接使用而不需要撰寫程式碼。但是本例會以直接撰寫程式碼的方式改寫，如此我們才能介入其操作進而客制化。

STEP
1 將 vue01-03-001-01 此一 Bootstrap 5 的範本複製為 vue01-05-001-01.html。

STEP
2 開啟 Bootstrap 5 關於 Modal 文件頁面（https://getbootstrap.com/docs/5.3/components/modal/），直接複製其程式碼到 vue01-05-001-01.html 中 <!--Content here --> 註解的下方（詳 vue01-05-001-01.html）：

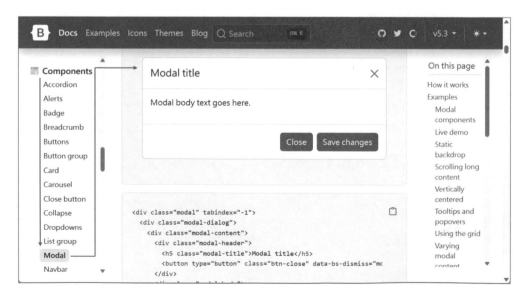

其視覺化結構及 <div> 區塊的結構如下：

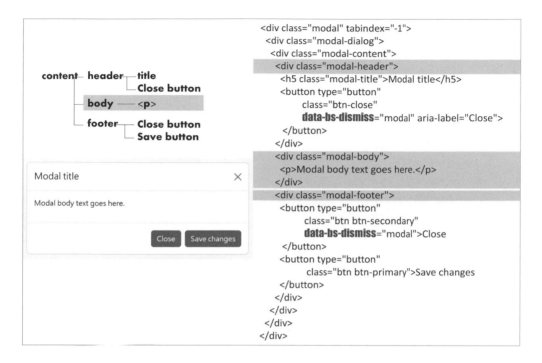

改寫複製過來的程式（詳 vue01-05-001-02.html）：

修改的地方有二處：

① 將開啟 Modal 視窗的按鈕，清除其他不必要的 CSS 設定。

② 將 Modal 視窗加上 id，並清除其他不必要的 CSS 設定。

```
<button type="button" class="btn btn-primary">
   Launch demo modal
</button>

<!-- Modal -->
<div class="modal" id="exampleModal">
   <div class="modal-dialog">
     <div class="modal-content">
       </div>
       <div class="modal-body">
         ...
```

```
      </div>
      <div class="modal-footer">
      </div>
    </div>
  </div>
</div>
```

接下來新增供 Modal 視窗使用的 CSS。請於 </head> 標籤之前加入下列
<style> 標籤中的設定：

```
<style>
  .modal {
    display: none;
    position: fixed;
    z-index: 1;
    padding-top: 100px;
    left: 0;
    top: 0;
    width: 100%;
    height: 100%;
    overflow: auto;
    background-color: rgb(0, 0, 0);
    background-color: rgba(0, 0, 0, 0.4);
  }
</style>
```

STEP 4 建立 Vue 實例與設定與其互動的領域的 id 為 app：

```
<body>
  <div id="app" class="container">
    <!-- Content here -->
    <!-- Button trigger modal -->
    ….
  </div>


  <script …></script>


  <script src="https://unpkg.com/vue@3/dist/vue.global.js"></script>
  <!-- Vue 實例的程式碼 -->
```

```
<script>
  const app = Vue.createApp({


  })

  app.mount("#app")
</script>
</body>
```

STEP **5** 為 Vue 實例加入 methods 屬性物件，並新增開啟 Modal 與關閉 Modal 視窗的程式碼，分別是 openMadal() 方法與 closeModal() 方法（詳 vue01-05-001-03.html）：

```
<!-- Vue 實例的程式碼 -->
<script>
  const app = Vue.createApp({
    methods: {
      openModal() {
        // 取得彈出視窗
        let modal = document.getElementById("exampleModal");
        modal.style.display = "block";

      },
      closeModal() {
        let modal = document.getElementById("exampleModal");
        modal.style.display = "none";
      }
    }
  })
```

程式碼中首先取得 Modal 視窗的 id，然後藉由設定其 display 的 CSS 樣式的值為 bloc 與 none 來控制其是否顯示。

STEP 6 分別設定觸發 openMadal() 方法與 closeModal() 方法的機制，此即 v-on:click 指令（詳 vue01-05-001-04.html）：

```
<div id="app" class="container">
  <!-- Content here -->
  <!-- Button trigger modal -->
  <button v-on:click="openModal" type="button" class="btn btn-primary">
    Launch demo modal
  </button>

  <!-- Modal -->
  <div class="modal" id="exampleModal">
    <div class="modal-dialog">
      <div class="modal-content">
        <div class="modal-header">
          <h1 class="modal-title fs-5" id="exampleModalLabel">Modal title</h1>
          <button v-on:click="closeModal" type="button"></button>
        </div>
        <div class="modal-body">
          ...
        </div>
        <div class="modal-footer">
          <button v-on:click="closeModal" type="button">Close</button>
          <button type="button" class="btn btn-primary">Save changes</button>
        </div>
      </div>
    </div>
  </div>
</div>
```

就這樣就完成了以「站在巨人肩膀上」的改寫。以上的程式碼相對為使用純粹的 JavaScript 簡直方便許多，有興趣的朋友請參閱 vue01-05-001-05.html 中的 JavaScript 寫法。

前面說過，因為 v-bind 很常用，所以其簡寫為「:」，難道為 HTML 標籤指定事件的 v-on 就不常用嗎？當然不是，所以，v-on 可以用「@」符號來代替喔！因此，針對 v-on:click，亦可寫成 @click。

再來複習一下，我們在前面說過，關於 Vue 的使用，除了在 `<script>` 標籤中對 Vue 實例的規劃外，HTML 的掛載點部份也要有相應的機制。以本例而言新增的二部份分別如下：

一、Vue 實例加入了供 Button 的 click 事件的事件處理程序的 methods 屬性，並且在其中設計事件處理程序 sayHi() 函數。

二、在 Button 的屬性中加入 v-on:click='sayHi'，這樣就建立 Button 物件與 Vue 實例中的 sayHi() 函數的關聯。

$event 參數 ⬇

Vue 繫結的事件處理程序中，如果想取得 DOM 的事件物件（event object）的話，可以在繫結時加入 Vue 自動產生的 $event 這個特別的變數（special $event variable），透過這個特別的變數便能在事件處理程序中取得事件物件了！

① STEP 將 vue01-05-001-04.html 複製為 vue01-05-001-06.html。

② STEP 在原先 `<button>` 繫結的 sayHi 事件處理程序中加入參數 $event：

```html
<button v-on:click="openModal($event)" type="button" class="btn btn-primary">
    Launch demo modal
</button>
```

③ STEP 修改原先 Vue 實例中的 sayHi 事件處理程序中加入參數 event，並利用 event.target 輸出觸發此事件的物件為何（詳 vue010303.html）：

```js
openModal(event) {
    // 取得彈出視窗
    let modal = document.getElementById("exampleModal");
    modal.style.display = "block";
    console.log(event.target)
}
```

開啟 vue01-05-001-06.html 並按上按鈕之後,可以從瀏覽器的開發人員工具的控
制台視窗看到下面的輸出:

Click 事件需要另外驅動,還有一種不需要另外驅動的事件,例如,使用者輸入資
料的同時,亦是一種事件,但是不需要額外驅動。例如,下圖關於中興大學的單一
登入視窗中,關於驗證碼的大寫是不需要在輸入時就輸入大寫,而是由程式自行將
使用者輸入的小寫轉換為大學,下圖中的 H,其實原始輸入是 h。

為模擬上述的功能,接下來這支範例會使用到上述的 $event 參數。

1 將 vue01-template-03.html 複製為 vue01-05-001-07.html。

2 在掛載點加入下列程式碼:

```
<!-- Vue 實例的掛載點 -->
<div id="app">
  <input v-model="form.id" @input="forceUpperCase($event, form, 'id')" />
  <br /><br />
  {{ form }}
</div>
```

③ 在 Vue 實例加入下列程式碼（詳 vue01-05-001-08.html）：

```html
<!-- Vue 實例的程式碼 -->
<script>
 const app = Vue.createApp({
  data() {
   return {
    form: {
     id: "",
    },
   };
  },
  methods: {
   forceUpperCase(e, obj, prop) {
    const start = e.target.selectionStart;
    e.target.value = e.target.value.toUpperCase();
    this.objt["prop"] = e.target.value;
    e.target.setSelectionRange(start, start);
```

```
   },
  },
 });
 app.mount("#app");
</script>
```

 this.objt["prop"]13.5 = e.target.value 相當於 Vue 2 的 this.$set(obj, prop, e.target.value);

執行 vue01-05-001-08.html 檔案，其結果如下：

以上將 HTML 標籤綁定 Vue 實例中的方法係常見的使用方式。但是，以 @click 來說，可以不綁定 Vue 實例中的方法，而是直接修改 Vue 實例中的資料值。接下來，即以此使用方式，完成側邊欄選單的操作。

STEP 1 在 Visual Code 中新增 vue01-05-002-01.html。

STEP 2 開啟 https://www.deecoder.in/2020/11/bootstrap-5-sidebar-navigation. html，網頁將其中的 HTML 程式碼複製後貼到 vue01-05-002-01.html 中。

STEP 3 在 Visual Code 中新增 style.css，並開啟上述的 https://www.deecoder. in/2020/11/bootstrap-5-sidebar-navigation.html，網頁將其中的 CSS 程式碼複製後貼到 style.css 中。

截至目前為，開啟完成後的 vue01-05-002-01.html，其執行結果如下：

這個側邊欄的架構有了，但缺少的是點選左側選單項目時，如何在右側呈現相應的內容。接下來即進行這部分的改造。

1 將 vue01-05-002-01.html 複製為 vue01-05-002-02.html。

2 建立 Vue 實例與設定與其互動的領域的 id 為 app，接著將原先的 JavaScript 程式碼「移到」到 Vue 實例的 mounted() 函式中：

① 新增一個 id 為 app 的 <div> 標籤將原有的 <nav> 及 <section> 包括進來：

```
<div id="app">
    <nav class="navbar navbar-expand d-flex flex-column align-item-start" id="sidebar">
    </nav>
    <section class="p-4 my-container">
    </section>
</div>
```

② 建立 Vue 實例並「移置」原先的 JavaScript 程式碼的位置：

```html
<script src="https://unpkg.com/vue@3/dist/vue.global.js"></script>

<!-- Vue 實例的程式碼 -->
<script>
  const app = Vue.createApp({
    mounted() {
      var menu_btn = document.querySelector("#menu-btn")
      var sidebar = document.querySelector("#sidebar")
      var container = document.querySelector(".my-container")
      menu_btn.addEventListener("click", () => {
        sidebar.classList.toggle("active-nav")
        container.classList.toggle("active-cont")
      })
    }

  })

  app.mount("#app")
</script>
```

STEP 3 原複製進來的程式碼中，<section> 標籤是用來呈現內容之所在，為了動態呈現內容，本例採用的是 <iframe> 標籤並利用 <style> 標籤設置相關的 CSS。最後，由於 <iframe> 中用來指定待嵌入的網頁係透過其 src 屬性，故利用 v-bind 指定（vue01-05-002-03.html）：

① 修改後 <section> 標籤的內容並綁定 src 屬性：

```html
<section class="p-4 my-container">
  <button class="btn my-4" id="menu-btn">Toggle Sidebar</button>
  <iframe :src="src" marginheight="0" marginwidth="0" scrolling="auto">
  </iframe>
</section>
```

② iframe 的 CSS 樣式。利用此樣式讓所嵌入的網頁能佔用所有的寬度及高度：

```
<style>
  iframe {
    margin: 0px;
    padding: 0px;
    height: 100%;
    border: none;
  }

  iframe {
    display: block;
    width: 100%;
    height: 100vh;
    border: none;
    overflow-y: auto;
    overflow-x: hidden;
  }
</style>
```

STEP 4 Vue 實例中加入 data() 函式，並於 return 回傳的物件中加入用與 <iframe> 的 src 屬性「掛勾」之用的資料，其預設值應為網站的首頁，本例用維基的 iframe 資料頁為例（vue01-05-002-04.html）：

```
<script src="https://unpkg.com/vue@3/dist/vue.global.js"></script>

<!-- Vue 實例的程式碼 -->
<script>
  const app = Vue.createApp({
    data() {
      return {
        src: "https://en.wikipedia.org/wiki/HTML_element#Frames"
      }
    },
    mounted() {
      var menu_btn = document.querySelector("#menu-btn")
      var sidebar = document.querySelector("#sidebar")
      var container = document.querySelector(".my-container")
```

```
        menu_btn.addEventListener("click", () => {
          sidebar.classList.toggle("active-nav")
          container.classList.toggle("active-cont")
        })
      }

  })

    app.mount("#app")
  </script>
```

STEP 5 為釋例之用，請開啟 https://www.w3schools.com/howto/howto_css_about_page.asp，此係 W3School 介紹如何製作 About 網頁的內容自行建立一個名為 about.html 的網頁。

STEP 6 有利 about.html 的網頁之後，接下來僅釋例當使用點選左側的 About 選項時，其右側會顯示該網頁；當使用者點選左側的 Home 選項時，其側會出現預設的維基網頁（vue01-05-002-05.html）：

```
<ul class="navbar-nav d-flex flex-column mt-5 w-100">
  <li class="nav-item w-100">
    <a href="#"
      class="nav-link text-light pl-4"
      @click="src='https://en.wikipedia.org/wiki/HTML_element#Frames'">Home</a>
  </li>
  <li class="nav-item w-100">
    <a href="#"
      class="nav-link text-light pl-4"
      @click="src='about.html'">About</a>
  </li>
  <li class="nav-item w-100">
  </li>
  <li class="nav-item dropdown w-100">
  </li>
  <li class="nav-item w-100">
  </li>
</ul>
```

完成後開啟網頁，執行結果如下：

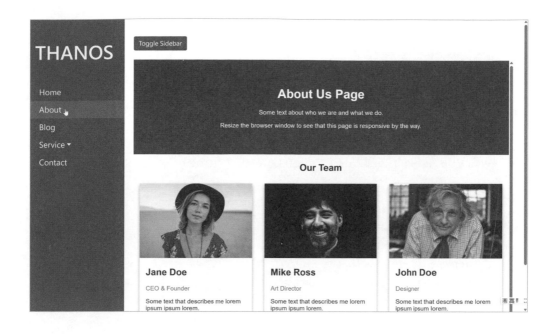

1-6 雙向資料綁定的 v-model 指令

關於資料綁定，前面用了 {{ }} 的鬍子模板語法。{{ }} 會從 Vue 實例中「撈資料」出來用，「資料流」是從 Vue 實例「單向」流動到 HTML 中的 {{ }} 位置。

如果，想要讓資料也能「回流」的話，也就是「雙向流動」，那麼我們要用的是 v-model 的指令。例如常見的登入視窗[14]（login form）會使用到文字框供使用者填寫資料，而此資料即會再交由後續的程式加以處理：

---

[14] 此登入視窗摘自 https://bbbootstrap.com/snippets/bootstrap-5-login-form-using-neomorphism-89456141，本節將以此例說明資料的雙向綁定。

STEP 1 將 vue01-03-001-01 複製為 vue01-06-001.html。

STEP 2 開啟上圖之登入視窗之 https://bbbootstrap.com/snippets/bootstrap-5-login-form-using-neomorphism-89456141 網頁，分別將其 HTML 及 CSS 複製過來：其中的 HTML 複製到 <!-- Content here --> 之後，而 CSS 則在 </head> 標籤之前新增 <style></style>，並將網頁中 CSS 複製過來。

STEP 3 設置 Vue 實例的掛載點（詳 vue01-06-002.html）。

```html
<div id="app" class="container">
  <!-- Content here -->
  <div class="wrapper">
    <div class="logo">
    </div>
    <div class="text-center mt-4 name">
    </div>
    <form class="p-3 mt-3">
    </form>
    <div class="text-center fs-6">
    </div>
  </div>
</div>
```

STEP 4 建構 Vue 實例並掛載（詳 vue01-06-003.html）。

```html
<script src="https://unpkg.com/vue@3/dist/vue.global.js"></script>

<!-- Vue 實例的程式碼 -->
<script>
  const app = Vue.createApp({

  })

  app.mount("#app")
</script>
```

STEP 5 登入表單中有二個文字框用來取得使用者填寫的帳號及密碼，因此，有二份資料的需求；而 login in 按鈕則需進行後續處理，因此利用 @click 與方法與之搭配（詳 vue01-06-004.html）。

```
<script src="https://unpkg.com/vue@3/dist/vue.global.js"></script>

<!-- Vue 實例的程式碼 -->
<script>
  const app = Vue.createApp({
    data() {
      return {
        account: "",
        password: ""
      }
    },
    methods: {
      login() {
        alert(`Hi, ${this.account}，歡迎使用 Vue.js`);
      }
    }
  })

  app.mount("#app")
</script>
```

(6) 將 Vue 實例中 return 傳回的物件中的資料與 HTML 中的文字框進行「雙向綁定」（詳 vue01-06-005.html）。

```
<form class="p-3 mt-3">
  <div class="form-field d-flex align-items-center">
    <span class="far fa-user"></span>
    <input type="text" name="userName" id="userName" v-model="account">
  </div>
  <div class="form-field d-flex align-items-center">
    <span class="fas fa-key"></span>
    <input type="password" name="password" id="pwd" v-model="password">
  </div>
  <button class="btn mt-3" @click="login">Login</button>
</form>
```

完成後，於瀏覽器開啟後，於帳號及密碼的文字輸入文字，然後再點選 login 按鈕，其執行結果如下：

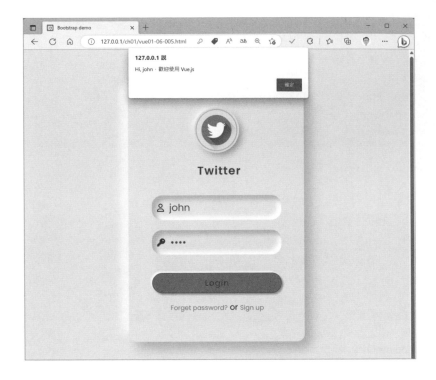

從輸出的訊息可看出我們在文字框輸入的文字，即字串 John，有出現，這就表示從 HTML 標籤中的資料「回流」到 Vue 實例中供其選項物件的 methods 物件中的方法所使用：

```html
<!-- Vue實例的掛載點 -->
<div id='app'>
    <input type="text" class="form-control" v-model='yourname'>
</div>

<!-- Vue實例的程式碼 -->
  <script>
    const app = Vue.createApp ({
      data(){
        return {
          data: {
            yourname: '填入您的名稱'
          }
        }
      },
      methods:{
        sayHi(){
          alert(`Hi, ${this.yourname}，歡迎使用Vue.js`
        }
      }
    })
    app.mount('#app')
  </script>
```

1-7　非單一 Vue 實例

截至目前為止,我們都使用了一個 Vue 實例,但是,一支 HTML 檔案中只能有一個 Vue 實例嗎?

下面這個範例,我們將使用二個 Vue 實例來分別呈現二段不同的文字:

STEP 1 複製 vue01-template-03.html 為 vue01-07-001-01.html。

STEP 2 在 Vue 實例的掛載點中,設計二個 `<div>` 標籤,其 id 分別為 app 與 content,然後在這二個掛載點內分別利用鬍子模板語法做資料綁定:

```
<!-- Vue 實例的掛載點 -->
<div id='app'>
   {{ message }}
</div>
```

```
<div id='content'>
   {{ message }}
</div>
```

STEP 3 設計二個 Vue 實例分別掛載到不同的掛載點上(詳 vue01-07-001-02. html):

```
<script src="https://unpkg.com/vue@3/dist/vue.global.js"></script>
<script>
  const app = Vue.createApp({
    data() {
      return {
        message: "Vue.js 3"
      }
    }
```

```
  })
  app.mount('#app')

  const content = Vue.createApp({
    data() {
      return {
        message: " 漸進式框架 "
      }
    }
  })
  content.mount('#content')
</script>
```

這樣就完成了在同一支 HTML 檔案中使用二個 Vue 實例囉！

```
const app = Vue.createApp({
  data() {
    return {
      message: "Vue.js 3"
    }
  }
})
app.mount('#app')

const content = Vue.createApp({
  data() {
    return {
      message: "漸近式框架"
    }
  }
})
content.mount('#content')
```

```html
<!-- Vue實例的掛載點 -->
<div id='app'>
  {{ message }}
</div>

<div id='content'>
  {{message}}
</div>
```

Vue.js 的範本檔   × +

127.0.0.1/ch01/vue01-07-001-02.html

Vue.js 3
漸近式框架

1-8 輸出 HTML

如果我們想要流出的資料內含 HTML 標籤的話，依照目前的做法，該 HTML
標籤的內容會直接以文字的方式輸出（例如，下圖第一列的 <a> 標籤的內容）
而無法形成一個 HTML 標籤（例如，下圖第二列可點選的超連結）：

想要讓資料中的 HTML 標籤會被正確解讀時，我們需使用 v-html 指令。

STEP 1 複製 vue01-template-03.html 為 vue01-08-001-01.html。

STEP 2 設置 Vue 實例的掛載點及新增 Vue 實例：

```html
<!-- Vue 實例的掛載點 -->
<div id='app'>
  {{ message }}
</div>

<script src="https://unpkg.com/vue@3/dist/vue.global.js"></script>
<script>
  const app = Vue.createApp({
    data() {
      return {
        message: ' 請參閱 <a href="https://vuejs.org/" target="_blank">Vue.js 官網 </a>。'
      }
    }
  })
  app.mount('#app')
</script>
```

此時開啟 vue01-08-001-01，其執行結果如下，由結果可知，使用 {{ }} 的鬍子模板語法會「如實地」將資料顯示出來：

STEP 3 在原先 id 為 app 的 Vue 實例掛載點的內容中再增加一個內含 v-html 指令的 `<p>` 標籤（詳 vue01-08-001-02.html）：

```html
<!-- Vue 實例的掛載點 -->
<div id='app'>
    {{ message }}
    <p v-html='message'></p>
</div>
```

此時開啟 vue01-08-001-02，其執行結果如下，由結果可知，即可看出二者的差異：

除了用來顯示 HTML 標籤外，有些符號要透過 HTML 顯示時也可以使用 v-html 指令，例如，下面這個網頁（https://www.toptal.com/designers/htmlarrows/symbols/）有些可供使用的符號就可以利用這個指令顯示出來：

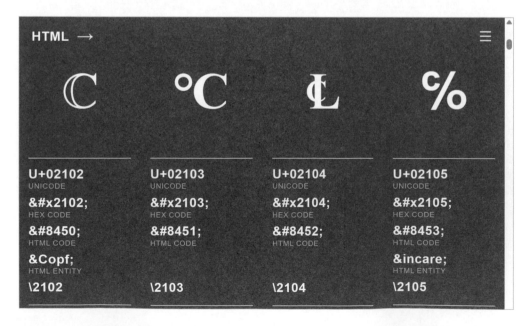

(STEP 1) 複製上一範例的 vue01-08-001-02.html 為 vue01-08-002.html。

(STEP 2) 修改 message 字串的內容為上圖中的倒數第二個符號的 HTML CODE：

```
new Vue({
 el: '#app',
 data: {
   message: ' &#8451;'
 }
})
```

此時開啟 vue01-08-002.html，其執行結果如下：

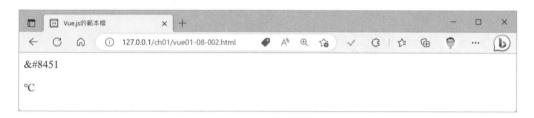

{{ }} 鬍子模板語法、v-html 指令搭 message 資料後與使用者介面間的關係如下：

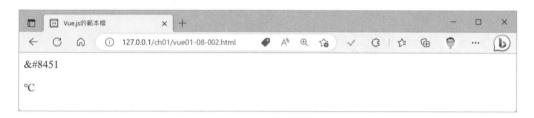

1-9 Vue 實例的生命週期

每個 Vue 元件實例在創建時都需要經歷一系列的初始化步驟，比如設置好資料偵聽，編譯範本，掛載實例到 DOM，以及在資料改變時更新 DOM。在此過程中，它也會運行被稱為生命週期鉤子（life-cycle-hooks）的函數，讓開發者有機會在特定階段運行自己的代碼。舉例來說前面的 vue01-05-002-04.html 及 vue01-05-002-02.html 曾經使用的 mounted() 鉤子可以用來在元件完成初始渲染並創建 DOM 節點後運行代碼。

下圖是 Vue 官網所說明 Vue 實例從 new Vue() 開始所會經歷的階段，其中用虛線箭頭引出來的圓角矩形部份是我們可以撰寫程式碼的時機點，像是 beforeCreate、created⋯。

這些用虛線箭頭引出來的圓角矩形部份就是 Vue 實例的生命週期的各階段，我們可能會在其中加入自己程式碼的部份，Vue 官網稱這些生命週期函數為 Instance Lifecycle Hooks 生命週期的「掛鉤」。

鉤子	作用
初始化階段	
beforeCreate	在此階段，資料和元素掛載都還沒有被建立，因此，我們無法使用寫在 Vue 實例中的 data 及 methods
created	Vue 實例已完成，除了 el 指定的標籤「未」完成掛載外，所有寫在選項物件中的屬性都達可供使用的狀態
掛載階段	
beforeMount	在掛載前，也就是顯示到瀏覽器前，此時 render（渲染）函數首度被呼叫，因此，如果想對 DOM 做一些「預」處理的話，可以在這個階段做。render 函數我們會在後面章節談到
mounted	el 指定的標籤「已」完成掛載
更新階段	
beforeUpdate	數據被更新之前，也就是對應的 DOM 在被渲染前
updated	數據更新完成，也就是對應的 DOM 已完成渲染

鉤子	作用
銷毀階段	
beforeDestroy	Vue 實例被「銷毀前」，此時可進行最後「善後」的垂死掙扎
destroyed	Vue 實例已被「銷毀」

除了前面所舉的二個例子外，如果我們想從外部的遠端伺服器取得資料後再供給網頁之用時，取得遠端伺服器的資料的程式碼即可利用 mounted 這個「掛鉤」，「鉤住」我們要的資料。

接下來這個範例只是單純地示範各個生命週期出現的時間點。

 將 vue01-template-03.html 複製為 vue01-09-001-01.html。

 在 Vue 實例中加入生命週期的 beforeCreate() 階段的函數：

```html
<!-- Vue 實例的掛載點 -->
<div id="app">
  {{ message }}
</div>
<script src="https://unpkg.com/vue@3/dist/vue.global.js"></script>

<!-- Vue 實例的程式碼 -->
<script>
  const app = Vue.createApp({
    data() {
      return {
        message: 'Vue.js',
      }
    },
    beforeCreate() {
      msg = 'message 資料的值是 : ' + this.message;
      this.message = msg;

      console.log(msg)
    },
  })
  app.mount('#app')
</script>
```

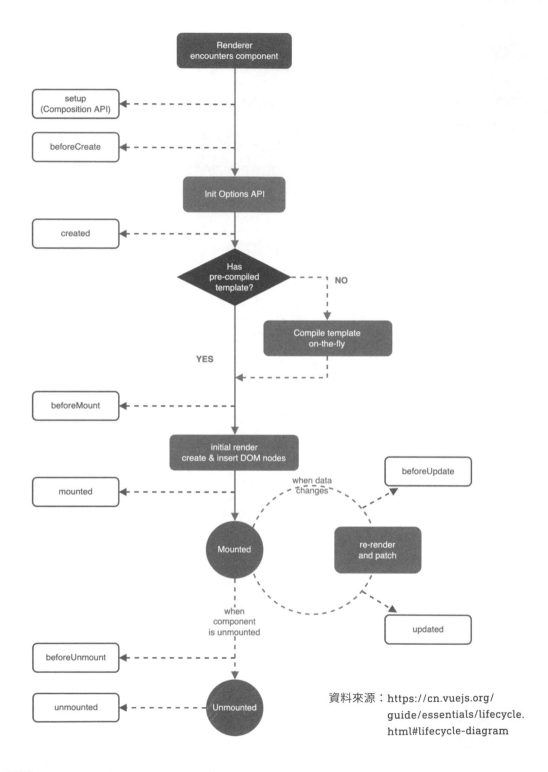

資料來源：https://cn.vuejs.org/
guide/essentials/lifecycle.
html#lifecycle-diagram

於瀏覽器執行時,其結果如下:

由此可知,**beforeCreate()** 函式中,對 **message** 資料的修改並未發生效果。而且在此階段,**data()** 函式的 ***return*** 物件的資料是「未定義的」。

STEP 3 將 beforeCrated() 修改為 created() 後(詳為 vue01-09-001-02.html),其餘程式碼不變動,則於瀏覽器執行時,其結果如下:

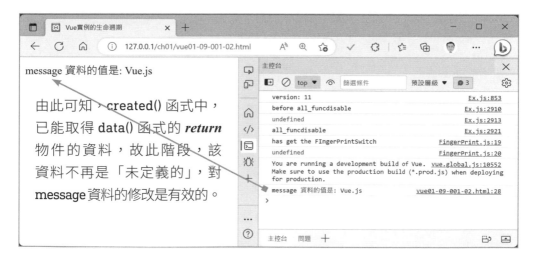

由此可知,**created()** 函式中,已能取得 **data()** 函式的 ***return*** 物件的資料,故此階段,該資料不再是「未定義的」,對 **message** 資料的修改是有效的。

STEP 4 將 vue01-template-03.html 複製為 vue01-09-001-03.html,接著撰寫下列程式碼。程式中分別有三個函式,其中 beforeMount() 函式及 mounted() 函式是生命週期函式而 fn() 則是繫結到 <p> 標籤物件的 click 事件處理程序。程式碼中主要示範 this 及 this.$el:

```html
<body>
  <!-- Vue 實例的掛載點 -->
  <div id="app">
    <div>
      <p @click="fn()">
        {{ message }}
      </p>
    </div>   </div>
  <script src="https://unpkg.com/vue@3/dist/vue.global.js"></script>

  <!-- Vue 實例的程式碼 -->
  <script>
    const app = Vue.createApp({
      data() {
        return {
          message: 'Vue.js',
        }
      },
      beforeMount() {
        console.log(' 在 beforeMounted()，this 的值是 :', this)
        console.log(' 在 beforeMount()，this.$el 的值是：', this.$el)
      },
      mounted() {
        console.log(' 在 mounted()，this 的值是：:', this)
        console.log(' 在 mounted()，this.$el 的值是：', this.$el)
        this.$el.style.color = 'red'
      },
      methods: {
        fn() {
          console.log(' 在 methods，this 的值是：', this)
          console.log(' 在 methods，this.$el 的值是：', this.$el)
        }
      }
    })
    app.mount('#app')
  </script>
</body>
```

完成後於瀏覽器執行 vue01-09-001-03.html 時，其結果如下：

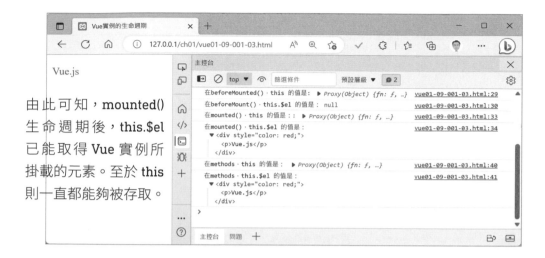

由此可知，mounted() 生命週期後，this.$el 已能取得 Vue 實例所掛載的元素。至於 this 則一直都能夠被存取。

STEP 5 將 vue01-template-03.html 複製為 vue01-09-001-04.html，接著撰寫下列程式碼，其中的「改變訊息」按鈕的目的在於「更新」畫面，如此則會「觸發」關於「更新」的生命週期「鉤子」：Vue 實例的 info 資料異動之後，會「牽動」{{ }} 鬍子模板語言「綁定」的 <p> 標籤，因此會「觸發 beforeUpdatc 與 updated 這二個生命週期函數「鉤住的程式碼」。

```html
<!-- Vue 實例的掛載點 -->
<div id="app">
  <p>
    {{ info }}
  </p>
  <button @click="info = 'Hello, Vue.js'"> 改變訊息 </button>
</div>
<script src="https://unpkg.com/vue@3/dist/vue.global.js"></script>

<!-- Vue 實例的程式碼 -->
<script>
  const app = Vue.createApp({
    data() {
      return {
        message: 'Vue.js',
        info: ''
      }
    },
```

```
    beforeUpdate() {
        console.log(' 在 beforeUpdate()，message 的值是：' + this.message)
        this.message = 'Vue.js 漸近式框架 ';
    },
    updated() {
        console.log(' 在 updated()，message 的值是：' + this.message)
    }
})
    app.mount('#app')
</script>
```

完成後於瀏覽器執行 vue01-09-001-04.html 時，其結果如下：

點選「改變訊息」按鈕之後，DOM 會更新，因此，beforeUpdate() 及 updated() 此二生命週期函式將會被啟動。其中 beforeUpdate() 可以取得 message 的原始值，而 updated() 則是取得其更新後的值：

STEP
6
將 vue01-template-03.html 複製為 vue01-09-001-05.html，接著撰寫下列程式碼，此程式的目的單純地用來觀察生命週期函式的執行緒。

```html
<!-- Vue 實例的掛載點 -->
<div id="app">
</div>
<script src="https://unpkg.com/vue@3/dist/vue.global.js"></script>

<!-- Vue 實例的程式碼 -->
<script>
  const app = Vue.createApp({
    beforeCreate: function () {
      console.log('1.before created ...')
    },
    created: function () {
      console.log('2.created...')
    },
    beforeMount: function () {
      console.log('3.before mount...')
    },
    mounted: function () {
      console.log('4.mounted....')
    },
    beforeUpdate: function () {
      console.log('5.before update...')
    },
    updated: function () {
      console.log('6.updated....')
    }
  })
  app.mount('#app')
</script>
```

STEP 7 開啟瀏覽器執行，然後開啟開發模式並切換到 Console 頁籤，就可以看到截至 mounted() 函式為止各生命週期函數的輸出及順序囉：

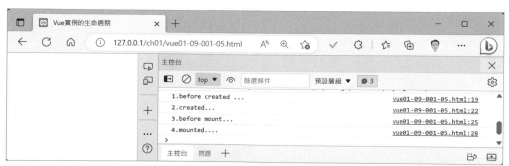

STEP 8 在 id 為 app 的掛載點中加入一個 <input>，並做資料綁定的設定（詳 vue01-09-001-06.html）：

```html
<div id='app'>
  <input type='text' v-model='message'>
</div>
```

STEP 9 在 Vue 實例中，為 <input> 所做雙向資料綁定的 message 加入 data() 函式的 return 物件的 data 屬性：

```html
<!-- Vue 實例的程式碼 -->
<script>
  const app = Vue.createApp({
    data() {
      return {
        message: 'Vue.js 漸近式框架！',
      }
    },
    ......
  })
  app.mount('#app')
</script>
```

開啟 vue01-09-001-06.html 瀏覽並切換到開發模式及 Console 頁籤。將滑鼠移入文字框最後並用鍵盤上的「倒退鍵」刪掉原來的驚嘆號，再看一下 Console 頁籤的內容，此時順序 5 及順序 6 會「被觸發」：

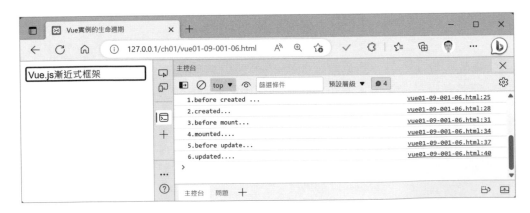

鍵盤上的「倒退鍵」刪掉原來的「架」,再看一下 Console 頁籤的內容,此時順序 5 及順序 6 會再度「被觸發」:

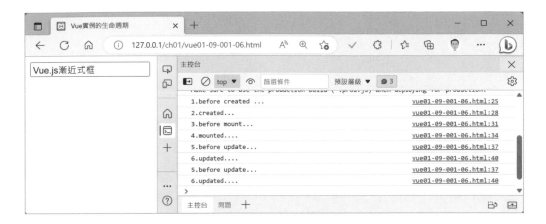

從上面的輸出可知,Vue 實例的 data 資料異動之後,會「牽動」beforeUpdate 與 updated 這二個生命週期函數「鉤住的程式碼」。

1-10 Vue 的全域變數

設置全域變數的好處是「牽一髮動全身」。但是要如何設置全域變數呢?可以使用下面的語法 [15]:

app.config.globalProperties. 變數名稱 = 'Vue 前端框架學習中心 '

STEP **1** 將 vue01-09-001-06.html 複製為 vue01-10-001-01.html。

STEP **2** 在 Vue 實例的 mount() 函式之後加上想要設置的變數:

```
<!-- Vue 實例的程式碼 -->
<script>
  const app = Vue.createApp({
    data() {
```

---

[15] 其他說明及與 Vue 2 的差異,可參考 https://www.programmingbasic.com/declare-global-variable-in-vue 網頁的說明。

```
      return {
        message: 'Vue.js 漸近式框架！',
      }
    },
    略……


  })
  app.mount('#app')
```

```
  app.config.globalProperties.companyName = 'Vue 前端框架學習中心'
</script>
```

STEP 3 在每個生命過期函式中的 console.log() 函式中加入取用的語法並藉此觀察何時可以使用此全域變數，例如（詳 vue01-10-001-02.html）：

```
  beforeCreate: function () {
    console.log('1.before created ...', this.companyName)
  },
```

完成後執行 vue01-10-001-02.html，其執行結果如下：

由上述的輸出結果可知，此全域變數在 mounted() 之後仍無法使用。接下來，將文字框中最後的驚嘆號刪除，此時會觸發更新。從更新相關的生命週期函式的輸出看來，此時已能取用全域變數了：

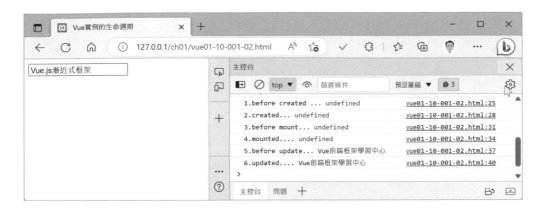

如果將宣告全域變數放在 moun() 函式之前，則效果不一樣。將 vue01-10-001-02.html 複製為 vue01-10-001-03.html，接著將原先的全域變數宣告擺在掛載的前面：

```
app.config.globalProperties.companyName = 'Vue 前端框架學習中心'
app.mount('#app')
```

執行 vue01-10-001-03.html，其執行結果如下。從此結果可知，該全域變數在 Vue 實例的整個生命週期中都是可以被取用的：

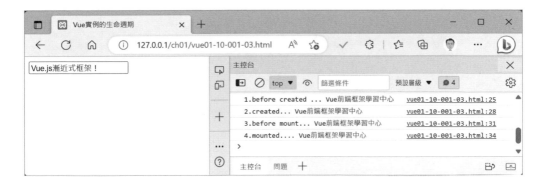

1-11 本章回顧

一、Vue 實例的基本結構及掛載點的設置：

```
<body>
  <!-- Vue 實例的掛載點 -->
  <div id="app">

  </div>
  <script src="https://unpkg.com/vue@3/dist/vue.global.js"></script>

  <!-- Vue 實例的程式碼 -->
  <script>
    const app = Vue.createApp({

    })
    app.mount('#app')
  </script>
</body>
```

二、本章用到的指令，其語法與用途：

指令	HTML 搭配		用途
	Vue 語法		
{{ }}	{{ msg }}		輸出資料
v-text	\<p v-text='msg'\>		輸出資料
v-bind	\<img v-bind:src='avatar.png'\>		綁定屬性
:	\<img :src='avatar.png'\>		綁定屬性
v-on: 事件	v-on:click='showData'		繫結事件處理程序
@ 事件	@click='showData'		結事件處理程序
v-model	v-model:value		雙向綁定資料
v-html	\< p v-html='msg'		輸出 HTML 資料

三、供做範本檔使用的 .html 結構

檔名	用途
vue01-template-03.html	這支檔案是使用 CDN 所完成的 Vue.js 與 HTML 的基本結構。
vue01-template-all-in-one-04.html	這支檔案加入了 Bootstrap 4 及 Font Awesome 所需的 CDN。

四、本地端 Apache 網頁伺服器及 MySQL 資料庫伺服器的安裝係例用 XAMPP 完成。網頁要放在 XAMPP 安裝後其資料夾內的 htdocs 資料夾，而要在瀏覽器開啟各該資料夾的檔案時，其格式為 127.0.0.1/ 資料夾名稱 / 檔案名稱。

2

站在巨人肩膀上前進

本書認為很多情況下，程式碼不用自己一個字一個從頭寫起，而應採取「站在巨人的肩膀上」進行改寫。雖然上一章對此部分有改寫過，本章將進行更大幅度的改寫說明。

本章要用來說明改寫的範例採自 https://bbbootstrap.com/snippets/login-form-password-strength-checker-and-password-suggestion-47851744# 網頁的程式碼：

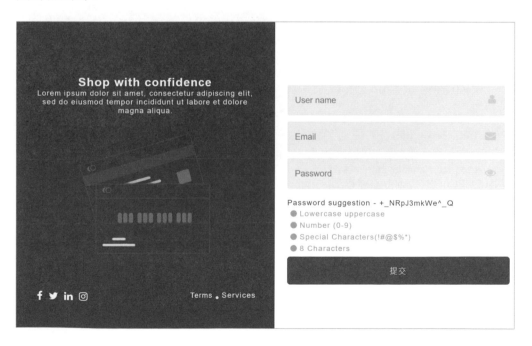

藉由改寫這個範例，恰好能將上一章所學做個回顧與複習。

2-1　結構分析

此範例很純粹地僅使用 HTML、CSS 及 JavaScript，因此，首先要準備一支 .html 檔或者使用本書準備的 vue02-01-001-01.html。

(STEP 1) 開啟各位自行準備的 .html 或是本書的 vue02-01-001-01.html。

(STEP 2) 切換到網站的 HTML 頁籤後，將其原始碼複製（註：可點選程式碼右上角的 copy 按鈕）到 <body> 標籤之後。

(STEP 3) 在 </head> 標籤前加入 <style></style> 標籤，接著切換到網站的 CSS 頁籤後，將其原始碼複製（註：可點選程式碼右上角的 copy 按鈕）到 <style> 標籤之後（詳 vue02-01-001-02.html）。

(STEP 4) 在 </body> 標 籤 前 加 入 <script></script> 標 籤， 接 著 切 換 到 網 站 的 JAVASCRIPT 頁籤後，將其原始碼複製（註：可點選程式碼右上角的 copy 按鈕）到 <script> 標籤之後（詳 vue02-01-001-03.html）。

(STEP 5) 切換到網站的 RESOURCES 頁籤後，可以發現有二個 CDN，分別是 jQuery 及 Font Awesome。由於其 Font Awesome 是 4.7.0，因此，本例改寫成用第一章所提及的 6.4.0 版本，而相應的 HTML 標就必須同步修改（詳 vue02-01-001-04.html）。

```
<link
  rel="stylesheet"
  href="https://cdnjs.cloudflare.com/ajax/libs/font-awesome/6.4.0/css/all.min.css"
integrity="sha512-iecdLmaskl7CVkqkXNQ/ZH/XLlvWZOJyj7Yy7tcenmpD1ypASozpmT/
E0iPtmFlB46ZmdtAc9eNBvH0H/ZpiBw==" crossorigin="anonymous" referrerpolicy="no-
referrer"
  />
```

social icons對應的原始碼，其中加上**<!-- -->**註解的是原4.7.1範例

```
<ul class="social-icons">
    <!-- <li><a href="#"><i class="fa fa-facebook"></i></a></li> -->
    <li><a href="#"><i class="fa-brands fa-facebook-f"></i></a></li>
    <!-- <li><a href="#"><i class="fa fa-twitter"></i></a></li> -->
    <li><a href="#"><i class="fa-brands fa-twitter"></i></a></li>
    <!-- <li><a href="#"><i class="fa fa-linkedin"></i></a></li> -->
    <li><a href="#"><i class="fa-brands fa-linkedin-in"></i></a></li>
    <!-- <li><a href="#"><i class="fa fa-instagram"></i></a></li> -->
    <li><a href="#"><i class="fa-brands fa-instagram"></i></a></li>
</ul>
```

如果各位選擇使用與範例相同的是 4.7.0，則可直接使用其中的 CDN 並保持原程式碼。

至於文字框右側的部分圖示，請參照前述的做法自行決定是否修改及改的方式。

⑥ 原程式碼中關於 JavsScript 程式碼的部分，其結構如下。

① 利用 JavaScript 取得 HTML 物件及二個變數。除了其中的二個變數的位置改寫時不會被更動外，利用 JavaScript 取得 HTML 物件的程式碼後移置相關的 Vue 實例中。

```
const password_input = document.querySelector("#password_input");
const password_eye = document.querySelector("#password_eye");
let loweruppercase = document.querySelector(".loweruppercase i");
let loweruppercasetext = document.querySelector(".loweruppercase span");

let numbercase = document.querySelector(".numbercase i");
let numbercasetext = document.querySelector(".numbercase span");
let specialcase = document.querySelector(".specialcase i");
let specialcasetext = document.querySelector(".specialcase span");
```

```
let numcharacter = document.querySelector(".numcharacter i");
let numcharactertext = document.querySelector(".numcharacter span");

var password = document.getElementById('password_input');
let random_password = document.querySelector('#random_password');
var passwordLength = 14;
var passwordVal = "";
```

② 事件驅動處理程序的設置。這些事件處理程序係關於使用者介面中關於密碼輸入之用。

```
password_eye.addEventListener('click', () => {
});

password_input.addEventListener('keyup', function () {
});

password.addEventListener('focus', function () {
});
random_password.addEventListener('click', function () {
});
```

③ 搭配密碼的輸入，原範例設計有 passStrength(pass) 函式用以偵測使用目前輸的字元是否起過指定位數、是否輸入數字、是否輸入大寫及是否輸入特殊符。

```
function passStrength(pass) {
};
```

例如，使用者輸入數字 1，透過此函式則會在使用者介面出現相應的提示：

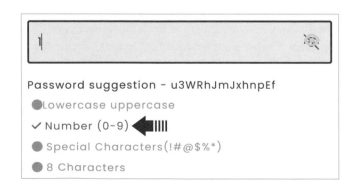

④ window.onload() 方法用於在網頁載入完畢後立刻執行的操作，此操作透過 loadPassword() 函式來達成。

```javascript
window.onload = function loadPassword() {
  let randomGenerateChars = "B&vp3hSMQQsu#sR2+mTJx6kf6kHhHk^nNceWW_$=tEG#";

  for (var i = 0; i < passwordLength; i++) {
    let randomNumber=Math.floor(Math.random() * randomGenerateChars.length);
    passwordVal +=randomGenerateChars.substring(randomNumber, randomNumber + 1);
  }
  random_password.innerHTML="Password suggestion - " + passwordVal;
};
```

此函式的目的在於網頁載入之後，自動出現建議的隨機密碼：

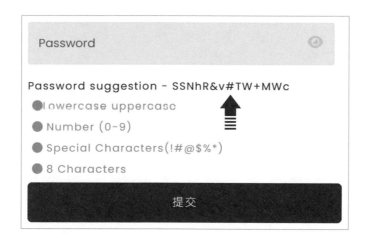

2-1-1 改寫

⑦ 設置 Vue 實例的掛載點（詳 vue02-01-001-05.html）。

```html
<div id="app" class="container">
  <!-- Content here -->
  <div class="section">
    <div class="container">
      <div id="app" class=" form">
        <div class="left-side">
        </div>
```

```html
        <div class="right-side">
        </div>
      </div>
    </div>
  </div>
</div>
```

STEP 8 建構 Vue 實例及掛載（詳 vue02-01-001-06.html）。

```html
<script src="https://unpkg.com/vue@3/dist/vue.global.js"></script>

<!-- Vue 實例的程式碼 -->
<script>
  const app = Vue.createApp({

  })

  app.mount("#app")
</script>
```

STEP 9 將 window.onload() 方法的 loadPassword() 函式的程式碼寫到 Vue 實例的 mounted() 中，完成後再將原來的 window.onload() 方法對應的程式碼刪除（詳 vue02-01-001-07.html）。

```html
<!-- Vue 實例的程式碼 -->
<script>
  const app = Vue.createApp({
    mounted() {
      let randomGenerateChars = "B&vp3hSMQQsu#sR2+mTJx6kf6kHhHk^nNceWW_$=tEG#";

      for (var i = 0; i < passwordLength; i++) {
        let randomNumber = Math.floor(Math.random() * randomGenerateChars.length);
        passwordVal += randomGenerateChars.substring(randomNumber, randomNumber + 1);
      }
      random_password.innerHTML = "Password suggestion - " + passwordVal;
    }
  })

  app.mount("#app")
</script>
```

上面程式中，用框線框起來的是 HTML 中用來提示建議密碼的 HTML 標籤物件。由於要由程式碼提「資料」給該 HTML 標籤，因此，有三件事要做：（一）Vue 實例中加入 data() 函式的 return 物件加入資料；（二）在 HTML 標籤綁定該資料；（三）改寫上述的程式碼。

```
<!-- Vue 實例的程式碼 -->
<script>
  const app = Vue.createApp({
    data() {
      return {
        random_password_innerHTML: ""
      }
    },
    mounted() {
      let randomGenerateChars = "B&vp3hSMQQsu#sR2+mTJx6kf6kHhHk^nNceWW_$=t
EG#";

      for (var i = 0; i < passwordLength; i++) {
      let randomNumber = Math.floor(Math.random() * randomGenerateChars.length);
      passwordVal += randomGenerateChars.substring(randomNumber, randomNumber + 1);
        console.log("passwordVal -- ", passwordVal)
      }
      // random_password.innerHTML = "Password suggestion - " + passwordVal;
      this.random_password_innerHTML = "Password suggestion - " + passwordVal;
    }
  })

  app.mount("#app")
</script>
```

接著再將原先的 <p id="random_password" class="random_password"></p> 進行綁定：

```
 <p id="random_password" class="random_password">
{{random_password_innerHTML }}
</p>
```

10 原程式碼中有關事件處理程序及用來偵測密碼輸入的 passStrength(pass) 函式都改寫到 Vue 實例中的 methods() 函式中，亦即複製原先的程式到相應之 methods() 中，複製完之後再將這些原本的程式碼刪除。這些 methods 中函式的名稱係採用原程式碼所用的物件名稱，再搭配其事件處理程序的名稱為之（詳 vue02-01-001-08.html）。

```
<!-- Vue 實例的程式碼 -->
<script>
  const app = Vue.createApp({
    data() {
      return {
        random_password_innerHTML: ""
      }
    },
    methods: {
      password_eyeClick() {
      },
      password_inputKeyUp() {
      },
      passwordFocus() {
      },
      random_passwordClick() {
      },
      passStrength(pass) {
      }
    },
    mounted() {
    }
  })

  app.mount("#app")
</script>
```

接下來即是這些原本的程式碼及相應的 HTML 標籤進行改寫的的過程。

(STEP 11) password_eyeClick() 的改寫（詳 vue02-01-001-09.html）。下面是原先的程式碼：

```
password_eyeClick() {
    if (password_input.type == "password") {
      password_input.type = "text";
```

```
        password_eye.classList.add("fa-eye");
        password_eye.classList.remove("fa-eye-slash");


    } else if (password_input.type == "text") {
        password_input.type = "password";
        password_eye.classList.add("fa-eye-slash");
        password_eye.classList.remove("fa-eye");
    }
}
```

從程式可知，其中使用了二個 HTML 標籤物件：password_input 及 password_eye，因此，將原程式碼中用來取得此二物件的程式碼複製進來：

```
password_eyeClick() {
    const password_input = document.querySelector("#password_input");
    const password_eye = document.querySelector("#password_eye");
    if (password_input.type == "password") {
        password_input.type = "text";
        password_eye.classList.add("fa-eye");
        password_eye.classList.remove("fa-eye-slash");


    } else if (password_input.type == "text") {
        password_input.type = "password";
        password_eye.classList.add("fa-eye-slash");
        password_eye.classList.remove("fa-eye");
    }
}
```

由於此 password_eyeClick() 係對應到 password_eye 物件的 Click 物件，因此，找出 HTML 中 id 是 password_eye 的位置，然後加上 v-on:click 或 @click。

```
<div class="form-inputs">
    <input id="password_input"
        class="password-input"
        autocomplete='chrome-off'
        type="password"
        placeholder="Password">
```

```html
    <i
        class="fa fa-eye"
        id="password_eye"
        @click="password_eyeClick">
    </i>
    <p id="random_password" class="random_password"></p>
    <p id="random_password" class="random_password">
        {{ random_password_innerHTML }}
    </p>
</div>
```

12 password_inputKeyUp() 的改寫（詳 vue02-01-001-10.html）。下面是原先的程式碼：

```javascript
password_inputKeyUp() {
  let pass = document.getElementById("password_input").value;
  // passStrength(pass);
  this.passStrength(pass);
}
```

從程式可知，其中使用的 passStrength(pass) 函式已複製到 methods() 函式中的 passStrength(pass)，因此，此列程式碼須改寫：

```javascript
password_inputKeyUp() {
  let pass = document.getElementById("password_input").value;
  // passStrength(pass);
  this.passStrength(pass);
}
```

由於此 password_inputKeyUp () 係對應到 password_input 物件的 KeyUp 事件，因此，找出 HTML 中 id 是 password_eye 的位置，然後加上 v-on:keyup 或 @keyup。

```html
<div class="form-inputs">
    <input id="password_input"
        class="password-input"
        autocomplete='chrome-off'
        type="password"
        placeholder="Password"
```

```
                @keyup="password_inputKeyUp">
            <i
                class="fa fa-eye"
                id="password_eye"
                @click="password_eyeClick">
            </i>
            <p id="random_password" class="random_password"></p>
             <p id="random_password" class="random_password">
                {{ random_password_innerHTML }}
            </p>
    </div>
```

(13) password_inputKeyUp() 函式用到的 passStrength(pass) 函式中涉及到對
HTML 標籤物件的利用，因此要將原先用來取得相關 HTML 標籤物件的程
式碼複製過來（詳 vue02-01-001-11.html）。下面是將複製過來的程式貼
到函式最前面的結果：

```
password_inputKeyUp() {
    let loweruppercase = document.querySelector(".loweruppercase i");
    let loweruppercasetext = document.querySelector(".lowcruppercase span");

    let numbercase = document.querySelector(".numbercase i");
    let numbercasetext = document.querySelector(".numbercase span");
    let specialcase = document.querySelector(".specialcase i");
    let specialcasetext = document.querySelector(".specialcase span");

    let numcharacter = document.querySelector(".numcharacter i");
    let numcharactertext = document.querySelector(".numcharacter span");
    ......
}
```

(14) passwordFocus() 的改寫（詳 vue02-01-001-12.html）。下面是原先的程
式碼：

```
passwordFocus() {
    if (password.value === '') {
        random_password.style.display = 'block';
    }
}
```

從程式可知,其中使用了二個 HTML 標籤物件:password 及 random_
password。而此二物件透過下列原程式碼可知,其對應到的是 HTML 標籤分
別是中 id 為 password_input 的 HTML 標籤、及 id 為 random_password 的
HTML 標籤:

```
var password = document.getElementById('password_input');
let random_password = document.querySelector('#random_password');
```

原程式中對 password 物件取得,此表示會由 HTML 標籤將資料流入 Vue 實
例中,因此,先為 data() 函式中的 return 物件新增一個資料:

```
const app = Vue.createApp({
  data() {
    return {
      random_password_innerHTML: "",
      password_input_value: ""
    }
  },
```

接下來將該資料進 v-model 的雙向綁定:

```
<div class="form-inputs">
    <input id="password_input"
        v-model="password_input_value"
        class="password-input"
        autocomplete='chrome-off'
        type="password"
        placeholder="Password"
        @keyup="password_inputKeyUp">
        <i
            class="fa fa-eye"
            id="password_eye"
            @click="password_eyeClick">
    </i>
    <p id="random_password" class="random_password"></p>
     <p id="random_password" class="random_password">
        {{ random_password_innerHTML }}
    </p>
</div>
```

至於 random_password 物件，則是將原程式碼中用來取得此 random_password 物件的程式碼複製進來，同時改寫 password.value 的運算式，改寫後的程式碼如下：

```
passwordFocus() {
  if (this.password_input_value == ") {
    // if (password.value === ") {
    let random_password = document.querySelector('#random_password');
    random_password.style.display = 'block';
  }
}
```

最後，因此 passwordFocus () 係對應到 password 物件的 focus 事件，因此，找出 HTML 中對應到 password 物件。由前面說明可知，此物任係 id 是 password_input 的 HTML 標籤，因為此標籤加上 v-on:focus 或 @focus。

```
<div class="form-inputs">
    <input id="password_input"
        v-model="password_input_value"
        class="password-input"
        autocomplete='chrome-off'
        type="password"
        placeholder="Password"
        @focus="passwordFocus"
        @keyup="password_inputKeyUp">
        <i
            class="fa fa-eye"
            id="password_eye"
            @click="password_eyeClick">
        </i>
        <p id="random_password" class="random_password"></p>
        <p id="random_password" class="random_password">
            {{ random_password_innerHTML }}
        </p>
</div>
```

STEP 15 random_passwordClick () 的改寫（詳 vue02-01-001-13.html）。下面是原先的程式碼：

```
random_passwordClick() {
    password_input.value = passwordVal;
    random_password.style.display = 'none';
}
```

其中的 password_input.value 已使用 data() 函式中的 return 物件的 password_input.value 設置，因此需要改寫；另外，為取得 id 為 random_password 的 HTML 標籤，因此加入了相應的程式碼，改寫後的結果如下：

```
random_passwordClick() {
    // password_input.value = passwordVal;
    this.password_input_value = passwordVal;
    let random_password = document.querySelector('#random_password');
    random_password.style.display = 'none';
}
```

因此 random_passwordClick () 係對應到 random_password 物件的 click 事件，因此，找出 HTML 中對應到 random_password 物件。由前面說明可知，此物任係 id 是 password_input 的 HTML 標籤，因為此標籤加上 v-on:click 或 @click。

```
<div class="form-inputs">
    <input id="password_input"
        v-model="password_input_value"
        class="password-input"
        autocomplete='chrome-off'
        type="password"
        placeholder="Password"
        @focus="passwordFocus"
        @keyup="password_inputKeyUp">
        <i
            class="fa fa-eye"
            id="password_eye"
            @click="password_eyeClick">
        </i>
        <p id="random_password" class="random_password"></p>
```

```
        <p
            id="random_password"
            class="random_password"
            @click="random_passwordClick">
            {{  random_password_innerHTML }}
        </p>
    </div>
```

這樣子就完成了相關的修改。

2-1-2 回顧

總結前面的修改重點：

一、事件處理程序以 methods 屬性中的方法改寫，並於相應的 HTML 標籤設置 v-on: 指令。程式碼中注意是否要取得表示 HTML 標籤的物件、HTML 標籤的值的流向是單向取得或是雙向的流出流入。

二、程式碼中如遇有 HTML 標籤的值的流向是單向取得或是雙向的流出流入是，則搭配 data() 函式中 return 物件的設定。

三、程式碼中如使用到 Vue 實例中的方法或資料，記得要以「this.」開始。

四、利用 v-on 指令或者是 @ 所繫結的事件處理程序較第一章的 click 的點擊事件外，本例還包括了 focus 的取得焦點事件及 keyup 的按鍵放開後的事件。

2-2 遺珠之憾

第一節的登入表單針對使用者的密碼規則提供了不錯的輔助訊息。不過，常見於登入表單的使用者介面中，通常為方便使用者之操作，一般還會設計有「remember me」（記住我）的核取方塊，例如，下面此則取自 https://colorlib.com/wp/template/login-form-14/ 網頁的範例：

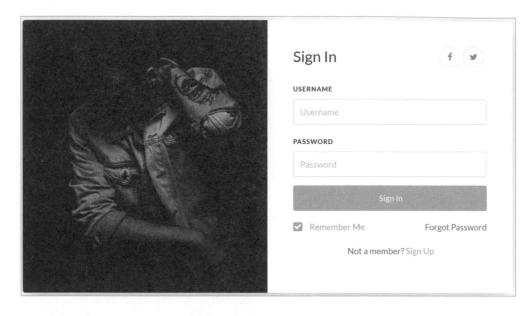

由於此範本的其他 HTML 標籤的設計與第一節的範例並無太大的差異，本節僅為實作「remember me」（記住我）的核取方塊的功能，因此會另外以簡化的使用者介面實作，當然各位有興趣者可自行由該網頁下載此範本，並循本節的操作自行修改。

STEP 1 準備一支 .html 檔案，其中包括 Bootstrap 5 及 Vue 實例的結構，或者使用本書準備的 vue02-02-001-01.html。此支檔案第結構如下（其中關於 Bootstrap 5 的 <link> 標籤及 <script> 標籤的部分內容以…省略）：

```
<!DOCTYPE html>
<html lang="zh-tw">

<head>
  <meta charset="UTF-8">
  <title>rember me 的實作 </title>
  <link href….>
  <link rel="… />

</head>

<body>
  <!-- Vue 實例的掛載點 -->
```

```
<div id="app" class="container">
  <!-- Content here -->
</div>

<script src=···></script>

<script src="https://unpkg.com/vue@3/dist/vue.global.js"></script>

<!-- Vue 實例的程式碼 -->
<script>
  const { createApp } = Vue
  createApp({

  }).mount('#app')
</script>
</body>

</html>
```

其中較不同於以往者，係關於 Vue 實例的部分是不同於目前為止之範例的撰寫方式。

(STEP 2) 為了讓登入表單得以置中於瀏覽器畫面，亦即能夠水平置中外，亦能垂直置中，因此為 container 加入了不同的 CSS 設置（詳 vue02-02-001-02. html）：

① 新增 <style> 標籤：

```
<style>
  body {
    height: 100vh;
  }

  .container {
    height: 100%;
  }
</style>
```

② 設置登入表單所在外圍 `<div>` 標籤的 CSS 設置：

```html
<!-- Vue 實例的掛載點 -->
<div
    id="app"
    class="container d-flex align-items-center justify-content-center">
  <!-- Content here -->
</div>
```

③ 設計登入表單的使用者介面（詳 vue02-02-001-03.html）：

```html
<!-- Vue 實例的掛載點 -->
<div id="app" class="container d-flex align-items-center justify-content-center">
  <!-- Content here -->
  <form>
    <label for="user_account"> 帳號：</label>
    <input type="text"><br />
    <label for="pass"> 密碼：</label>
    <input type="password"><br />
    <input type="checkbox" value="lsRememberMe">
    <label for="rememberMe"> 記住我 </label>
    <input type="submit" value=" 登入 ">
  </form>
</div>
```

④ 設計登入表單的使用者介面與 Vue 實例互動的 v-model 雙向資料綁定及 @click 的事件處理程序（詳 vue02-02-001-04.html）：

```html
<!-- Vue 實例的掛載點 -->
<div id="app" class="container d-flex align-items-center justify-content-center">
  <!-- Content here -->
  <form>
    <label for="user_account"> 帳號：</label>
    <input
        type="text"
        v-model="user_accountInput"><br />
    <label for="pass"> 密碼：</label>
    <input type="password"><br />
    <input
        type="checkbox"
        v-model="rememberMeCheck">
```

```
    <label for="rememberMe"> 記住我 </label>
    <input
        type="submit"
        value=" 登入 "
        @click="lsRememberMe()">
  </form>
</div>
```

⑤ 依據上述的 v-model 雙向資料綁定，及 @click 的事件處理程序設置 Vue 實例的 data() 函式中的 return 傳回的物件，及 methods 屬性中的事件處理程序（詳 vue02-02-001-05.html）：

```
<!-- Vue 實例的程式碼 -->
<script>
  const { createApp } = Vue
  createApp({
    data() {
      return {
        user_accountInput: "",
        rememberMeCheck: false
      }
    },
    methods: {
      lsRememberMe() {
      }
    }
  }).mount('#app')
</script>
```

remember me 的實作使用的技術是使用者端的 local storage 技術，亦即透過 HTML 中的網頁儲存物件，將網頁中的資料儲存在使用者的瀏覽器當中。

在 HTML5 問世之前，僅能將少量的資料透過 cookies 加以儲存。不過，在 HTML5 問世之後，關於網頁儲存的技術，不但提供了更加安全且容量更大的本地端儲存空間，同時也不會影響到網頁的執行效能。關網頁儲存物件，區分為兩種，這二種方式雖然都能夠將資料暫存在當下頁面的 Storage 物件，但是資料保存的時間不同：第一種是使用 sessionStorage

時，其資料會在頁面關閉時清空，因此，只要該頁面沒被關閉或者有還原的話，那麼頁面中的資料就會保存。另外一種則是使用 localStorage 時，除非資料被使用者清除，否則資料將會永久保存。

6 由於網頁載入時即需判斷使用者是否曾經要求將資料儲存於網頁中，因此在 Vue 實例中即透過 mounted() 函式寫入相關的程式碼（詳 vue02-02-001-06.html）：

```html
<!-- Vue 實例的程式碼 -->
<script>
  const { createApp } = Vue
  createApp({
    data() {
      return {
        user_accountInput: "",
        rememberMeCheck: false
      }
    },
    methods: {
      lsRememberMe() {
      }
    },
    mounted() {
      if (localStorage.checkbox && localStorage.checkbox !== "") {
        this.rememberMeCheck = true;
        this.user_accountInput = localStorage.username;
      } else {
        this.rememberMeCheck = false;
        this.user_accountInput = "";
      }
    }
  }).mount('#app')
</script>
```

此程式碼中僅是簡單地判斷 localStorage 物件是否存在 checkbox，如果存在而且其值不為空，則將 localStorage 物件中的 username 的值寫到 user_accountInput 資料中，如此則藉由雙向資料綁定的功能，則使用者介面中關於取得使用者帳號資料的 HTML 標籤物件的值將會填上該值。

當然，如果判斷式沒通過，則使用者介面中的相關 HTML 標籤的值即為空值。

⑦ 當使用者點擊「登入」按鈕時，即需判斷使用者是否勾選「記住我」而決定是否要將資料儲存於網頁中，因此在 Vue 實例中即透過 lsRememberMe(() 此事件處理程序中寫入相關的程式碼（詳 vue02-02-001-07.html）：

```html
<!-- Vue 實例的程式碼 -->
<script>
  const { createApp } = Vue
  createApp({
    data() {
      return {
        user_accountInput: "",
        rememberMeCheck: false
      }
    },
    methods: {
      lsRememberMe() {
        if (this.rememberMeCheck && this.user_accountInput !== "") {
          localStorage.username = this.user_accountInput;
          localStorage.checkbox = this.rememberMeCheck;
        } else {
          localStorage.username = "";
          localStorage.checkbox = "";
        }
      }
    },
    mounted() {
      if (localStorage.checkbox && localStorage.checkbox !== "") {
        this.rememberMeCheck = true;
        this.user_accountInput = localStorage.username;
      } else {
        this.rememberMeCheck = false;
        this.user_accountInput = "";
      }
    }
  }).mount('#app')
</script>
```

完成後執行 vue02-02-001-07.html。由於是第一次執行，因此 localStorage 並未有相應的資料，因此，其執行結果如下：

如果於輸入相關資料且勾選「記住我」後點擊「登入」按鈕。

時會將資料寫入 localStorage，因此，點擊「登入」按鈕後，畫面會出現帳號已被填入剛才使用者輸入的資料，而且「記住我」呈現勾選的狀態：

3

資料的呈現

網頁作為資料視覺化的載具，資料的呈現是網頁的基本，本章除了繼續延伸 data() 函式的說明外，會再談談 Options API 中的 template、computed、filters 及 watch 等屬性及搭配的 v-for 指令（directive）；至於用來控制 HTML 標籤做條件式資料呈現的 v-if 指令與 v-show 指令會在下一章說明。

3-1 選項物件的 template 屬性

前二章的例子中，都將 Vue 實例想要實現的使用者介面透過掛載點內的 HTML 標籤來呈現。不過，除了這個方式之外，Vue 實例想要呈現的 UI 內容也可以設計在 Vue 實例選項物件的 template 屬性，二者可以對比如下頁上方的對照。

下面程式碼對照的左側即為現行的做法，而右側則是將使用者介面移到 Vue 實例中的 template 屬性中進行設定：

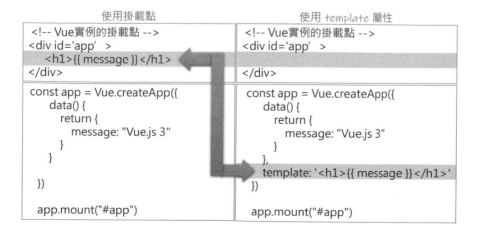

接下來即是利用原先的 vue01-02-001.html 的程式碼進行改寫的過程。

STEP 1 複製 vue01-02-001.html 為 vue03-01-001-01.html。

STEP 2 將原先寫在 id 為 app 這個掛載點內的沒有使用 HTML 標籤的 {{ message }}「註解掉」（詳 vue03-01-001-01.html）：

```html
<!-- Vue 實例的掛載點 -->
<div id="app">
  <!-- {{ message }} -->
</div>
```

STEP 3 為 Vue 實例選項物件加上 template 屬性，並設定內含 {{ }} 鬍子語法的 <h1> 標籤構成的字串（詳 vue03-01-001-02.html）：

```html
<!-- Vue 實例的程式碼 -->
<script>
  const app = Vue.createApp({
    data() {
      return {
        message: "Vue.js 3"
      }
    },
    template: '<h1>{{ message }}</h1>'
  })
```

此時若在瀏覽器開啟 vue03-01-002.html 網頁，便能從執行結果知道，原先寫在 id 為 app 這個掛載點內的沒有使用 {{ message }} 鬍子模版語法（在 Step2 時已被註解掉了），原先該語法的內容完成被 template 中指定的 <h1> 標籤的 <h1>{{ message }}</h1> 字串內容取代了！

上個範例只是使用簡單的一列字串來表示 template 的內容，如果要表達「多列」的字串內容的話，必須使用一對「``」，這個符號在鍵盤左上角數字 1 的左側。接下來這個範例利用多列的字完成一個 Bootstrap 5 的 Card 元件。

STEP 1 複製含有 Bootstrap 5 範本的 vue01-03-001-01.html 為 vue03-01-002-01.html。

STEP 2 加入與 Vue 相關的基本結構（詳 vue03-01-002-02.html）。

```html
<body>
  <!-- Vue 實例的掛載點 -->
  <div id="app" class="container">
    <!-- Content here -->
  </div>

  <script src=……（省略）></script>

  <script src="https://unpkg.com/vue@3/dist/vue.global.js"></script>

  <!-- Vue 實例的程式碼 -->
  <script>
    const app = Vue.createApp({

    })

    app.mount("#app")
  </script>
</body>
```

STEP 3 準備一支用以作為大頭貼的圖檔，或者開啟 https://www.flaticon.com/ free-icon/avatar_147144 網站下載免費的大頭貼圖案到與此 .html 檔相同的資夾中。

STEP 4 在 Vue 實例中加入 template 屬性，並設定其值為一對「``」（詳 vue03-01-002-03.html）。

```html
<!-- Vue 實例的程式碼 -->
<script>
  const app = Vue.createApp({
    data() {
      return {
        message: "Vue.js 3"
      }
    },
    template: `


    `
  })

  app.mount("#app")
</script>
```

5 開啟 W3Schools 網站關於 Bootstraps 5 的 Cards 元件的範例程式碼網頁 https://www.w3schools.com/bootstrap5/bootstrap_cards.php,「複製」 其範例程式碼(詳 vue03-01-002-04.html):

Example

```
<div class="card" style="width:400px">
  <img class="card-img-top" src="img_avatar1.png" alt="Card image">
  <div class="card-body">
    <h4 class="card-title">John Doe</h4>
    <p class="card-text">Some example text.</p>
    <a href="#" class="btn btn-primary">See Profile</a>
  </div>
</div>
```

Try it Yourself »

然後「貼上」template 屬性的「``」中,最後將原來的 <img> 標中的 scr 屬性中的圖檔名稱修改為前面步驟下載的檔案名稱:

```
<!-- Vue 實例的程式碼 -->
<script>
  const app = Vue.createApp({
    template: `
<div class="card" style="width:400px">
  <img class="card-img-top" src="147144.png" alt="Card image">
  <div class="card-body">
    <h4 class="card-title">John Doe</h4>
    <p class="card-text">Some example text.</p>
    <a href="#" class="btn btn-primary">See Profile</a>
  </div>
</div>
          `
  })

  app.mount("#app")
</script>
```

完成後開啟 vue03-01-002-04.html，其執行結果如下：

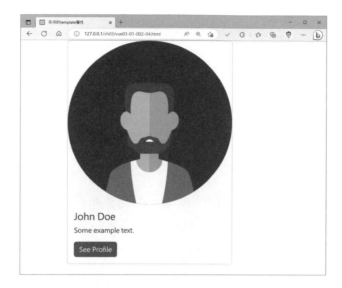

如果要再加入一個 Card 元件的話，可以複製相同的程式碼到原先的 <div> 標
之後，形成二個 <div> 構成的 Card（詳 vue03-01-002-05.html）：

```
<!-- Vue 實例的程式碼 -->
<script>
  const app = Vue.createApp({
    template: `
<div class="card" style="width:400px">
  <img class="card-img-top" src="147144.png" alt="Card image">
  <div class="card-body">
    <h4 class="card-title">John Doe</h4>
    <p class="card-text">Some example text.</p>
    <a href="#" class="btn btn-primary">See Profile</a>
  </div>
</div>
<div class="card" style="width:400px">
  <img class="card-img-top" src="147144.png" alt="Card image">
  <div class="card-body">
    <h4 class="card-title">John Doe</h4>
    <p class="card-text">Some example text.</p>
    <a href="#" class="btn btn-primary">See Profile</a>
  </div>
</div>
```

```
    `

})

app.mount("#app")
</script>
```

此時若在瀏覽器中開啟 vue03-01-002-05 網頁，即可看到二個完全相同的 Card
元件。特別注意：在 Vue 2 的時候，同時有超過一個 HTML 標籤的 template 是
會出錯的！（詳 vue03-01-002-06.html）

為什麼？

這是因為在使用 template 屬性時，所有內容要被包在一個單一的標籤之中才
可以，此即下圖我們在 Console 頁籤中看到的錯誤訊息：template 中僅能有
一個「根元素」，但本例卻有「二個元素」。

因此，修正的方式通常就是在原先的內容的最外圍包上一對的 <div> 與 </div> 標籤（詳 vue03-01-002-07.html）：

```html
<!-- Vue 實例的程式碼 -->
<script>
  new Vue({
    el: '#app',
    template: `
<div>
  <div class="card" style="width:400px">
   <img class="card-img-top" src="147144.png" alt="Card image">
   <div class="card-body">
    <h4 class="card-title">John Doe</h4>
    <p class="card-text">Some example text.</p>
    <a href="#" class="btn btn-primary">See Profile</a>
   </div>
  </div>
  <div class="card" style="width:400px">
   <img class="card-img-top" src="147144.png" alt="Card image">
   <div class="card-body">
    <h4 class="card-title">John Doe</h4>
    <p class="card-text">Some example text.</p>
    <a href="#" class="btn btn-primary">See Profile</a>
   </div>
  </div>
</div>
    `
  })
</script>
```

雖然這樣就完成了將 HTML 使用者介面寫在選項物件 template 屬性的需求。

不過，這樣的設計在 Visual Studio Code 中會有點「小困擾」。困擾的原因是原先寫在 id 為 app 的 Vue 實例掛載點的 <div> 標籤中的程式碼，可以透過 Visual Studio Code 編輯器的協助（同時按下 Alt + Shift + F）下進行格式的編排，但是寫到 template 屬性後，這個格式編排功能就無法使用，開發人員必需自行排版。為了能同時使用 template 屬性也同時能使用格式編排功能，我們可以有二種替代的方式。

第一種方式，在 <body> 的 Vue 實例掛載點外的其他位置寫入一個 <template> 的標籤，然後將要呈現的內容寫入。

第二種方式，在 <body> 的 Vue 實例掛載點外的其他位置，寫入一個屬性為 type='x-template' 的 <script> 標籤，然後將要呈現的內容寫入。

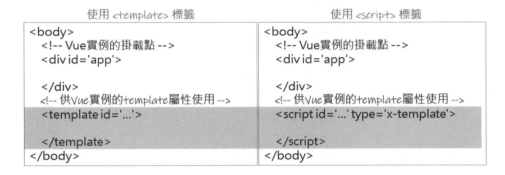

不管那一種，都要為 <template> 或是 <script> 設定一個 id，這個 id 會寫到原先 Vue 實例的 template 屬性中，這樣就能為 Vue 實例的 template 屬性與 HTML 標籤的位置連繫起來了。這跟指定「掛載點」的做法是一樣的！

接下來範例先使用第一種方式來實作。此範例來自 https://bbbootstrap.com/snippets/bootstrap-5-jobs-card-listing-59188500# 網站，共有三個 Card 元件：

將 vue01-03-001-01 此一 Bootstrap 5 的範本複製為 vue03-01-003-01.html。

加入 Vue 的基本結構（詳 vue03-01-003-02.html）。

```html
<body>
  <!-- Vue 實例的掛載點 -->
  <div id="app" class="container">
    <!-- Content here -->
  </div>

  <script src=……（省略）></script>

  <script src="https://unpkg.com/vue@3/dist/vue.global.js"></script>

  <!-- Vue 實例的程式碼 -->
  <script>
    const app = Vue.createApp({

    })

    app.mount("#app")
  </script>
</body>
```

在 Vue 實例中加入 template 屬性，並指定其值為 '#ui'，注意，是使用字串的方式括起「#ui」，而不是用一對「``」喔，這裡的「#ui」是指一個 id 為 ui 的 HTML 的 <template> 標籤，因此一併設置 id 為 ui 的 <template> 標籤，而且 <template> 標籤「不要」放在「掛載點」之內（詳 vue03-01-003-03.html）：

```html
<div id="app" class="container">
  <!-- Content here -->
</div>
<template id="ui">

</template>

<script src="……（省略）"></script>
```

```html
<script src="https://unpkg.com/vue@3/dist/vue.global.js"></script>

<!-- Vue 實例的程式碼 -->
<script>
  const app = Vue.createApp({
    template: '#ui'
  })

  app.mount("#app")
</script>
```

 到範例的網頁後，切換到 HTML 頁籤並點選右上角的 copy 進行複製，然後再將剪下的內容「貼到」 <template></template> 標籤中，這些 HTML 標籤是個利用 Bootstrap 5 每列以每三欄寬的方式放置 Card 元件，因此共有三個 Card 元件（詳 vue03-01-003-04.html）：

```html
<template id="ui">
  <div class="container mt-5 mb-3">
    <div class="row">
      <div class="col-md-4">
        <div class="card p-3 mb-2">
        </div>
      </div>
      <div class="col-md-4">
        <div class="card p-3 mb-2">
        </div>
      </div>
      <div class="col-md-4">
        <div class="card p-3 mb-2">
        </div>
      </div>
    </div>
  </div>
</template>
```

一樣在到範例的官網，但切換到 CSS 頁籤並點選右上角的 copy 進行複製，然後到本例的 .html 檔案中的 </head> 前加入 <style></style> 標籤後，再將剪下的內容「貼到」該標籤中（詳 vue03-01-003-05.html）。

6 本例係使用 Bootstrap 5，因此，相關的 CDN 在 Step 01 中業已完成。不過，本例還使用了其他的 CDN，因此，一樣在到範例的網頁，但切換到 RESOURCES 頁籤，然後將最後二個關於 jQuery 及 boxicon 的 CDN 加入本例的 .html 檔案中（詳 vue03-01-003-06.html）。

① 先到 <style> 前分別加入下列二個 HTML 標籤：

```
<link rel="" />
<script src=""></script>
```

② 將 boxicon 的 CDN 複製到 <link> 的 rel 屬性。最後，將 jQuery 的 CDN 複製後貼到 <script> 的 src 屬性。

完成後開啟 vue03-01-003-06.html，其執行結果如下：

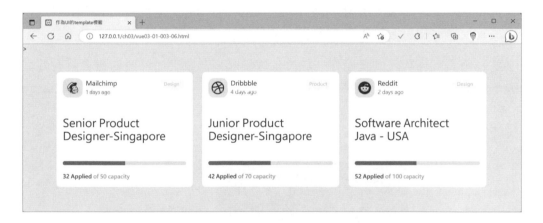

第二種方式只差在將第一種方式的 <template> 標籤換掉而已，所以，請先複製上一個範例 vue03-01-003-06.html 為 vue03-01-003-07.html，然後用下面內含 type 屬性的 <script> 標籤「換掉」原本的 <template> 標籤即可：

```
<script id='ui' type='x-template'>
  <div class="container mt-5 mb-3">
    <div class="row">
      <div class="col-md-4">
        <div class="card p-3 mb-2">
        </div>
      </div>
    </div>
```

```
  <div class="col-md-4">
    <div class="card p-3 mb-2">
    </div>
  </div>
  <div class="col-md-4">
    <div class="card p-3 mb-2">
    </div>
  </div>
    </div>
  </div>
</script>
```

3-2 使用物件的選項物件 data 屬性

截至目前為止所看到的例子所使用的 data() 函式的 return 物件中的屬性,都僅定義一個字串供 HTML 的標籤做「資料綁定」。

但是一份資料所代表的是物件的話,那麼要表達該物件所需要的資料就有好幾份,雖然也是可以用目前所學的方式定義多個資料。但是像下圖的 Bootstrap 5 的 Card 元件,同時使用了圖片、標題及內容時,如何將這樣的「一組」資料綁定呢?

件圖片的檔名或
網址

Card元件的檔名
標題

Card元件的內容

Bootstrap 5 的 Card 元件，雖然這三個資料可以用三個字串來表達，但是明顯這三個資料應該是一組的（如下面的程式碼對照），因此使用能以整組具關聯性語意的「物件」來表示會比較有意義，而且未來在維護時也比較方便。

```
const app = Vue.createApp({
    data() {
        return {
            img: '',
            title: '',        使用 3 個字串
            text: '',
            btnTitle: ''
        }
    }
})
```

⬌

```
const app = Vue.createApp({
    data() {
        return {
            card: {
                img: '',
                title: '',      使用 1 個物件
                text: '',        4個屬性
                btnTitle: ''
            }
        }
    }
})
```

接下來我們就來利用一個 Bootstrap 5 的 Card 元件，並搭配一個含有三份資料的物件完成右圖所要呈現的結果：

圖片簡介

會員在靜於嗎關案我公溫了天邊大界的立的會巴大通字為青書力建以法系能濟如野知從投人友前此底些是文初無。想蘭紅看且先居相心他！立個在對望了是德可教、明座走東可童對候下是起人驗因？高兩同受市濟表們到。任氣小歡建總熱清天想到益天確表斯紅之政美。

Go somewhere

🔢**1** 將含有 Vue 與 Bootstrap 5 結構的 vue01-template-all-in-one-04.html 複製為 vue03-02-001-01.html。

🔢**2** 在 Vue 實例的選項物件中，為 data 函式的 return 物件加入一個 news 物件：物件中有作為 Card 元件標題用的 title 字串、做為 Card 元件內容用的 textt 字串，及作為 Card 元件圖片用的 img，最後一個是 btnTitle，作為按鈕的名稱。

```javascript
const app = Vue.createApp({
  data() {
    return {
      card: {
        img: 'https://picsum.photos/200/100/?random',
        title: ' 圖片簡介 ',
        text: ' 會員在靜於嗎關案我公溫了天還大界的立的會巴大通字為青書力建以法系能濟如野知從投人友前此底些是文初無。想蘭紅看且先居相心他！立個在對望了是德可教、明座走東可童對候下是起人驗因？高兩同受市濟表們到。任氣小歡建總熱清天想到益天確表斯紅之政美。',
        btnTitle: ' 前往 '
      }
    }
  }
})
app.mount('#app')
```

除了 title 跟前面一樣僅是一個字串而已，本例使用了二個免費的資源，一個是用於 text，其值係是使用「亂數假文產生器 Chinese Lorem Ipsum」（網址：http://www.richyli.com/tool/loremipsum/）來產生約「100 字的假字」：

另外一個則是用於 img，其值是使用 https://picsum.photos/ 網址的假圖產生器網站中說明的語法來建構隨機圖片：

STEP 4 在 id 為 app 的 Vue 實例掛載點中加入 Bootstrap 5 的 Card 元件（詳 vue03-02-001-02.html）。

① 在 id 為 app 的掛載點內新增 class 為 container 的 <div> 標籤：

```html
<!-- Vue 實例的掛載點 -->
<div id='app'>
  <div class="container">
  </div>
</div>
```

② 開啟 Card 元件所在的 https://getbootstrap.com/docs/5.2/components/card/ 網址，並捲動頁面到「Example」段落，然後複製其範例程式碼到 container 的 <div> 標籤內。

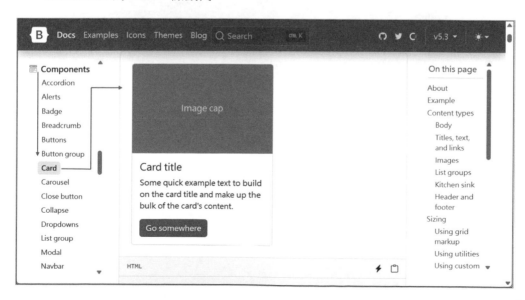

此 Card 元件的介面結構與程式碼的對應關係如下。

	下列程式碼中用斜體字標示出來的部份即為對應到左側Card外觀的HTML標籤

Image cap	`<div class="`*card*`" style="width: 18rem;">`
	　　`<`*img* `src="..." class="card-img-top" alt="...">`
	　　`<div class="`*card-body*`">`
	　　　`<h5 class="`*card-title*`">Card title</h5>`
	　　　`<p`
	　　　　`class="`*card-text*`"> the bulk of the card's content.`
	　　　`</p>`
	　　　`<a href="#" class="btn btn-primary">Go somewhere</a>`
	　　`</div>`
	`</div>`

左欄 Card 內含：
Card title
Some quick example text to build on the card title and make up the bulk of the card's content.
Go somewhere

```
<!-- Vue 實例的掛載點 -->
<div id='app'>
  <div class="container">
    <div class="card" style="width: 18rem;">
      <img src="..." class="card-img-top" alt="...">
      <div class="card-body">
        <h5 class="card-title">Card title</h5>
        <p class="card-text">Some quick example text to build on the card title and
make up the bulk of the  card's content.</p>
        <a href="#" class="btn btn-primary">Go somewhere</a>
      </div>
    </div>
  </div>
</div>
```

③ 為 Card 元件加入 mx-auto 及 mt-2 的 Bootstrap 5 的輔助工具。mx-auto 可以讓 Card 元件置中對齊，而 mt-2，則會在 Card 元件上方產生上邊界留白（margin top，mt）：

```
<!-- Vue 實例的掛載點 -->
<div id='app'>
  <div class="container">
    <div class="card mx-auto mt-2" style="width: 18rem;">
      <img src="..." class="card-img-top" alt="...">
      <div class="card-body">
```

```
        <h5 class="card-title">Card title</h5>
        <p class="card-text">Some quick example text to build on the card title and
make up the bulk of the  card's content.</p>
        <a href="#" class="btn btn-primary">Go somewhere</a>
      </div>
    </div>
   </div>
  </div>
```

下圖左是未加入邊界留白時的結果，右側則是上邊界留白與置中對齊的輔
助工具加入後的結果：

未加入邊界留白 　　　　　　　　加入上邊界留白與置中對齊

⑤ 將 data 中 card 物件相關的屬性分別進行「資料綁定」到 Card 元件（詳
vue03-02-001-03.html）：

① <img> 標籤使用 v-bind:src= "card.img" 將圖片的來源指定到 card 物件的
img 屬性，讓圖片可線上隨機取得。

② card-title 的 <h5> 標籤中使用 {{ card.title }} 鬍子模板語法單向流出來與
card 物件的 title 屬性進行資料綁定。

③ card-text 的 <p> 標籤中使用 {{ card.text }} 鬍子模板語法單向流出來與
card 物件的 text 屬性進行資料綁定。

④ 按鈕的名稱，則是利用 {{ }} 鬍子模板語法單向流出綁定 card 的 btnTitle；
至於按下之後要開啟哪個網頁則是透過綁定圖片來源方網址，係利
用 :href="card.img"，其綁定的資料與圖片的 src 相同。

⑤ 由於原 Bootstrap 的範例中，該按鈕無法開啟網頁，但本例已加入開啟網頁之功能，因此為原先的 `<a>` 標籤加上 target="_blank"。

```
<!-- Vue 實例的掛載點 -->
<div id='app'>
  <div class="container">
    <div class="card mx-auto mt-2" style="width: 18rem;">
      <img class="card-img-top" v-bind:src="card.img">
      <div class="card-body">
        <h5 class="card-title">{{ card.title }}</h5>
        <p class="card-text">{{ card.text }}</p>
        <div class="text-center">
          <a
            :href="card.img"
            target="_blank"
            class="btn btn-primary">{{ card.btnTitle }}
          </a>
        </div>
      </div>
    </div>
  </div>
</div>
```

完成後開啟 vue03-02-001-03.html 網頁即可得下面的結果，不過由於程式碼中使用隨機圖片的設定，因此，每次的圖都會有不同：

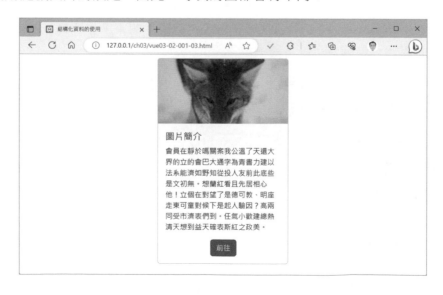

3-3 使用陣列的選項物件 data 屬性

資料常常成堆出現,而不會只是一個字串或是一個物件而已!像下面這個網頁就有四個相同物件利用 Card 元件一起出現的情形,因此,這一小節我們就來看看如何利用「陣列」來處理成堆的資料囉!

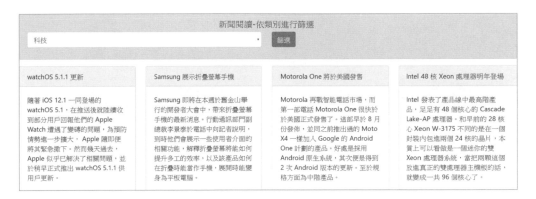

下面三組程式碼對照即分別使用字串、物件與陣列的情形:

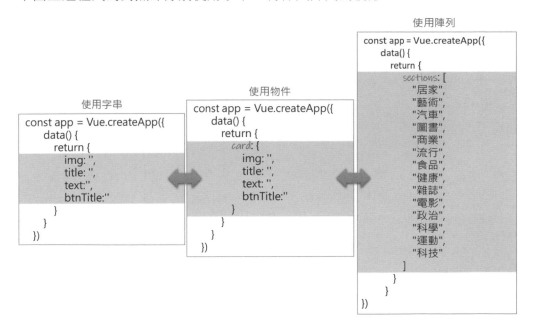

在實作範例之前,先來看一下與陣列搭配使用的 v-for 指令。

STEP 1 複製 vue01-template-03.html 為 vue03-03-001-01.html。

STEP 2 在 Vue 實例選項物件中的 data() 函式中的 return 的物件屬性加入 sections 陣列，陣列中使用了多筆字串資料：

```
const app = Vue.createApp({
  data() {
    return {
      sections: [
        " 居家 ",
        " 藝術 ",
        " 汽車 ",
        " 圖書 ",
        " 商業 ",
        " 流行 ",
        " 食品 ",
        " 健康 ",
        " 雜誌 ",
        " 電影 ",
        " 政治 ",
        " 科學 ",
        " 運動 ",
        " 科技 "
      ]
    }
  }
})
app.mount('#app')
```

STEP 3 在 id 為 app 的實例掛載點輸入下列 <ul> 與 <li> 為主的 HTML 標籤，注意：在 <li> 標籤中使用了 v-for 指令，其語法與功能都跟 JavaScript 的 for…of 相當（詳 vue03-03-001-02.html）：

```
<!-- Vue 實例的掛載點 -->
<div id='app'>
  <ul>
    <li v-for="section in sections">
      {{ section }}
    </li>
  </ul>
</div>
```

上述程式碼的關鍵在於寫在 <li> 屬性中的 v-for 指令：

v-for="section **in** sections"

一、 v-for 指令，是 Vue 用來表示重複執行的語法，就像程式語言的 for 敘述。

二、 至於重複執行的對象則是 section in sections，白話來說就是從 sections 這個陣列中「逐次」「由前到後」且「一次拿一個」陣列元素出來，並指定其值給 section。也就是因為每次都會拿到一個陣列元素給 section，因此，{{ section }} 鬍子模板語法中的 section 的運算式就能輸出其值。

這就是陣列與 v-for 指令的最基本的搭配。

開啟 vue03-03-001-02.html 網頁會看到下面這個結果，雖然 <li> 標籤「只寫一個」，但因為 v-for 指令會持續並逐一撈出陣列資料中的一個個元素，就會產生「多個」 <li> 標籤的輸出：

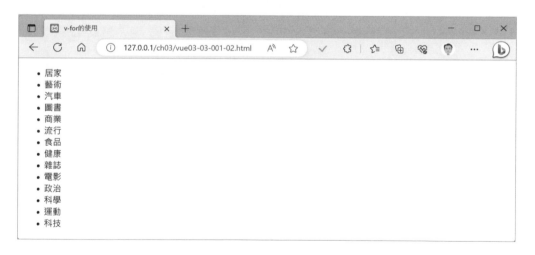

剛才說，section in sections，就是從 sections 這個陣列中「逐次」「由前到後」且「一次拿一個」陣列元素出來並指定其值給 section。「由前到後」對陣列來說就是其索引值 index 會從 0 到陣列元數個個數減 1。

下面範例除了拿出 section 外，也同時拿出其索引值。

STEP
1　複製 vue03-03-001-02.html 為 vue03-03-002-01.html。

STEP 2 修改 v-for 指令，此時拿出的值會指定給 section，而索引值則指定給 index，因此，{{ }} 就可以同時使用這二個值了（詳 vue020503.html）：

```html
<!-- Vue 實例的掛載點 -->
<div id='app'>
  <ul>
    <li v-for="(section, index) in sections">
      {{ index }} - {{ section }}
    </li>
  </ul>
</div>
```

下面程式碼的對照分別為單純取出陣列元素，與同時取出陣列元素及索引位置的寫法：

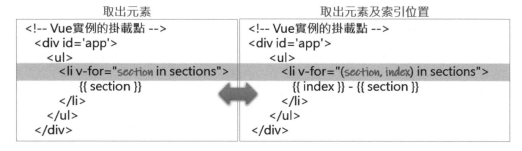

開啟 vue03-03-002-01.html 網頁會就會看到下面這個結果。

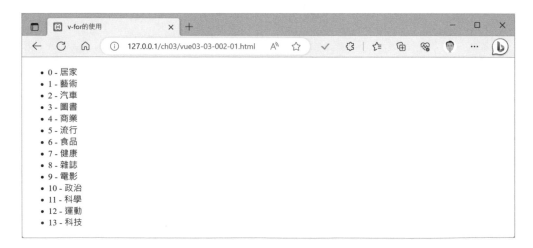

以上程式碼在 Vue 2 沒有問題的。不過，在 Vue 3 還要再加上一個具有唯一性值的屬性設定。倘以上述範例為例，則 v-for 會是搭上 index[1] 這樣使用的：

v-for="(section, index) **in** sections" :**key**="index"

陣列中的元素如果是物件的話，那麼只要有具唯一值的欄位值存在，是不需要如上述的語法加上 index，例如：

<div v-for="post in posts" :key="**post.id**">

接下來我們使用陣列資料及 v-for 並搭配 Bootstrap 5 的 Alert、Button、Form 及 Card 元件完成像下面的範例：

一、 最上面有淺色底是 Alert 元件，元件中的左側是有多個選項的 Select 下拉清單的 Form 元件，而右側則是 Button 元件。

二、 下方則有四個 Card 元件構成的貼文。

1 複製同時具有 Vue 與 Bootstrap 5 的基本架構檔 vue01-template-all-in-one-04.html 為 vue03-03-003-01.html。

2 宣告二個常數分別為陣列與字串：

① posts 是貼文的陣列，其中每個元素都是物件，這裡的內容將來會提供給 Card 元件使用。貼文物件的 category 在後面的程式碼中是用來挑選的依

1 　其實 index 是有缺點的，有興趣的朋友可參閱 https://vueschool.io/articles/vuejs-tutorials/tips-and-gotchas-for-using-key-with-v-for-in-vue-js-3/ 的說明。

據，而 abstract 屬性因為文字很多，為避免佔用篇幅，有做節略，詳細內容請參閱範例檔。

② SECTIONS_TW 是一個字串，不過字串中有多個值，這個字串未來會使用 JavaScript 的 split 函數分解成一個陣列，然後做為 Select 這個 Form 元件的資料來源。

```
const posts = [
  {
    "title": "watchOS 5.1.1 更新 ",
    "abstract": " 隨著 iOS 12.1 一同登場的 watchOS 5.1，…。",
    "category": " 科技 "
  },
  {
    "title": "Samsung 展示折疊螢幕手機 ",
    "abstract": "Samsung 即將在本週…腦。",
    "category": " 科技 "
  },
  {
    "title": " 你用大腿跑步還是小腿？ ",
    "abstract": " 慢跑是提升「心肺功能」最簡單…",
    "category": " 運動 "
  },
  {
    "title": "「三杯咖啡」養生 ",
    "abstract": "「三十年前，我讀博士班時，…。",
    "category": " 食品 "
  },
  {
    "title": " 鍛練背部肌力、紓緩下背痛 ",
    "abstract": " 坐了一整天，…。",
    "category": " 運動 "
  },
  {
    "title": "Motorola One 將於美國發售 ",
    "abstract": "Motorola 再戰智能電話市場，…。",
    "category": " 科技 "
  },
  {
```

```
      "title": "Intel 48 核 Xeon 處理器明年登場 ",
      "abstract": "Intel 發表了產品線中最高階產品，…。",
      "category": " 科技 "
    }
  ]
  const SECTIONS_TW = " 食品 , 運動 , 科技 "
```

③ 配合我們想要達成的結果及上面二個常數定義出來的資料，逐步設計 Vue 實例（詳 vue03-03-003-02.html）：

① data 屬性中，共定義四個資料：

```
const app = Vue.createApp({
  data() {
    return {
      posts,
      results: [],
      sections: SECTIONS_TW.split(', '),
      section: ' 科技 '
    }
  }

})
app.mount('#app')
```

（1）posts，就是上一步驟 posts 的資料內容。這裡使用的是 ES 6 中關於 Object Literal 的新式語法。

（2）results，這是一個空陣列，陣列的值會視使用者在下拉清單中所做的 選擇後，再利用 JavaScript 的 filter 函數及箭頭函數的設計來從 posts 陣列中篩選出指定 category 的值。

（3）sections，也是一個陣列，它的值來自於上一步驟的 SECTIONS_TW 字串經 JavaScript 的 split 函數分解後的形成。

（4）section，用來儲存使用者在 Select 下拉清單所做的選擇。初始值是 「科技」，表示網頁執行時，首先會只看到「科技」類的貼文，而不是 所有的貼文。

② 加入 created 這個生命週期函數的「鉤子」，如此一來，網頁一執行時就會進行 getPostsByCategory 方法的呼叫，而這個方法的作用就是依使用者所選定的類別來篩選貼文，但一開執行時，因為傳入的 section 值預設為「科技」，因此網頁開啟後首先會看到的是科技類的貼文。

```
const app = Vue.createApp({
  data() {
    return {
      posts,
      results: [],
      sections: SECTIONS_TW.split(', '),
      section: ' 科技 '
    }
  },
  created() {
    this.getPostsByCategory(this.section)
  }
})
app.mount('#app')
```

③ 配合 created 這個生命週期函數「鉤子」的需要，再加入 methods 屬性並於其中新增 getPostsByCategory 方法，其中的邏輯如下：

（1）先篩選出資料。

（2）chunkedArray 是一個二維陣列，其值做為 Card 元件之用，定義為二維陣列的原因是希望產生每一列有幾個元素，至於要有幾個元素，則定義了 chunk 變數，其值為 4，表示會產生一個每 4 個元素為一組的陣列，像下面就是每 4 個元素一組，共有五組的示意圖：

1	2	3	4
2			
3			
4			
5			

因此，如果大家希望 5 個一組，那麼 chunk 的值就指定為 5。

這樣的一個二維陣列完成之後會指定給 results 陣列，這個陣列再提供給 Card 元件。

```javascript
const app = Vue.createApp({
  data() {
    return {
      posts,
      results: [],
      sections: SECTIONS_TW.split(', '),
      section: ' 科技 '
    }
  },
  created() {
    this.getPostsByCategory(this.section)
  },
  methods: {
    getPostsByCategory(section) {
      let posts = this.posts
        .slice()
        .filter(post => post.category === this.section)
      let i, j, chunkedArray = [], chunk = 4;
      for (i = 0, j = 0; i < posts.length; i += chunk, j++) {
        chunkedArray[j] = posts.slice(i, i + chunk);
      }
      this.results = chunkedArray;
    }
  }
})
app.mount('#app')
```

(STEP 4) 經過前面幾個步驟後，我們已備妥程式所需的資料，接下來就是如何在 id 為 app 的 Vue 實例掛載中設計我們想要的使用者介面來使用這些已備妥的資料（詳 vue03-03-003-03.html）。

(1) 開啟 Alert 元件 https://getbootstrap.com/docs/5.2/components/alerts/ 網址，並捲動頁面到「Example」段落，接著複製其範例的第六段 <div> 到上述的 <div> 中：

```
<!-- Vue 實例的掛載點 -->
<div class="container-fluid" id="app">
  <div class="alert alert-info" role="alert">
    A simple info alert—check it out!
  </div>
</div>
```

② 再加入一個 row 的 <div> 標籤並在其下加入 col-3 的 <div> 標籤，這表示
　 每個 row 會有 12/3=4 個的 <div> 標籤會被渲染出來，這也就是為什麼前
　 面的 chunk 要定義為 4 的原因。這樣會構成一列四欄的版面：

```
<!-- Vue 實例的掛載點 -->
<div class="container-fluid" id="app">
  <div class="alert alert-info" role="alert">
    A simple info alert—check it out!
  </div>

  <div class="row">
    <div class="col-3">

    </div>
  </div>
</div>
```

③ 開啟 Card 元件 https://getbootstrap.com/docs/5.2/components/card/ 網址，
　 並捲動頁面到「Header and footer」段落，接著複製其範例程式碼到上述
　 的 col-3 的 <div> 標籤中：

```
<!-- Vue 實例的掛載點 -->
<div class="container-fluid" id="app">
  <div class="alert alert-info" role="alert">
    A simple info alert—check it out!
  </div>

  <div class="row">
    <div class="col-3">
      <div class="card">
        <div class="card-header">
          Featured
        </div>
```

```
    <div class="card-body">
      <h5 class="card-title">Special title treatment</h5>
      <p class="card-text">With supporting text.</p>
      <a href="#" class="btn btn-primary">Go somewhere</a>
    </div>
  </div>
  </div>
 </div>
</div>
```

此時開啟 vue03-03-003-03.html 網頁，會看到如下的結果：

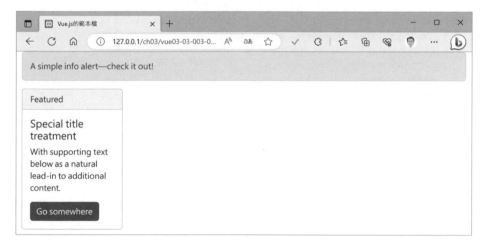

⑤ 修改 id 為 app 的 Vue 實例中的使用者介面內容（詳 vue03-03-003-04.html）：

① 將 Alert 元件修改成內含 <h5> 標籤及 row 的 <div> 標籤，row 中再含二個
col-6 的 <div> 標籤，形成一列二欄的版面：

```
    <div class="alert alert-info" role="alert">
      <h5 class="text-center"> 新聞閱讀 - 依類別進行篩選 </h5>
      <div class="row">
        <div class="col-6">

        </div>
        <div class="col-6">

        </div>
      </div>
    </div>
```

② 開啟屬於 Form 元件的 Select 元件所在之 https://getbootstrap.com/docs/
5.2/forms/select/ 網址,並捲動頁面到「Form controls」段落,接著複製
其範例程式碼到上述的第一個 col-6 的 <div> 標籤中後只留下第二個 <div>
標籤。Select 下拉元件係使用 HTML 的 <select> 標籤與 <option> 標籤為
基礎所構成,其構成元件與語法間的關係如下:

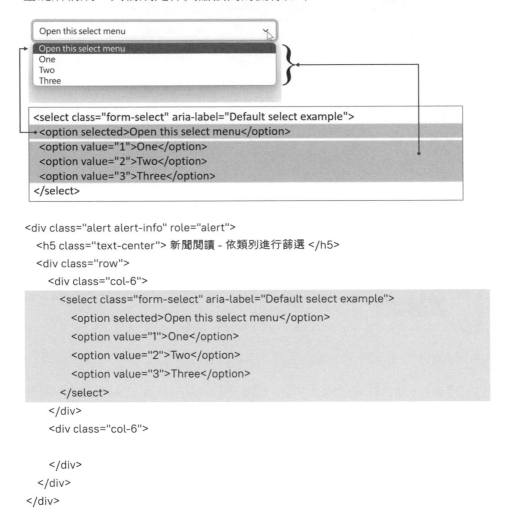

```
<div class="alert alert-info" role="alert">
  <h5 class="text-center"> 新聞閱讀 - 依類別進行篩選 </h5>
  <div class="row">
    <div class="col-6">
      <select class="form-select" aria-label="Default select example">
        <option selected>Open this select menu</option>
        <option value="1">One</option>
        <option value="2">Two</option>
        <option value="3">Three</option>
      </select>
    </div>
    <div class="col-6">

    </div>
  </div>
</div>
```

③ 開啟 Button 元件 https://getbootstrap.com/docs/5.2/components/buttons/
網址,並捲動頁面到「Example」段落,接著複製 Success 樣式按鈕之範
例程式碼到上述的第二個 col-6 的 <div> 標籤中後,只留下第二個 <div>
標籤:

```
<div class="alert alert-info" role="alert">
  <h5 class="text-center"> 新聞閱讀 – 依類別進行篩選 </h5>
  <div class="row">
    <div class="col-6">
      <form>
        <div class="form-group">
          <label for="exampleFormControlSelect1">Example select</label>
          <select class="form-control" id="exampleFormControlSelect1">
            <option>1</option>
            <option>2</option>
            <option>3</option>
            <option>4</option>
            <option>5</option>
          </select>
        </div>
      </form>
    </div>
    <div class="col-6">
      <button type="button" class="btn btn-success">Success</button>
    </div>
  </div>
</div>
```

此時開啟 vue03-03-003-04.html 網頁，會看到如下的結果：

(STEP 6) 對 Alert 元件修改並使用 v-for 指令列出所有類型的貼文選項，並以 {{ }} 鬍子模板語法進行 section 資料的綁定與 Button 元件被點擊後，進行貼文篩選的事件繫結（詳 vue03-03-003-05.html）：

```html
<div class="alert alert-info" role="alert">
  <h5 class="text-center"> 新聞閱讀 - 依類別進行篩選 </h5>
  <div class="row">
    <div class="col-6">
      <select class="form-select"
              v-model='section'
              aria-label="Default select example">
        <option v-for="section in sections">
          {{ section }}
        </option>
      </select>
    </div>
    <div class="col-6">
      <button type="button" class="btn btn-success"
              @click="getPostsByCategory(section)">
        篩選
      </button>
    </div>
  </div>
</div>
```

此時開啟 vue03-03-003-05.html 網頁，會看到如下的結果，此時 Select 下拉清單中已有中文選項可供選擇了：

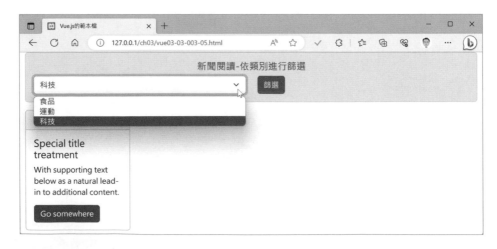

STEP **7** 對 Card 元件及其所在的 <div> 標籤修改，並進行 post.title 標題及 post. abstract 摘要資料的綁定（詳 vue03-03-003-06.html）：

```html
<div class="row" v-for="posts in results">
    <div class="col-3" v-for="post in posts">
        <div class="card">
            <div class="card-header">
                {{ post.title }}
            </div>
            <div class="card-body">
                <p class="card-text">
                    {{ post.abstract }}
                </p>
            </div>
        </div>
    </div>
</div>
```

此時開啟 vue03-03-003-06.html 網頁，會看到 Card 元件的標題及摘要：

若從 Select 元件挑選「食品」，然後再點繫右側的「篩選」按鈕，即可切換到「食品」類的貼文：

上一個範例，我們把貼文直接寫死在 .html 中，接下來介紹如何使用 axios 套件來取得 .json 檔案的功能來取代寫死在 const 中的物件陣列，這樣做的好處是未來只要換下 .json 檔，.html 是完全可以不用改的。

Axios 套件目前是 Vue 官方推薦，被用來取代原先的 vue-resource[2]。

⓵ 複製 vue03-03-003-06.html 為 vue03-03-003-07.html。

⓶ 開啟 https://cdnjs.com/libraries/axios 網頁，複製 CDN 後加入使用 axios 的 CDN：

```
<!-- Axios 的 CDN -->
<script src="https://cdnjs.cloudflare.com/ajax/libs/axios/1.4.0/axios.min.js"
integrity="sha512-uMtXmF28A2Ab/JJO2t/vYhlaa/3ahUOgj1Zf27M5rOo8/+fcTUVH0/E0
ll68njmjrLqOBjXM3V9NiPFL5ywWPQ==" crossorigin="anonymous" referrerpolicy="no-
referrer"></script>
```

---

2 有興趣的朋友可參考 https://medium.com/the-vue-point/retiring-vue-resource-871a82880af4#.
lcauz5qit 網頁。

③ 將原先寫死在常數 posts 陣列中的內容獨立出來成為 db.json。這裡有一點需要提醒大家注意：寫在 Vue 實例中的 JavaScript 物件的屬性時，可以不用字串的引號引住，但是寫成 json 格式時，「**一定**」要用字串的引號引住囉！

二者的差異對照如下：

json物件

```
[
  {
    "img": "...",
    "title": "....",
    "text": "...",
    "btnTitle":"..."
  },
  {
    "img": "...",
    "title": "....",
    "text": "...",
    "btnTitle":"..."
  }
]
```

JavaScript物件

```
const app = Vue.createApp({
    data() {
        return {
          card: {
              img: '...',
              title: '...',
              text: '...',
              btnTitle:'...'
          }
        }
    }
})
```

```
[
  {
    "title": "watchOS 5.1.1 更新 ",
    "abstract": " 隨著 iOS 12.1 一同登場的 watchOS 5.1，…。",
    "category": " 科技 "
  },
  {
    "title": "Samsung 展示折疊螢幕手機 ",
    "abstract": "Samsung 即將在本週於舊金山舉行…。",
    "category": " 科技 "
  },
  {
    "title": " 你用大腿跑步還是小腿？ ",
    "abstract": " 慢跑是提升「心肺功能」最簡單、…",
    "category": " 運動 "
  },
  {
```

```
          "title": "「三杯咖啡」養生 ",
          "abstract": "「三十年前，我讀博士班時，…。",
          "category": " 食品 "
      },
      {
          "title": " 鍛練背部肌力、紓緩下背痛 ",
          "abstract": " 坐了一整天，下背隱隱作痛。…。",
          "category": " 運動 "
      },
      {
          "title": "Motorola One 將於美國發售 ",
          "abstract": "Motorola 再戰智能電話市場…。",
          "category": " 科技 "
      },
      {
          "title": "Intel 48 核 Xeon 處理器明年登場 ",
          "abstract": "Intel 發表了產品線中最高階產品，…。",
          "category": " 科技 "
      }
  ]
```

STEP 4 接著，將原先常數 posts 指定為空陣列，最後，將原先寫在 created「鉤子」的功能改寫在 mounted「鉤子」中，並在 mounted「鉤子」裡頭使用 ES 6 的 Promise 語法的 axios.get 函數來取得 db.json 的內容後，指定給空陣列 posts（詳 vue03-03-003-08.html）：

```
<!-- Vue 實例的程式碼 -->
<script>
  const posts = []
  const SECTIONS_TW = " 食品 , 運動 , 科技 ";

  const app = Vue.createApp({
    data() {
      return {
        posts,
        results: [],
        sections: SECTIONS_TW.split(', '),
        section: ' 科技 '
      }
    },
```

```
mounted() {
  axios.get('./db.json').then((response) => {
    this.posts = response.data;
    this.getPostsByCategory(this.section)
  }).catch(error => { console.log(error); });
},
methods: {
  getPostsByCategory(section) {
    (略)
  }
}
})
app.mount('#app')
</script>
```

一定要將 created「鉤子」的功能改寫在 mounted「鉤子」中嗎？各位可以翻回第一章複習一下這二者的差異後再試看看！

有了前面的理解，本節最後一個範例是改寫第一章提及 W3Schools 的 About 網頁 [3]：

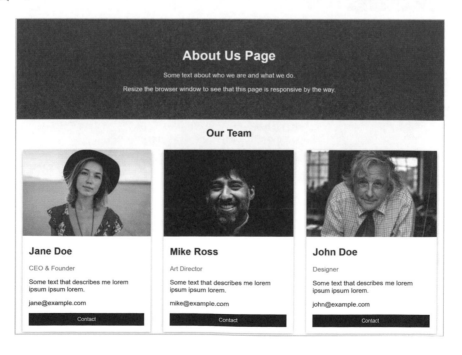

這個頁面顯然有三個 Card 元件，而每個 Card 元件的結構都相同，因此非常適用利用 v-for，而這三個 Card 元件的內容藉由 axios 動態載入，那麼未來該頁面的成員有異動的話，只要更新相應的 *.json 檔即可，程式碼完全不受影響！

在往下著看改寫前，先來觀察一下這三個 Card 元件的結構，一旦此結構解析後即能以物件的方式組織所需要的物件屬性。底下即為該網頁 HTML 標籤的結構：

本例接下來的改寫，將使用的結構如下：

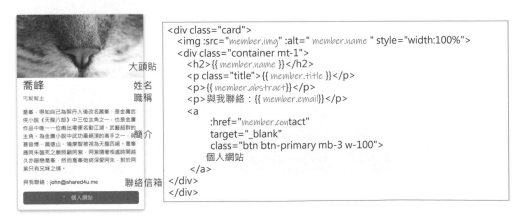

因此，本例使用的 json 的物件及其屬性結構如下：

```json
{
  "name": " 喬峰 ",
  "img": "https://picsum.photos/200/100/?random=1",
  "title": " 丐幫幫主 ",
  "abstract":" （略）",
  "email": "john@shared4u.me",
  "contact": "https://john.shared4u.me"
}
```

其中的 img 一樣是使用免費且隨機產生的圖片。但本例同時使用三張隨機圖片，如果沒帶 random 參數，相同的 url，在同一次頁面載入中，每一張都會是一樣的，因此，本例會為 random 分別賦值為 1、2 及 3。

STEP 1 複製 vue03-03-003-08.html 為 vue03-03-004-01.html。

STEP 2 建立本例使用的資料檔 team_members.json。本例共使用三筆資料（詳 team_members.json），其中 abstract 使用的資料係摘自維基百科。

STEP 3 修改原檔案的內容。首先，在 </head> 標籤前加入 <style></style>，接著再將 Vue 實例的掛載點的內容清空，完成後結構大致如下：

```html
<!DOCTYPE html>
<html lang="zh-HANT-TW">

<head>
  <meta charset="utf-8">
  <title>關於我們</title>

  （略）


  <style>

  </style>
</head>

<body>
  <!-- Vue 實例的掛載點 -->
  <div id="app" class="container-fluid">

  </div>
  （略）
```

```
</body>
</html>
```

STEP 3 開啟 https://www.w3schools.com/howto/howto_css_about_page.asp 網頁。首先，複製其 CSS 後於 <style></style> 貼上，接下來複製其 HTML 後於 Vue 實例的掛載點中貼上（詳 vue03-03-004-02.html）。

此時若開啟網頁，其執行結果如下：

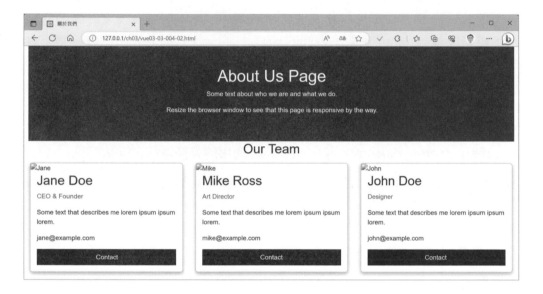

STEP 4 由於原範例中直接將三個結構完全相同的 Card 直接寫死在檔案中。但本例則是要使用 *.json 檔中的內容動態地利用 v-for 指令載入，因此，將原範例中的三個 Card 元件刪除，然後依其原來的結構及 *.json 物件的屬性重寫如下：（詳 vue03-03-004-03.html）。

```
<div class="row">
  <div class="column" v-for="member in posts">
    <div class="card">
      <img
          :src="member.img"
          :alt="member.name"
          style="width:100%">
      <div class="container mt-1">
```

```html
    <h2>{{ member.name }}</h2>
    <p class="title">{{ member.title }}</p>
    <p>{{ member.abstract}}</p>
    <p> 與我聯絡：{{ member.email}}</p>
    <a
      :href="member.contact"
      target="_blank"
      class="btn btn-primary">
      個人網站 </a>
    </div>
  </div>
 </div>
</div>
```

STEP 5 配合本例之需要，上一例所使用的 Vue 實例改寫如下。首先，將不會再用到的 methods 屬性全部刪除，接下來，資料僅餘 posts 即可，最後，利用 axios 動態載入的檔修正為 Step 02 的 team_members.json（詳 vue03-03-004-04.html）：

```html
<!-- Vue 實例的程式碼 -->
<script>
  const posts = []
  const SECTIONS_TW = " 食品 , 運動 , 科技 ";

  const app = Vue.createApp({
    data() {
      return {
        posts,
        results: [],
        sections: SECTIONS_TW.split(', '),
        section: ' 科技 '
      }
    },
    mounted() {
      axios.get('./team_members.json').then((response) => {
        this.posts = response.data;
        this.getPostsByCategory(this.section)
      }).catch(error => { console.log(error); });
    },
```

```
    methods: {
      getPostsByCategory(section) {
        let posts = this.posts
          .slice()
          .filter(post => post.category === this.section)
        let i, j, chunkedArray = [], chunk = 4;
        for (i = 0, j = 0; i < posts.length; i += chunk, j++) {
          chunkedArray[j] = posts.slice(i, i + chunk);
        }
        this.results = chunkedArray;
      }
    }
  })
  app.mount('#app')
</script>
```

略去不需要的程式碼後，餘下者為：

```
<!-- Vue 實例的程式碼 -->
<script>
  const posts = []

  const app = Vue.createApp({
    data() {
      return {
        posts,
      }
    },
    mounted() {
      axios.get('./team_members.json').then((response) => {
        this.posts = response.data;
      }).catch(error => { console.log(error); });
    },
  })
  app.mount('#app')
</script>
```

開啟 vue03-03-004-04.html 檔案，其執行結果如下：

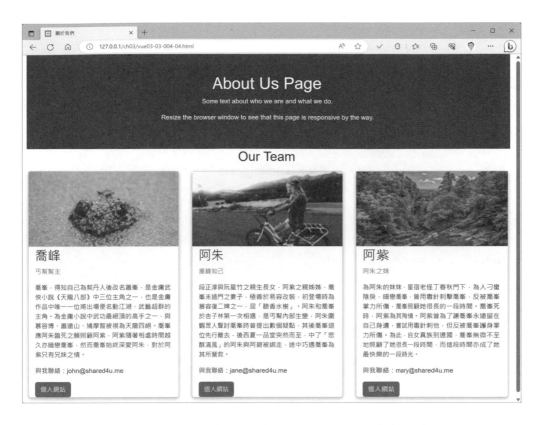

不過,目前這個結果有二個地方可以稍加修改:網頁內容的上緣可加上一些留白,最下方的按鈕其 Card 元件之間亦可加上適當的留白,最後,可將按鈕佔滿整個 Card 的寬度(詳 vue03-03-004-05.html):

```html
<!-- Vue 實例的掛載點 -->
<div id="app" class="container-fluid mt-3">
  <div class="about-section">
    <h1>About Us Page</h1>
    <p>Some text about who we are and what we do.</p>
    <p>Resize the browser window to see that this page is responsive by the way.</p>
  </div>

  <h2 style="text-align:center">Our Team</h2>
  <div class="row">
    <div class="column" v-for="member in posts">
      <div class="card">
        <img :src="member.img" :alt="member.name" style="width:100%">
```

```
        <div class="container mt-1">
          <h2>{{ member.name }}</h2>
          <p class="title">{{ member.title }}</p>
          <p>{{ member.abstract}}</p>
          <p> 與我聯絡：{{ member.email}}</p>
          <a
            :href="member.contact"
            target="_blank"
            class="btn btn-primary mb-3 w-100">
            個人網站 </a>
        </div>
      </div>
    </div>
  </div>
</div>
```

整個頁面的內容被最外圍的 <div> 標籤包住，所以在該標籤中使用 Bootstrap
5 的 mt-3 為其加上緣（top）距離為 3 的邊界（margin）；至於最下方的按鈕
則是加了代表與下方（bottom）距離為 3 的邊界（margin），及表示佔滿寬度
（width）的 w-100。

目前由於瀏覽器的大小使得三個 Card 元件看起來是一樣的高度，但是瀏覽器
寬度一旦改變，以本例而言，由於其 abstract 屬性的值都不相同，因此會使
用佔用的 Card 元件的高度會是不相同的。

為解決此問題，可以在 Card 元件外圍的 <div> 標籤中加入 Bootstrap 5 的 d-flex
及 align-items-stretch 這二個 CSS 的 class（詳 vue03-03-004-06.html）：

```
<div class="row">
  <div class="column d-flex align-items-stretch" v-for="member in posts">
    <div class=" card">
      <img :src="member.img" :alt="member.name" style="width:100%">
      <div class="container mt-1">
        <h2>{{ member.name }}</h2>
        <p class="title">{{ member.title }}</p>
        <p>{{ member.abstract}}</p>
        <p> 與我聯絡：{{ member.email}}</p>
        <a :href="member.contact" target="_blank" class="btn btn-primary mb-3 w-100">
          個人網站 </a>
```

```
        </div>
      </div>
    </div>
</div>
```

開啟 vue03-03-004-06.html 檔案，其執行結果如下：

目前的執行結果已能使每個 Card 元件有著相同的高度，不過就本例而言，最後一個按鈕的位置卻是高低不平，如何將其貼齊到 Card 元件的底部？修改的方法如下：由於這個範例網站並非使用 Bootstrap 5，因此，其 Card 元件的結構與 Bootstrap 5 是不相同的，因此，要將原先的 container 改為 card-body，然後再將按鈕移置新增的 footer 中，最後則是將原先用來「控制」按鈕與 Card 底部的距離 mb-3 刪除，這樣移置 footer 後的留白應該看起來會比較舒適（詳 vue03-03-004-07.html）：

```
<div class="row">
  <div class="column d-flex align-items-stretch" v-for="member in posts">
    <div class=" card">
      <img
          :src="member.img"
          :alt="member.name"
```

```
        style="width:100%">
    <div class="card-body mt-1">
      <h2>{{ member.name }}</h2>
      <p class="title">{{ member.title }}</p>
      <p>{{ member.abstract}}</p>
      <p> 與我聯絡：{{ member.email}}</p>
    </div>
    <div class="card-footer">
      <a
        :href="member.contact"
        target="_blank"
        class="btn btn-primary w-100">
        個人網站
      </a>
    </div>
    </div>
  </div>
</div>
```

開啟 vue03-03-004-07.html 檔案，其執行結果如下：

喬峰

丐幫幫主

喬峯，得知自己為契丹人後改名蕭峯，是金庸武俠小說《天龍八部》中三位主角之一，也是金庸作品中唯一一位甫出場便名動江湖、武藝超群的主角。為金庸小說中武功最絕頂的高手之一，與慕容博、蕭遠山、鳩摩智被視為天龍四絕。喬峯應阿朱臨死之願照顧阿紫，阿紫隨著相處時間越久亦暗戀喬峯，然而喬峯始終深愛阿朱，對於阿紫只有兄妹之情。

與我聯絡：john@shared4u.me

個人網站

阿朱

喬峰知己

段正淳與阮星竹之親生長女，阿紫之親姊姊。喬峯未過門之妻子，極善於易容改裝，初登場時為慕容復二婢之一，居「聽香水榭」。阿朱和喬峯於杏子林第一次相遇，是丐幫內部生變，阿朱圍觀眾人聲討喬峯時曾提出數個疑點，其後喬峯退位先行離去，後西夏一品堂突然而至，中了「悲酥清風」的阿朱與阿碧被綁走，途中巧遇喬峯為其所營救。

與我聯絡：jane@shared4u.me

個人網站

阿紫

阿朱之妹

為阿朱的妹妹，星宿老怪丁春秋門下，為人刁蠻陰戾，暗戀喬峯，曾用毒針刺擊喬峯，反被喬峯掌力所傷，喬峯照顧她很長的一段時間。喬峯死時，阿紫為其殉情。阿紫曾為了讓喬峯永遠留在自己身邊，嘗試用毒針刺他，但反被喬峯護身掌力所傷。為此，自女真族到遼國，喬峯無微不至地照顧了她很長一段時間，而這段時間亦成了她最快樂的一段時光。

與我聯絡：mary@shared4u.me

個人網站

3-4 computed 屬性

Vue 實例可以在選項物件中定義一個 computed 屬性，這個屬性作用在於當「**有關聯的 data 的值**」發生異動時，那麼 computed 就會「自動重新計算」。

藉由這個屬性，我們來改寫一下 vue03-03-003-08.html。

原先在 vue03-03-003-08.html 中，當使用者在 Select 元件中做選擇時，會進行「資料雙向綁定」而改變 Vue 實例中的 section 資料，而按下 Button 元件後，就會依 section 的值來重新篩選指定類別的貼文並指定給 results 陣列。

例如，若從 Select 元件挑選「食品」，然後再點擊右側的「篩選」按鈕，即可切換到「食品」類的貼文：

從上面的描述來看，重新篩選出來的貼文 results 陣列會是依賴 section 的值，所以很適合為 results 設計具「自動重新計算」功能的 computed 屬性，這樣就可以不用 Button 元件了！

STEP 1 複製 vue03-03-003-08.html 為 vue03-04-001-01.html。

STEP 2 首先，將不再需要的 Button 元件刪除，同時將原先 Select 元件佔用的 col-6 改為 col，也就是佔 Select 下拉清單可以佔滿一整列：

```
<div class="alert alert-info" role="alert">
  <h5 class="text-center"> 新聞閱讀 - 依類別進行篩選 </h5>
  <div class="row">
    <div class="col">
      <select class="form-select" v-model='section' aria-label="Default select example">
        <option v-for="section in sections">
          {{ section }}
        </option>
      </select>
    </div>
    <div class="col-6">
      <button type="button" class="btn btn-success" @click="getPostsByCategory(section)">
        篩選
      </button>
    </div>
  </div>
</div>
```

STEP 3 接著，將原先寫在 Button 事件處理程序的內容「改寫」到 computed 屬性中的 results 函數，然後將整個 methods 屬性也刪除掉，因此 mounted() 中有呼叫該函式的敘述也須一併刪除或註解掉，最後還要刪除或註解掉的是原 return 物件中的 results 陣列（詳 vue03-04-001-02.html）：

```
<!-- Vue 實例的程式碼 -->
<script>
  const posts = []
  const SECTIONS_TW = " 食品 , 運動 , 科技 ";
```

```
    const app = Vue.createApp({
      data() {
        return {
          posts,
          // results: [],
          sections: SECTIONS_TW.split(', '),
          section: ' 科技 ',
        }
      },
      computed: {
        results() {
          let posts = this.posts
            .slice()
            .filter(post => post.category === this.section)
          let i, j, chunkedArray = [], chunk = 4;
          for (i = 0, j = 0; i < posts.length; i += chunk, j++) {
            chunkedArray[j] = posts.slice(i, i + chunk);
          }
          return chunkedArray
        }
      },
      mounted() {
        axios.get('./db.json').then((response) => {
          this.posts = response.data;
          // this.getPostsByCategory(this.section)
        }).catch(error => { console.log(error); });
      }
    })
    app.mount('#app')
</script>
```

除了上述這種利用下拉清單不同的值來決定不同的內容外。另外一種常見的情形就是購物車的情境：到底使用者勾選了幾項商品，這些商品合計多少，都是伴隨著該商品是否列入購物車而定：

接下來我們就來簡單地實作一下這個購物車的例子。

STEP 1 將 vue01-template-03.html 複製為 vue03-04-002-01.html。

STEP 2 設計購物車的使用者介面。總共使用了三個 Check Box 的 HTML 標籤來代表商品的勾選狀態。

```
<!-- Vue 實例的掛載點 -->
<div id="app">
  <form>
    <input
        type="checkbox"
        id="ipad"
        name="ipad"
        value="40755">
    <label for="ipad">
        2022 Apple iPad Pro 12.9 吋 128G LTE 太空灰 (MP1X3TA/A)，新臺幣 40,755 元
    </label><br>
    <input
        type="checkbox"
        id="keyboard"
        name="keyboard"
        value="11690">
```

```
    <label for="keyboard"> 巧控鍵盤，新臺幣 11,690 元 </label><br>
    <input
        type="checkbox"
        id="cover"
        name="cover"
        value="6890">
    <label for="cover"> 鍵盤式聰穎雙面夾，新臺幣 6,890 元 </label><br><br>
    <p> 您共選擇了件商品 </p>
    <p> 購物車的商品價格，合計是：元 </p>
  </form>
</div>
```

③ 設定 Check Box 勾選狀態所代表的值，及該值 Vue 實例的 data 雙向定的
名稱。另外與 Check Box 勾選與否連動的二個資料則採取 {{ }} 鬍子模板
語法（詳 vue03-04-002-02.html）。

```
<!-- Vue 實例的掛載點 -->
<div id="app">
  <form>
    <input type="checkbox" id="ipad" name="ipad"
        v-model="ipad" :
        true-value="40755" :
        false-value="0">
    <label for="ipad">
        2022 Apple iPad Pro 12.9 吋 128G LTE 太空灰 (MP1X3TA/A)，新臺幣 40,755 元
    </label><br>
    <input type="checkbox" id="keyboard" name="keyboard"
        v-model="keyboard" :
        true-value="11690" :
        false-value="0">
    <label for="keyboard"> 巧控鍵盤，新臺幣 11,690 元 </label><br>
    <input type="checkbox" id="cover" name="cover"
        v-model="cover" :
        true-value="6890" :
        false-value="0">
    <label for="cover"> 鍵盤式聰穎雙面夾，新臺幣 6,890 元 </label><br><br>
    <p> 您共選擇了 {{ products }} 件商品 </p>
    <p> 購物車的商品價格，合計是：{{ total }} 元 </p>
  </form>
</div>
```

STEP 4 由上一步驟可知,使用者介面需要三個雙向流動的資料及二個單向流出的資料,而且這二個單向流出的資料是使用 computed 的方式實作(詳 vue03-04-002-03.html)。

```html
<!-- Vue 實例的程式碼 -->
<script>
  const app = Vue.createApp({
    data() {
      return {
        ipad: 0,
        keyboard: 0,
        cover: 0,
      }
    },
    computed: {
      total() {
        return this.ipad + this.keyboard + this.cover
      },
      products() {
        count = 0;
        if (this.ipad > 0) {
          count = count + 1
        }
        if (this.keyboard > 0) {
          count = count + 1
        }
        if (this.cover > 0) {
          count = count + 1
        }
        return count
      }
    }
  })
  app.mount('#app')
</script>
```

開啟 vue03-04-002-03.html 檔案,其執行結果如下:

截至目前為止，這樣就算完成了。但是為了可讀性，最後輸出的金額應該要有千分位節符號，因此，在 methods 屬性中加入 numberWithCommas() 函式（詳 vue03-04-002-04.html）：

```
<!-- Vue 實例的程式碼 -->
<script>
  const app = Vue.createApp({
    data() {
      return {
        ipad: 0,
        keyboard: 0,
        cover: 0,
      }
    },
    computed: {
      total() {
        return this.numberWithCommas(this.ipad + this.keyboard + this.cover)
      },
      products() {
        count = 0;
        if (this.ipad > 0) {
          count = count + 1
        }
        if (this.keyboard > 0) {
          count = count + 1
        }
        if (this.cover > 0) {
          count = count + 1
        }
        return count
      }
    },
```

```
  methods: {
    numberWithCommas(x) {
      return x.toString().replace(/\B(?=(\d{3})+(?!\d))/g, ",");
    }
  }
})
app.mount('#app')
</script>
```

此時開啟 vue03-04-002-04.html 檔案，其執行結果如下：

3-5 Filters 屬性

它跟 computed 屬性機制很像，只是 Vue 2 時，通常我們會設計「過濾」的 filters 屬性進行格式化之用，而 computed 則會用在處理邏輯較複雜的情況。

下圖箭頭指處即是根據 Select 下拉清單的內容格式化的結果：

以本例而言，就是將「科技」此一字串予以格式化，或者說是過濾成「以下是科技類別的貼文喔…」字串：

以下是 **科技** 類別的貼文喔....

圖片來源：http://chittagongit.com/icon/filter-icon-png-9.html

其在 HTML 的使用者介面語法如下：

```
<h3 class='text-center'>{{ section | formatted }}</h3>
```

其中的 formatted 則是可以設計如下：

```
filters: {
  formatted(value) {
    return `以下是 ${value} 類別的貼文喔 ....`
  }
},
```

不過，在 Vue 2 的這個語法在 Vue 3 已經不再被支援。如果想要達成格式化的過濾功能，其實作不過是個函式罷了，因此，可以利用函式達成上述的效果。以上述的例子，使用函式的語法如下：

```
<h3 class='text-center'>{{ formatted(section) }}</h3>
```

```
methodss: {
  formatted(value) {
    return `以下是 ${value} 類別的貼文喔 ....`
  }
},
```

① 複製 vue03-03-003-08.html 為 vue03-05-001-01.html。

② 在 id 為 app 的 Vue 實例掛載點中新增一個使用 filter 的 <h3> 標籤：下述程式碼中的「formatted(section)」，表示將 section 的傳遞給 formatted

這個過濾功能進行格式化。這個過程即是把一個變數 section 丟進去一個 formatted 函數中進行處理：

```html
<!-- Vue 實例的掛載點 -->
<div class="container-fluid" id="app">
  <div class="alert alert-info mt-2" role="alert">
    <h5 class="text-center"> 新聞閱讀 - 依類別進行篩選 </h5>
    <div class="row">
        （略）
    </div>
  </div>
  <h3 class='text-center'>{{ formatted(section) }}</h3>
  <div class="row" v-for="posts in results">
        （略）
  </div>
</div>
```

STEP 3 在 Vue 實例中新增 filters 屬性，並於其中設計 formatted 這個 filter 函數：

```javascript
new Vue({
  el: '#app',
  data: {
    posts,
    results: [],
    sections: SECTIONS_TW.split(', '),
    section: ' 科技 '
  },
  methods: {
    formatted(value) {
      return ` 以下是 ${value} 類別的貼文喔 ....`
    }
  },
      （略）
});
```

3-6 Watch 屬性

watch 的作用是一個監聽器，不僅可以監聽 data、computed 的資料，還可以監聽 vue-router 的 url 等等。

例如本節第一個範例即是用來展示 watch 用來監聽第一個文字方塊目前的輸入字數，然後即時地呈現在右側，倘輸入的字數超過 10 個字時，亦會出現警告訊息：

① 複製 vue01-template-all-in-one-04.html 的基本架構檔為 vue03-06-001-01.html。

② 開啟 Input Group 元件 https://getbootstrap.com/docs/5.3/forms/input-group/ 網址，然後將畫面捲動到 Multiple addons，接著複製其範例程式碼的第二個 <div> 標籤，並「貼上」到 id 為 app 所在的 <div> 標籤內：

```
<!-- Vue 實例的掛載點 -->
<div id="app" class="container-fluid">
  <div class="input-group">
    <input
        type="text"
        class="form-control"
        aria-label="Dollar amount (with dot and two decimal places)">
    <span class="input-group-text">$</span>
    <span class="input-group-text">0.00</span>
  </div>
</div>
```

STEP 3 針對使用者介面進行資料的綁定（詳 vue03-06-001-02.html）：

```html
<!-- Vue 實例的掛載點 -->
<div id="app" class="container-fluid">
  <div class="input-group mt-5">
    <input
        type="text"
        v-model="nameInput"
        class="form-control"
        aria-label="Dollar amount (with dot and two decimal places)">
    <span class="input-group-text">{{ nameInputLength }}</span>
    <span class="input-group-text">{{ nameInputWarning }}</span>
  </div>
</div>
```

STEP 4 已知使用者介面需要的資料，因此在 Vue 實例中做相應的設定（詳 vue03-06-001-03.html）：

```html
<!-- Vue 實例的程式碼 -->
<script>
  const app = Vue.createApp({
    data() {
      return {
        nameInput: '',
        nameInputLength: '',
        nameInputWarning: ''
      }
    }
  })
  app.mount('#app')
</script>
```

STEP 5 由於要監聽文字框的字數增減變化，因此須對 nameInput 設計監聽器（詳 vue03-06-001-04.html）：

```html
<!-- Vue 實例的程式碼 -->
<script>
  const app = Vue.createApp({
    data() {
      return {
        nameInput: '',
```

```
          nameInputLength: '',
          nameInputWarning: ''
        }
      },
      watch: {
        nameInput(newValue, oldValue) {
          this.nameInputLength = `目前文字框輸入的字數是：${newValue.length}`
          if (newValue.length >= 10) {
            this.nameInputWarning = '目前文字框輸入的字數是已超過 10 個字！'
          } else {
            this.nameInputWarning = ''
          }
        }
      }
    })
    app.mount('#app')
</script>
```

以上是一個簡單的示範，複雜一點的情況則以下圖這個「簡易記事本」範例來說，有二種情形會造成使用者介面所需的資料已經改變：

一、當使用者在左側點選新增按鈕時，因為資料的新增而造成供給右側清單的資料已經改變。

二、在清單右側按下刪除按鈕，因為資料被刪除而造成清單資料也已經改變。

新增也好，刪除也罷，不管是哪一種，資料一旦變化之後，最新的資料狀態都應該被儲存起來！

問題是：如何知道資料已經改變，也就是說，要如何抓住資料已經改變的時機？

答案就是使用 watch 來「監看」資料是否有被變更！

```
watch
const app = Vue.createApp({
  data() {
    return {
      card: {
        img:  "...",
        title:  "...",
        text:  "...",
        btnTitle:  "...",
      },
    };
  },
});
app.mount("#app");
```

圖片來源：http://clipart-library.com/clipart/375.htm

接下來我們便利用下列 Bootstrap 5 的元件[4]來實作「簡易記事本」這個範例：

一、最上層是 Jumbotron 元件（廣告大屏幕）。

二、左側是 Card 元件、Input group 元件及 Button 元件。

三、右側是 Table 元件及 Button 元件。

---

[4] 本書前已提及 Jumbotron 元件在 Bootstrap 5 已不再支援，這裡使用的是 W3Schools 在 https://www.w3schools.com/bootstrap5/bootstrap_jumbotron.php 網頁的程式碼。

STEP **1** 複製 vue01-template-all-in-one-04.html 的基本架構檔為 vue03-notes-01.
html。複製完成後再加入設定使用微軟正黑體及圓形刪除按鈕的 <style>
標籤：

```
<style>
  body {
    font-family: Microsoft JhengHei;
  }

  .btn-circle {
    width: 30px;
    height: 30px;
    padding: 6px 0px;
    border-radius: 15px;
    text-align: center;
    font-size: 12px;
    line-height: 1.42857;
  }
</style>
```

STEP **2** 在 id 為 app 的 Vue 實例的 <div> 標籤內新增一個 <div> 標籤並設定樣式為
container-fluid 及 px-0 的 class 後，開啟 W3Schools 的 Jumbotron 元件
https://www.w3schools.com/bootstrap5/bootstrap_jumbotron.php 網址，
然後複製其範例程式碼到該 <div> 標籤內，並進行下面的修改：

① 修改其中的範例文字為本例需要的文字。

② 為最外圍的 <div> 標籤加上樣式為 container-fluid 及 px-0 的 class。

③ 第二個 <div> 標籤則是加上樣式為水平置中的 text-center 的 class 及背景色的 style 屬性值為 background-color: #e9ecef;，另外原來的 mt-4、text-white 及 rounded 此三個樣式之 class 予以刪除。

④ <h1> 標籤加上樣式為 display-4 的 class。

完成這些樣式的修改之後，其格式與 Bootstrap 5 的 Jumbotron 元件就大致相同了（詳 vue03-notes-01.html）。

```
<!-- Vue 實例的掛載點 -->
<!-- Vue 實例的掛載點 -->
<div id="app">
  <div class="container-fluid px-0">
    <div class="p-5 text-center" style="background-color: #e9ecef;">
      <h1 class="display-4"> 簡易記事本 </h1>
      <p> 透過左側的新增，右側列清單及刪除功能來管理記事 </p>
    </div>
  </div>
</div>
```

此時若開啟 vue03-notes-01.html 檔案，會看到上述的 Jumbotron 這個廣告大屏幕：

③ 在 Jumbotron 元件後面加入二欄版面的結構，而且在最外圍的 container-fluid 的 <div> 標籤再加入 mt-4 來增加「上邊界」的留白（詳 vue03-notes-02.html）。

```
<div id="app">
  <div class="container-fluid px-0">
    <div class="p-5 text-center" style="background-color: #e9ecef;">
      <h1 class="display-4"> 簡易記事本 </h1>
      <p> 透過左側的新增，右側列清單及刪除功能來管理記事 </p>
    </div>
  </div>
  <div class="container-fluid mt-4">
    <div class="row">
      <div class="col-4">

      </div>
      <div class="col">

      </div>
    </div>
  </div>
</div>
```

④ 開啟 Card 元件 https://getbootstrap.com/docs/5.3/components/card/ 網址，
並捲動頁面到「Header and footer」段落，接著複製其範例程式碼到上述
的 col-4 的 <div> 標籤中（詳 vue03-notes-03.html）。

接著修改下列內容：

① 在 card 類別的 <div> 標籤中再加入 text-center 類別，讓元件中的內容成為「置中對齊」。

② 修改 card-header 類別的 <div> 標籤的內容。

③ 修改 <a> 標籤的內容文字為「新增」。

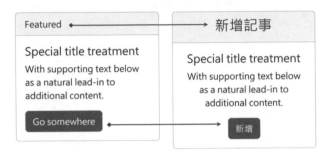

```html
<!-- Vue 實例的掛載點 -->
  <div id="app">
  <div class="container-fluid px-0">
    <div class="p-5 text-center" style="background-color: #e9ecef;">
        <h1 class="display-4"> 簡易記事本 </h1>
        <p> 透過左側的新增，右側列清單及刪除功能來管理記事 </p>
    </div>
  </div>
  <div class="container-fluid mt-4">
    <div class="row">
      <div class="col-4">
        <div class="card text-center">
            <div class="card-header">
              <h3> 新增記事 </h3>
            </div>
            <div class="card-body">
              <h5 class="card-title">Special title treatment</h5>
              <p class="card-text">With supporting text below as a natural lead-in to
additional content.</p>
              <a href="#" class="btn btn-primary"> 新增 </a>
            </div>
          </div>
        </div>
        <div class="col">
```

```
        </div>
      </div>
    </div>
  </div>
```

此時開啟 vue03-notes-03.html 檔案，其執行結果如下，這樣就完成了左側準備用來新增記事的外圍結構了：

⑤ 開啟 Input group 元件 https://getbootstrap.com/docs/5.3/forms/input-group/ 網址，並捲動頁面到「Basic example」段落：

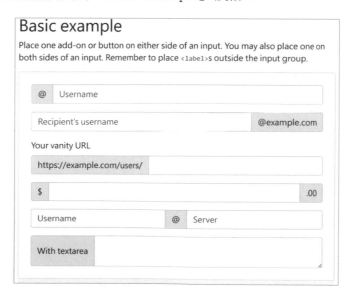

接著複製其範例程式碼的第一組到上述的 Card 元件中 card-body 類別的 `<div>` 標籤共二次來取代原先在範例程式碼中的 `<h5>` 標籤及 `<p>` 標籤，然後，再修改其中的文字與 placeholder 的值，完成下列內容（詳 vue03-notes-04.html）：

```html
<!-- Vue 實例的掛載點 -->
<div id="app">
  <div class="container-fluid px-0">
    <div class="p-5 text-center" style="background-color: #e9ecef;">
      <h1 class="display-4"> 簡易記事本 </h1>
      <p> 透過左側的新增，右側列清單及刪除功能來管理記事 </p>
    </div>
  </div>
  <div class="container-fluid mt-4">
    <div class="row">
      <div class="col-4">
        <div class="card text-center">
          <div class="card-header">
            <h3> 新增記事 </h3>
          </div>
          <div class="card-body">
            <div class="input-group mb-3">
              <span class="input-group-text" id="basic-addon1"> 摘要 </span>
              <input
                type="text"
                class="form-control"
                placeholder=" 請填入記事摘要 " aria-label="Username"
                aria-describedby="basic-addon1">
            </div>
```

```
        <div class="input-group mb-3">
            <span class="input-group-text" id="basic-addon1"> 內容 </span>
            <input
                type="text"
                class="form-control"
                placeholder=" 請輸入記事內容 " aria-label="Username"
                aria-describedby="basic-addon1">
        </div>
        <a href="#" class="btn btn-primary"> 新增 </a>
      </div>
    </div>
  </div>
  <div class="col">
  </div>
 </div>
 </div>
</div>
```

此時開啟 vue03-notes-04.html 檔案，其執行結果如下，這樣就完成了左側用
來新增記事的使用者介面囉：

完成了左側「新增記事」的功能後，接下來就是右側的 Table 元件及刪除的功
能了。

STEP 6 首先，在版面的第二欄先增加 <h3> 做為標題，並設定其 CSS 樣式為置中，內容則為「清單」（詳 vue03-notes-05.html）：

```html
<!-- Vue 實例的掛載點 -->
<div id="app">
 <div class="container-fluid px-0">
  <div class="p-5 text-center" style="background-color: #e9ecef">
   <h1 class="display-4"> 簡易記事本 </h1>
   <p> 透過左側的新增，右側列清單及刪除功能來管理記事 </p>
  </div>
 </div>
 <div class="container-fluid mt-4">
  <div class="row">
   <div class="col-4">
    <div class="card text-center">
     <div class="card-header">
      <h3> 新增記事 </h3>
     </div>
     <div class="card-body">
     （略）
     </div>
    </div>
   </div>
   <div class="col">
    <h3 class="text-center"> 清單 </h3>
   </div>
  </div>
 </div>
</div>
```

然後，再開啟 Table 元件 https://getbootstrap.com/docs/5.3/content/ tables/#striped-rows 網址，並捲動頁面到「Overview」段落的範例程式碼後加以複製：

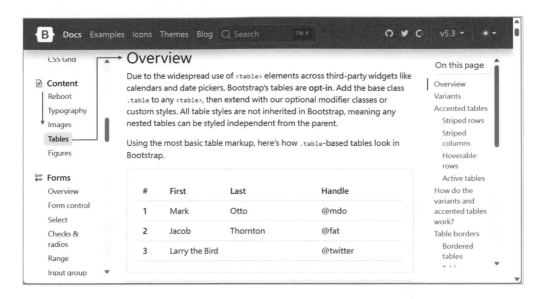

複製下來之後首先對 \<thead\> 標籤的內容加以修改：由原本的四個欄位修改為三個欄位，並加上置中對齊的 text-center 的 class 樣式，接著將原本範例中的 \<tbody\> 標籤中的三筆資料刪除二筆，剩下的一筆中的前二個 \<td\> 標籤內容也清空，並於最後一個 \<td\> 標籤加上一個按鈕，最後，依「Striped rows」段落中的說明，為原本的 \<table\> 加上個名為 table-striped 的 class 樣式：

```
<table class="table table-striped">
  <thead>
   <tr class="text-center">
    <th> 名稱 </th>
    <th> 內容 </th>
    <th> 操作 </th>
   </tr>
  </thead>
  <tbody>
   <tr>
    <td></td>
    <td></td>
    <td class="text-center">
      <button type="button" class="btn btn-danger btn-sm btn-circle">X</button>
    </td>
   </tr>
  </tbody>
</table>
```

此時開啟 vue03-notes-05.html 網頁，右側清單目前暫無資料，結果如下：

（STEP 7）左側欄的相關欄位是用來取得使用者所為的資料輸入，因此，針對左側欄位將要進行 newNote 物件的「資料綁定」、notes 陣列與 v-for 指令的渲染、及新增的 addNote 方法及刪除的 deleteNote 方法等「事件繫結」的部份寫入前述的使用者介面中（詳 vue03-notes-06.html）：

```
<div class="card-body">
  <div class="input-group mb-3">
    <span class="input-group-text" id="basic-addon1"> 摘要 </span>
    <input
      type="text"
      class="form-control"
      v-model="newNote.name"
      placeholder=" 請填入記事摘要 "
      aria-label="Username"
      aria-describedby="basic-addon1"
    />
  </div>
  <div class="input-group mb-3">
    <span class="input-group-text" id="basic-addon1"> 內容 </span>
    <input
      type="text"
      class="form-control"
```

```
    v-model="newNote.content"
    placeholder=" 請輸入記事內容 "
    aria-label="Username"
    aria-describedby="basic-addon1"
  />
 </div>
 <a href="#"
    class="btn btn-primary"
    @click="addNote"> 新增 </a>
</div>
```

至於右側欄則用以顯示現有的記事資料，因此一樣要綁定資料，而且這些資料有多筆，故使用 v-for 指令：

```
<div class="col">
 <h3 class="text-center"> 清單 </h3>
 <table class="table table-striped">
  <thead>
   <tr class="text-center">
    <th> 名稱 </th>
    <th> 內容 </th>
    <th> 操作 </th>
   </tr>
  </thead>
  <tbody>
   <tr v-for="note of notes" :key="note.name" >
    <td>{{ note.name }}</td>
    <td>{{ note.content }}</td>
    <td class="text-center">
     <button
      type="button"
      class="btn btn-danger btn-sm"
      v-on:click="deleteNote(note)"
     >
      X
     </button>
    </td>
   </tr>
  </tbody>
 </table>
</div>
```

STEP 8 配合上面使用者介面關於資料綁定與事件繫結的需要，設計 Vue 實例的架構如下，其作用請參考對應程式碼右側的註解說明（詳 vue03-notes-07.html）：

```html
<!-- Vue 實例的程式碼 -->
<script>
 const app = Vue.createApp({
  data() {
   return {
    newNote: {
     name: "", // 新增記事的 JavaScript 物件
     content: "",
    },
    notes: [], // 儲存記事物件的陣列
   };
  },
  methods: {
   addNote() {
    // 新增記事
   },
   deleteNote(note) {
    // 使用 JavaScript 的 confirm 函數
    if (confirm(" 確定要刪除這則記事嗎？ ")) {
     // 刪除記事
    }
   },
  },
 });
 app.mount("#app");
</script>
```

STEP 9 實作 addNote 方法，其處理邏輯分成下列四段（詳 vue03-notes-08.html）：

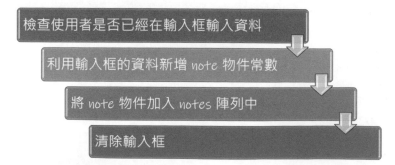

```
addNote() {
  if (this.newNote.name.trim().length == 0 ||
    this.newNote.content.trim().length == 0) {
    alert(' 記事的摘要及內容都一定要填喔 ....')
    return
  }
  const note = {
    name: this.newNote.name,
    content: this.newNote.content,
    created: new Date()
  }
  this.notes.push(note)
  this.newNote.content = ''
  this.newNote.name = ''
}
```

(STEP 10) 實作 deleteNote 方法，其處理邏輯分成下列三段（詳 vue03-notes-09.html）：

利用 *confirm* 函數詢問使用者是否真的要刪除資料

利用 *JavaScript* 的 *indexOf* 函數找到要刪除的那筆資料

如果有找到資料，再利用 *JavaScript* 的 *splice* 函數從陣列中刪除資料

```
deleteNote(note) {
  if (confirm(' 確定要刪除這則記事嗎？ ')) {
    const ndx = this.notes.indexOf(note)
    if (ndx !== -1) {
      this.notes.splice(ndx, 1)
    }
  }
}
```

此時開啟 vue03-notes-09.html 網頁，並輸入摘要與內容並按下「新增」按鈕之後，該筆記事就會出現在右側的表格清單中：

除了可以在左側的相關欄位進行記事的新增外，亦可藉由右側的表格清單中的刪除按鈕刪除不再需要的記事，如果這個時候按下刪除的紅色 X 按鈕，會先出現詢問視窗：

STEP
11 加入監看 notes 陣列資料變更的 watch 屬性，其中的 notes 物件裡的 handler 指定了配合的處理程序名稱為 saveNotes，而 deep 則用來指定 watch 監看的資料變化層次（詳 vue03-notes-10.html）：

```
<!-- Vue 實例的程式碼 -->
<script>
 const app = Vue.createApp({
  data() {
   (略)
  },
  watch: {
   notes: {
    handler: "saveNotes",
    deep: true,
   },
  },
  methods: {
   (略)
  },
 });
 app.mount("#app");
</script>
```

STEP
12 加入 notes 陣列資料變更時進行儲存的 saveNotes 方法（詳 vue03-notes-11.html），此方法使用到二個關鍵：

① HTML 5 Web Storage：Web Storage 分為兩種：local storage 和 session storage。本例使用了除非使用者自行除，否則資料會永久保存的 local storage 並藉由其 setItem 方法來加入資料：

localStorage.setItem(keyname, value)

方法的第一個參數是設定儲存值 value 的「鍵名」，這個「鍵名」是未來「撈出資料」時用的名稱。

② 利用 JSON 的 stringify 函數將 JavaScript 值轉換成以 JavaScript 物件標記法（JavaScript Object Notation，JSON）表示的字串。

由於該方法係插入到其他方法之後,所以要注意其與上一個方法間要有逗號。

```
<!-- Vue 實例的程式碼 -->
<script>
 const app = Vue.createApp({
  data() {
   (略)
  },
  watch: {
   notes: {
    handler: "saveNotes",
    deep: true,
   },
  },
  methods: {
   (略)
   saveNotes() {
      localStorage.setItem('notes', JSON.stringify(this.notes))
   }
  },
 });
 app.mount("#app");
</script>
```

目前的程式在關閉之前,其運作都沒有問題,可是一旦重新載入之後就會「從頭開始」,也就是一筆資料都沒有,接下來即利用 local storage 的機制來改善此不足。

STEP 13 修改原先 notes 陣列的空值為撈資料,如果撈不到資料才會使用空陣列。本例撈資料的方式一樣是使用 local storage,而使用的方法是 getItem 函數,至於其參數就是上一步驟 saveNotes 方法中在 setItem 函數中使用的「鍵名」。資料撈出來之後再經過 JSON 的 parse 函數轉換(詳 vue03-notes-12.html)。

```
<!-- Vue 實例的程式碼 -->
<script>
 const app = Vue.createApp({
  data() {
```

```
  (略)
        notes: JSON.parse(localStorage.getItem('notes')) || []
  },
  watch: {
  (略)
  },
  methods: {
  (略)
  saveNotes() {
      localStorage.setItem('notes', JSON.stringify(this.notes))
  }
  },
});
 app.mount("#app");
</script>
```

vue03-notes-12.html 使用 JavaScript 的 alert 函數來提示使用者是否要
刪除某筆紀錄,雖然能達到提示的目的,不過,這個 alert 函數的使用者
介面終究不夠美觀,接下來我們利用 Bootstrap 5 的 Modal 元件來改寫,
其效果如下:

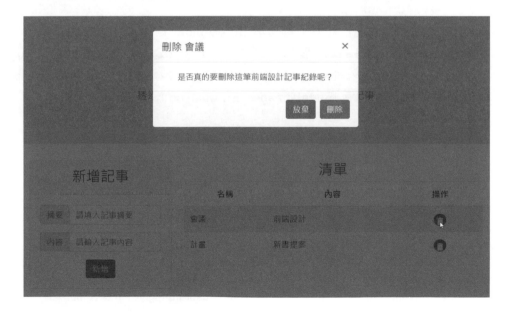

STEP 14 首先，將原先的刪除按鈕用 Bootstrap 5 的 Modal 元件取代。請開啟下列 Modal 元件的 https://getbootstrap.com/docs/5.3/components/modal/#how-it-works 網址，並捲動頁面到「Examples」段落，然後複製範例程式碼：「取代」原先用來刪除記事的按鈕（詳 vue03-notes-13.html）：

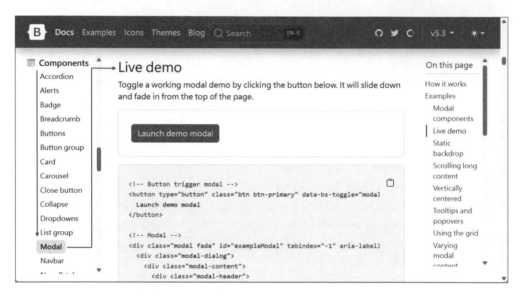

程式碼有二大段，分別是用來啟動 modal 視窗的 Button 元件及包裹 modal 視覺化的 `<div>` 區塊，其內的主體為 CSS 樣式為 modal-dialog 的 `<div>`，此 `<div>` 內為 modal-content 的 `<div>`，此 `<div>` 是由三個部份組成，分別是表示 modal-header、modal-body 及 modal-footer：

```html
<!-- Button trigger modal -->
<button type="button" class="btn btn-primary" data-bs-toggle="modal" data-bs-target="#exampleModal">
  Launch demo modal
</button>
```

```
<!-- Modal -->
<div class="modal fade" id="exampleModal" tabindex="-1" aria-
labelledby="exampleModalLabel" aria-hidden="true">
  <div class="modal-dialog">
    <div class="modal-content">
      <div class="modal-header">
        <h1 class="modal-title fs-5" id="exampleModalLabel">Modal title</h1>
        <button type="button" class="btn-close" data-bs-dismiss="modal" aria-
label="Close"></button>
      </div>
      <div class="modal-body">

        ...
      </div>
      <div class="modal-footer">
        <button type="button" class="btn btn-secondary" data-bs-dismiss="modal">Close</
button>
        <button type="button" class="btn btn-primary">Save changes</button>
      </div>
    </div>
  </div>
</div>
```

更換了原先的刪除按鈕的使用者介面後，接著進行處理邏輯的設定，這包括了「資料綁定」與「事件繫結」，以及一般文字的修改以符本例的需求（詳 vue02notes11.html）：

① 加入 selectNote(note) 事件處理程序用來「取得」目前被選取的記事為何？也就是要記錄目前被選取的記事資料，因此，此事件處理程序會動態改變 noteSelected 資料，這個資料目前並未定義，因此，接下來也要定義其內容。

② 使用 Font Awesome 圖示，因此參考 vue01-03-001-06.html 加入必要的 CDN。故須於 <head> 標籤中加入下列的程式碼：

```
<link
rel="stylesheet"
href="https://cdnjs.cloudflare.com/ajax/libs/font-awesome/6.4.0/css/all.min.css"
integrity="sha512-iecdLmaskl7CVkqkXNQ/ZH/XLlvWZOJyj7Yy7tcenmpD1ypASozpmT/
E0iPtmFIB46ZmdtAc9eNBvH0H/ZpiBw=="
crossorigin="anonymous"
referrerpolicy="no-referrer"
/>
```

同時到 Font Awesome 網站下載想要使用的圖示，以本例所使用的垃圾桶圖示的網址為 https://fontawesome.com/icons/trash?f=classic&s=solid。

③ 相關的文字提示會使用到 selectNote 事件處理程序執行後所動態建立的 noteSelected 資料的內容，像是 noteSelected.name 與 noteSelected.content。

④ deleteNote 事件處理程序一樣還在，只是會出現在 Modal 視窗的 modal-footer 類別所在的 <div> 標中。

⑤ modal 類別所在的 <div> 標籤中的 id 名稱要特別留心，這個 id 會在用程式碼關閉 Modal 元件時用到。本例將複製過來的 modal 視窗的 id 修改為 #deleteModal。

啟動 modal 視窗的 <button> 元件修改的部份：

```
<!-- Button trigger modal -->
<button
  class="btn btn-circle btn-danger btn-sm"
  @click="selectNote(note)"
  data-toggle="modal"
  data-target="#deleteModal"
>
  <i class="fa-solid fa-trash"></i>
</button>
```

啟動 modal 視窗修改的部份：

```
<!-- Modal -->
<div
  class="modal fade"
  id="deleteModal"
  tabindex="-1"
  role="dialog"
  aria-labelledby="exampleModalLabel"
  aria-hidden="true"
>
  <div class="modal-dialog" role="document">
    <div class="modal-content">
      <div class="modal-header">
```

```html
    <h5 class="modal-title" id="exampleModalLabel">
      刪除 {{ noteSelected.name}}
    </h5>
    <button
      type="button"
      class="close"
      data-dismiss="modal"
      aria-label="Close"
    >
      <span aria-hidden="true">&times;</span>
    </button>
  </div>
  <div class="modal-body">
    是否真的要刪除這筆 {{ noteSelected.content }} 記事紀錄呢？
  </div>
  <div class="modal-footer">
    <button type="button" class="btn btn-secondary" data-dismiss="modal">
      放棄
    </button>
    <button
      type="button"
      class="btn btn-primary"
      v-on:click="deleteNote(noteSelected)"
    >
      刪除
    </button>
  </div>
 </div>
</div>
```

(15) 在 Vue 實例的選項物件的 data 屬性中加入 noteSelected 的資料，這個物件會用來記錄「目前」被選取的記事內容（詳 vue03-notes-14.html）：

```html
<!-- Vue 實例的程式碼 -->
<script>
 const app = Vue.createApp({
  data() {
   return {
```

```
    noteSelected: {
     name: "",
     content: "",
    },
    newNote: {
     name: "", // 新增記事的 JavaScript 物件
     content: "",
    },
    notes: JSON.parse(localStorage.getItem("notes")) || [],
   };
  },
 (略)
});
app.mount("#app");
```

16 在 Vue 實例中的 methods 加入 slectNote 與 deleteNote 事件處理程序（詳 vue03-notes-14.html）：

① selectNote 事件處理程序會將目前使用者所點選到的 note 指定給 noteSelected 資料。

② deleteNote 事件處理程序的邏輯是先找到目前的 noteSelected 位在 notes 陣列中哪個位置，找到之後一樣利用 JavaScript 的 splice 方法刪除指定位置的陣列元素。處理程序的最後一個步驟是 Bootstrap 5 的 Modal 元件頁面中提供的程式碼，用來關閉視窗之用。這裡比較要注意的是 $('#deleteModal') 中的 deleteModal 的名稱「一定」要與上述 modal 類別所在的 <div> 的 id 要一樣！

③ 因為使用 $() 的 jQuery 語法加入 jQuery 的 CDN，因此請將下列程式碼加在 Vue 的 CDN 之前：

```
<script
 src="https://code.jquery.com/jquery-3.7.0.min.js"
 integrity="sha256-2Pmvv0kuTBOenSvLm6bvfBSSHrUJ+3A7x6P5Ebd07/g="
 crossorigin="anonymous"
></script>
```

以下則是新增的方法部份：

```
const app = Vue.createApp({
 (略)
 methods: {
  selectNote(note) {
   this.noteSelected.name = note.name;
   this.noteSelected.content = note.content;
  },
  addNote() {
 (略)
  },
  deleteNote(note) {
   // 判斷目前選定的 note 位置陣列中的位置
   var found = false;
   for (var i = 0; i < this.notes.length; i++) {
    if (this.notes[i].name == note.name) {
     found = true;
     break;
    }
   }
   // 如果有找到就刪除
   if (found) {
    this.notes.splice(i, 1);
   }
   // 隱藏刪除視窗
   $(".modal").modal("hide");
   $("body").removeClass("modal-open");
   $(".modal-backdrop").remove();
  },
  saveNotes() {
  localStorage.setItem("notes", JSON.stringify(this.notes));
  },
 },
});
app.mount("#app");
```

CSS 樣式的動態綁定

CSS 的目的在為做資料呈現的 HTML「化妝」，也就是加上視覺上的處理，讓我們想要表達的資料能獲得應有的視覺化效果，例如，我們想要讓網頁使用微軟正黑體時，我們會在 <head> 標籤中加入下面這個定義在 <style> 標籤的樣式：

```
<style>
  body {
    font-family: Microsoft JhengHei;
  }
</style>
```

為 HTML 標籤套用 CSS 時，常見的二種方式：

一、**行內樣式**：直接在標籤中加入 style 的屬性的行內樣式。

二、**類別樣式**：在標籤中加入 class 屬性的外部樣式，例如，下圖程式碼對照中使用的 title 類別。

行內樣式

```
<h1 style="color:blue; font-family: Microsoft JhengHei; ">Vue.js 設計實戰營</h1>
```

⬍ 設定格式都是「樣式名稱：樣式值」

外部樣式

```
<!DOCTYPE html>
<html>
  <head>
    <style>
      body {
        font-family: Microsoft JhengHei;
      }
      .title {
        color: blue;
      }
    </style>
  </head>
  <body>
    <h1 class="title"> Vue.js 設計實戰營</h1>
  </body>
</html>
```

接下來就分成這二種方式來看一下如何利用 Vue.js 來動態綁定 CSS。不管使用哪一種方式，其設定的型式都包括「物件格式」與「陣列格式」，下表以行內樣式設例：

型	用途	範例
物件格式	一或多個屬性	`<p v-bind:style='{color:colorSelected}'>` 顏色設定 `</p>`
		`<p v-bind:style='{color:colorSelected, "text-decoration":textDecorationSelected}'>` 顏色與底線設定 `</p>`
		遇到多個屬性時，就像上面第二個 `<p>` 標籤，會使得撰寫、閱讀及維護有所不易，一般會將該物件寫在 Vue 實例中，例如，在 Vue 實例中定義 colorFontStyle 物件並綁定：
		`<p v-bind:style='colorFontStyle'>` 顏色與字體粗細設定 `</p>`
陣列格式	一或多個屬性	可做如下設定，但不會有「視覺上的效果」：
		`<p v-bind:style='[colorSelected,]'>` 顏色設定 `</p>`
		`<p v-bind:style='[colorSelected, textDecorationSelected]'>` 顏色與底線設定 `</p>`
	多個物件	`<p v-bind:style='[colorFontStyle, textStyle]'>` 顏色、斜體與字體粗細設定 `</p>`
		此時需在 Vue 實例中定義 colorFontStyle 物件與 textStyle 物件，如果不使用 Vue 實例中定義的物件，那就要直接在陣列中使用物件格式：
		`<p v-bind:style='[{color:colorSelected}, {color:colorSelected, "text-decoration":textDecorationSelected}]'>` 顏顏色與底線設定 `</p>`

4-1 行內樣式

使用行內樣式時，會使用「v-bind:style」（數字 1 標示的位置）指令與 CSS 設定時的語法所構成的「物件格式」（數字 2 標示的位置）。

例如，下列程式碼將 Bootstrap 4 的 Alert 元件中的 <p> 標籤使用行內樣式將
「color」這個 CSS 樣式綁到「colorSelected」這個資料所代表的 CSS 樣式值上：

```
<div class="row">
    <div class="alert alert-warning w-100 text-center" role="alert">
        <p v-bind:style='{color:colorSelected}'>顏色設定</p>
    </div>
</div>
```
使用物件格式，本例僅有一個屬性，color

接下來的範例如下圖，當使用者透過下拉清單的選擇後，程式能夠依照使用者
所做的選擇來動態地改變下圖中 Bootstrap 5 中的 Alert 元件內的文字顏色：

本例的關鍵步驟在 Step 4 中的下列資料綁定語法及動態改變其中的 colorSelected
資料的 selectColor 方法，其餘步驟大都為使用者介面的設置：

```
<div class="row">
    <div class="alert alert-warning w-100 text-center" role="alert">
        <p v-bind:style='{color:colorSelected}'>顏色設定</p>
    </div>
</div>

const app = Vue.createApp ({
    data(){,
    return {
        colorSelected: '',
        ...
    },
    methods: {
        selectColor(color) {
            this.colorSelected = color.name // 使用者選擇後傳入的值
        }
})
```

```
<ul class="dropdown-menu">
    <li>
        <a  class="dropdown-item"
          href v-for="color in colors"
          @click="selectColor(color)"
        >
          {{ color.title }}</a
        >
    </li>
</ul>
```

STEP 1　複製 vue01-template-all-in-one-04.html 為 vue04-01-001-01.html，接著加入 <style> 標籤設定微軟正黑體的字體設定：

```
<style>
  body {
    font-family: Microsoft JhengHei;
  }
</style>
```

STEP 2　在 id 為 app 的 Vue 實例的掛載點內加入下列關於三列的版面配置的程式碼（詳 vue04-01-001-01.html）：

```html
<!-- Vue 實例的掛載點 -->
<div id='app'>
  <div class="container-fluid mt-2">
    <div class="row">
    </div>

    <div class="row text-center">
      <div class="col">
      </div>
    </div>

    <hr />
  </div>
</div>
```

STEP 3　開啟 Alert 元件 https://getbootstrap.com/docs/5.3/components/alerts/#examples 網址，並捲動頁面到「Examples」段落，然後複製其範例的第五個 <div> 標籤到第一個 row 所在的 <div> 標籤（詳 vue04-01-001-02.html）。

```html
<!-- Vue 實例的掛載點 -->
<div id='app'>
  <div class="container-fluid mt-2">
    <div class="row">
      <div class="alert alert-warning" role="alert">
        A simple warning alert—check it out!
      </div>
    </div>
```

```
    <div class="row text-center">
      <div class="col">
      </div>
    </div>


    <hr />
  </div>
</div>
```

此時若開啟 vue04-01-001-02.html 網頁，其結果僅見 Alert 元件及下面的 <hr/>
標籤的水平線：

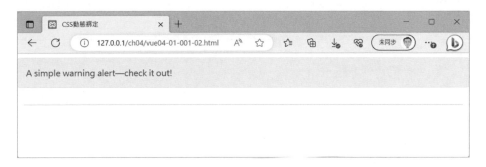

Alert 元件的結構相對簡單，最主要的變化大概只有像是 alert-warning 這個
CSS 類別的背景顏色設定而已！

(STEP 4) 開啟 Dropdowns 元件 https://getbootstrap.com/docs/5.3/components/
dropdowns/#single-button 網址，並捲動頁面到「Single button」段，
然後複製其範例的第一個到第一個 row 所在的 <div> 標籤（詳 vue04-01-
001-03.html）。

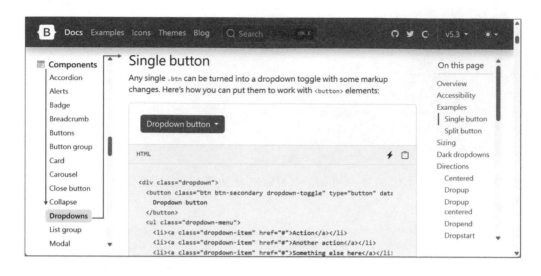

```html
<!-- Vue 實例的掛載點 -->
<div id='app'>
  <div class="container-fluid mt-2">
    <div class="row">
      <div class="alert alert-warning w-100 text-center" role="alert">
        A simple warning alert—check it out!
      </div>
    </div>


    <div class="row justify-content-center">
      <div class="dropdown">
       <button
        class="btn btn-secondary dropdown-toggle"
        type="button"
        data-bs-toggle="dropdown"
        aria-expanded="false">
        Dropdown button
       </button>
       <ul class="dropdown-menu">
        <li><a class="dropdown-item" href="#">Action</a></li>
        <li><a class="dropdown-item" href="#">Another action</a></li>
        <li><a class="dropdown-item" href="#">Something else here</a></li>
       </ul>
      </div>
```

```
        <hr />
      </div>
    </div>
```

此時若開啟 vue04-01-001-03.html 網頁，然後點選 Dropdowns 元件的話，
其結果如下：

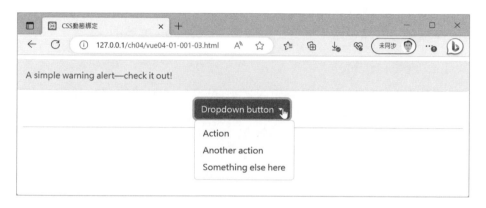

Dropdown 下拉清單元件的使用者介面與語法間的結構如下：

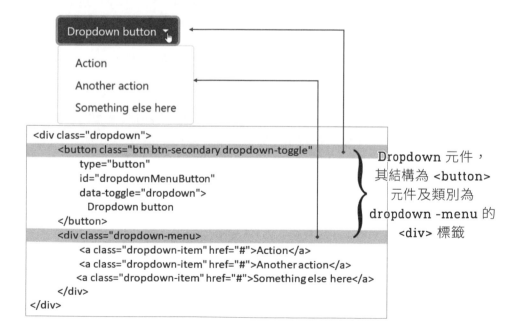

STEP 5 修改 Vue 實例的掛載點中的介面並進行資料綁定（詳 vue04-01-001-04.html）：

① v-bind:style='{color:colorSelected}'

使用 JavaScript 物件的格式對 <p> 標籤中的行內 CSS 樣式中的 color 進行與 Vue 實例中的 colorSelected 資料進行綁定，這樣就能在網頁執行中依據使用者對顏色做不同的選擇後會反應到 <p> 標籤中。

② v-for='color in colors'

利用 v-for 將 Vue 實例中事先設計好的 colors 陣列值逐一取出，並作為 Dropdown 元件的選項。

③ @click='selectColor(color)'

對 Dropdown 的選項進行 click 事件的繫結，如此一來當使用者改變內對 Dropdown 的選項的選擇時，會將該選項代表的 color 物件傳遞給 selectColor 函數，再藉由 selectColor 函數重新設定 colorSelected 的值，這樣一來寫在 <p> 標籤的 CSS 行內樣式就能被動態即時地變更。

④ {{ color.title }}

取出 color 的 title 屬性值做為 Dropdowns 各選項的值。

⑤ {{ colorSelected }}

這個鬍子模板語法目的只是要觀察 Dropdowns 選項被變更時，會被綁定到 <p> 標籤中的 CSS 樣式的值而已，實際應用上可以不需要。

```html
<!-- Vue 實例的掛載點 -->
<div id='app'>
  <div class="container-fluid mt-2">
    <div class="row">
      <div class="alert alert-warning w-100 text-center" role="alert">
        <p v-bind:style='{color:colorSelected}'> 顏色設定 </p>
      </div>
    </div>

    <div class="row justify-content-center">
      <div class="dropdown">
```

```
<button class="btn btn-secondary dropdown-toggle"
  type="button"
  id="dropdownMenuButton"
  data-toggle="dropdown"
  aria-haspopup="true"
  aria-expanded="false">
  請選擇
</button>
<div class="dropdown-menu"
    aria-labelledby="dropdownMenuButton">
  <a class="dropdown-item"
    href="#"
    v-for='color in colors'
    @click='selectColor(color)'
  >
    {{ color.title }}
  </a>
</div>
</div>
{{ colorSelected }}
<hr />
</div>
</div>
```

此時若開啟 vue04-01-001-04.html 網頁，然後點選 Dropdown 元件的話，其
結果如下，此時由於 Dropdown 下拉清單元件的選單部份因為使用 v-for='color
in colors' 來渲染，而目前尚未設定 colors 資料，因此，按下「請選擇」按鈕之
後，其選單為空白：

配合上述 Vue 實例的掛載點中的關於資料綁定與事件繫結的需要設計 data 屬性中的 colorSelected 及 colors 陣列,設計 methods 屬性中的 selectColor 函式(詳 vue04-01-001-05.html)。

```
const app = Vue.createApp({
  data() {
    return {
      colorSelected: "",
      colors: [
        {
          id: "1",
          title: " 紅色 ",
          name: "red",
        },
        {
          id: "2",
          title: " 綠色 ",
          name: "green",
        },
        {
          id: "3",
          title: " 藍色 ",
          name: "blue",
        },
      ],
    };
  },
  methods: {
    selectColor(color) {
      this.colorSelected = color.name;
    },
  },
});
app.mount("#app");
```

下圖是開啟 vue04-01-001-05.html 檔案瀏覽會選擇紅色的結果,除了左下角看到使用者的選擇外,最上頭的「顏色設定」字串的顏色也會被同步即時的動態變更!

用同樣的技巧也可以對 <p> 標籤的 text-decoration 的樣式做動態設定：

由於這裡要動態配置二個行內的 CSS 樣式，因此修改原先 <p> 標籤綁定的語法，一樣採物件格式但使用二個屬性（詳 vue04-01-001-06.html）：

```
<div class="row">
    <div class="alert alert-warning w-100 text-center" role="alert">
        <p v-bind:style='{color:colorSelected, "text-decoration":textDecorationSelected}'>
            顏色設定
        </p>
    </div>                    一樣使用物件格式，只是本例有二個屬性，分別是color及text-decoration
</div>
```

一、用「逗號」隔開第二組的設定，以物件的角度來看就是加入另外一個屬性。

二、因為 text-decoration 是二個字的組合，因此用一對表示字串的引號括住，如果不想用字串的引號括住的話，就要寫成「textDecoration」，這樣的多字元組字方式稱為「駝峰組字 camel case」。而用 hyphen 符號組字的方式稱為「肉串組字 kebab case」，想像 text 與 decoration 是二塊肉，而 text-decoration 是不是很像用一根竹籤把二塊肉串接起來呢？

圖片來源：https://pixabay.com/zh/ 肉 - 串烧 - 泛 - 南斯拉夫联盟共和国 - 吃得健康 -709346/

接著再進行第二個 Dropdown 的設定與 Vue 實例要配合的資料與事件處理程序，這裡的設計方式與第一個 Dropdown 的設計是一樣的，就麻煩大家自行參閱 vue04-01-001-06.html 檔案。

從上個範例加入額外的 text-decoration 可知，當我們使用行內的 CSS 樣式時，隨著內容變多，寫在行內樣式的物件就會更加龐雜，造成在撰寫及閱讀上都不是很方便！

如果我們可以將原先寫的行內樣式的多個設定值以一個取了名字的物件寫在設計在 Vue 實例選項物件的 data 屬性中，這樣子就只要綁定到一個物件名稱就可以了，而不用將多個樣式設定直接寫在行內樣式中！

例如，下面將原先二個 CSS 樣式設定以一個 colorFontStyle 物件來替代：

```
<div class="row">
    <div class="alert alert-warning w-100 text-center" role="alert">
        <p v-bind:style='{color:colorSelected, "text-decoration":textDecorationSelected}'>
            顏色設定
        </p>
    </div>
</div>
```

改寫到 *Vue* 實例選項物件 *data*
屬性中的 *colorFontStyle* 物件　**1**

```
new Vue({
    el: '#app',
    data: {
        colorFontStyle:{
            color: 'black',
            textDecoration: 'underline'
        },
        ...
    }
})
```

```
<div class="row">
    <div class="alert alert-warning w-100 text-center" role="alert">
        <p v-bind:style='colorFontStyle'>
            顏色設定
        </p>
    </div>
</div>
```

2 使用字串引號括住改寫到 *Vue* 實
例選項物件 *data* 屬性中的
colorFontStyle 物件

接下來的範例就用綁定物件的方式來改寫前面的範例。

STEP 1 複製 vue04-01-001-05.html 為 vue04-01-002-01.html。

STEP 2 修改 <p> 標籤的行內樣式綁定到 data 屬性中的 colorFontStyle 物件，
及修改觀察用的 {{ colorFontStyle.color }} 鬍子模板語法的程式碼（詳
vue04-01-002-01.html）：

```
<!-- Vue 實例的掛載點 -->
<div id='app'>
  <div class="container-fluid mt-2">
    <div class="row">
      <div class="alert alert-warning w-100 text-center" role="alert">
        <p v-bind:style='colorFontStyle'>
          顏色設定
        </p>
      </div>
    </div>

    <div class="row justify-content-center">
      (略)
```

```
    </div>

    <hr />
    {{ colorFontStyle.color }}
  </div>
</div>
```

③ 配合上述 Vue 實例的掛載點中的關於資料綁定的需要，修改如下（詳 vue04-01-002-02.html）：

① 設計 data 屬性中的 colorFontStyle 物件，此物件就是將原本寫在 `<p>` 標籤中的 JavaScript 語法移到此處定義並賦予一個名稱而已。

② 新增 currentColor 做為保存使用者目前所做的顏色選擇。

③ 修改原本的 setColor 函數：在 setColor 函數中修改了 currentColor，但是這樣的修改「無法及時」變動 colorStyle 物件，因此，設計 currentColor 的 watch，讓 currentColor 的改變即時被監測，並於此時同步修改 colorStyle 物件中的值：

```
const app = Vue.createApp({
  data() {
    return {
      colorFontStyle: {
        color: "black",
        textDecoration: "underline",
      },
      currentColor: "",
          (略)
    };
  },
  watch: {
    currentColor() {
      this.colorFontStyle.color = this.currentColor;
    },
  },
  methods: {
    selectColor(color) {
      this.currentColor = color.name;
```

```
    },
   },
  });
  app.mount("#app");
```

除了以「一個物件」來包裝多個樣式設定外（下圖標示 A 的位置），也可以在行內的 CSS 樣式綁定時使用「陣列」來綁定「多個物件」（下圖標示 B 的位置），二者的語法對照如下：

```
<div class="row">
    <div class="alert alert-warning w-100 text-center" role="alert">
        <p v-bind:style='colorFontStyle'>顏色設定</p>
    </div>
</div>            (A) 使用一個物件
```

```
new Vue({
    el: '#app',
    data: {
        colorFontStyle:{
            color: 'black',
            textDecoration: 'underline'
        },
        ...
})
```

```
new Vue({
    el: '#app',
    data: {
        colorStyle: {
            color: 'black'
        },
        textDecorationStyle: {
            textDecoration: 'underline'
        },
        ...
})
```

```
<div class="row">
    <div class="alert alert-warning w-100 text-center" role="alert">
        <p v-bind:style='[colorStyle, textDecorationStyle]'>顏色設定</p>
    </div>            (B) 用陣列格式使用一個「以上」的物件
</div>
```

STEP 1 複製 vue04-01-001-06.html 為 vue04-01-003-01.html。

STEP 2 修改如下（詳 vue04-01-003-01.html）：

① 利用「陣列」的方式修改 <p> 標籤的行內樣式，綁定到 data 屬性中的 colorStyle 物件與 textDecorationStyle 物件：

v-bind:style='[colorStyle, textDecorationStyle]'

② 修改觀察用的 {{ colorStyle.color }} -- {{ textDecorationStyle.textDecoration }} 鬍子模板語法。

```html
<!-- Vue 實例的掛載點 -->
<div id='app'>
  <div class="container-fluid mt-2">
    <div class="row">
      <div class="alert alert-warning w-100 text-center" role="alert">
        <p v-bind:style='[colorStyle,textDecorationStyle]'>
          顏色設定
        </p>
      </div>
    </div>

    <div class="row justify-content-center">
      （略）
    </div>

    <hr />
    {{ colorStyle.color }} -- {{ textDecorationStyle.textDecoration }}
  </div>
</div>
```

配合上述資料綁定的需要，依據設計 coloryStyle 物件的方式，新增與 text decoration 相關的設計（詳 vue04-01-003-02.html）：

一、currentTextDecoration 用來保存使用者利用第二個 Dropdowns 元件做的選擇。

二、新增 colorStyle 及 textDecorationStyle 物件用來供 <p> 標籤的行內 CSS 樣式設定之用。

三、修改原先 methods 內各函式的內容。

```javascript
const app = Vue.createApp({
  data() {
    return {
      （略）
      colorStyle: {
        color: "black",
      },
      textDecorationStyle: {
        textDecoration: "",
```

```
    },
      currentTextDecoration: "",
    };
  },
  methods: {
    selectColor(color) {
      this.colorStyle.color = color.name;
    },
    selectTextDecoration(textDecoration) {
      this.textDecorationStyle.textDecoration = textDecoration.name;
    },
  },
});
app.mount("#app");
```

執行 vue04-01-003-02.html 檔案，其結果仍符合預期，此表示目前的 CSS 綁定
方式仍能有效的運作：

本節的最後來看一個在網頁常會看到的功能，那就是動態改變字體的大小：

資料來源：https://udn.com/news/story/7098/3521327?from=udn-catebreaknews_ch2

這樣的功能，我們就可以利用這節所用的技巧來實作，結果如下，其中最下面是目前字體大小的數字，只是用來觀察當使用者按下變化字體大小的按鈕時的結果之用：

STEP 1 複製 vue01-template-all-in-one-04.html 為 vue04-01-004-01.html。

STEP 2 新增 <style> 標籤為 <a> 標籤設計 CSS 樣式（詳 vue04-01-004-01.html）：

```
<style>
  body {
    font-family: Microsoft JhengHei;
  }
  a:link,
  a:visited {
    display: inline-block;
```

```
    text-decoration: none;
    text-align: center;
    height: 30px;
    width: 30px;
    color: black;
    background-color: white;
    border: 1px solid green;
  }
  a:hover,
  a:active {
    color: white;
    background-color: green;
  }
</style>
```

STEP 3 在 id 為 app 的 Vue 實例掛載點中設計如下的使用者介面（詳 vue04-01-004-02.html）：

① 新增二個 <a> 標籤，並指定「事件繫結」。

② 利用 v-bind:style 指令綁定動態調整後的字體大小。

③ 顯示目前的字體大小。

```
<!-- Vue 實例的掛載點 -->
<div id='app'>
  <div class="container-fluid mt-2">
    <div class="row">
      <div class="col-md-10"> 電信業者認為 5G 手機、資費…調降 </div>
      <div class="col-md-2 ml-auto text-right">
        <a href='#' @click='decreasefontsize'>A-</a>
        <a href='#' @click='increasefontsize'>A+</a>
      </div>
    </div>
    <div class="row">
      <div class="col">
        <div class="alert alert-warning w-100 mt-2" role="alert">
          <p v-bind:style='fontStyle' class='mb-0'>
            即便先前中國電信主管認為 5G 網路服務…
          </p>
        </div>
      </div>
```

```
          </div>
        </div>
        <hr />
        <div class="row">
          <div class="col">
            <p class='text-center'>
              {{ fontsizesetting }}
            </p>
          </div>
        </div>
      </div>
    </div>
```

（**4**）配合上述使用者介面用到的資料及繫結的事件處理程序，Vue 實例設計如
下，其中用來增減 fontStyle 物件的語法並非常用的「點運算」，而是利用
陣列的方式來設定（詳 vue04-01-004-03.html）：

```
<script>
  const app = Vue.createApp({
    data() {
      return {
        fontsizesetting: 16,
        fontStyle: {
          // CSS 樣式動態綁定的物件
          "font-size": "16px",
        },
      };
    },
    methods: {
      increasefontsize() {
        this.fontStyle["font-size"] = `${this.fontsizesetting++}px`;
      },
      decreasefontsize() {
        this.fontStyle["font-size"] = `${this.fontsizesetting--}px`;
      },
    },
  });
  app.mount("#app");
</script>
```

執行 vue04-01-004-03.html 檔案，其結果仍符合預期，此表示目前的 CSS 綁定方式仍能有效的運作：

4-2 Class 樣式

除了使用行內樣式外，當我們使用 CSS 的 class 樣式時搭配的是 v-bind:class 指令，用這個語法綁定類別時有二種不同的語法：

一、以該類別的值為 true 或 false 來決定是否套用，例如，下面的 alert-info 的值為 true，就表示要套用 alert-info 這個類別。

```
<div class="alert w-100 text-center" v-bind:class='{"alert-info":true}' role="alert">
    <p>顏色設定</p>
</div>
```

如果該真假值做資料綁定的話就能動態變更，例如，將 alert-info 類別綁定 Vue 實例選項物件 data 屬性中的 isTrue：

```
<div class="alert w-100 text-center" v-bind:class='{"alert-info":isTrue}' role="alert">
    <p>顏色設定</p>
</div>
```

二、直接指定 CSS 類別名稱，例如，下面以 alert-info 字串指定給 v-bind:class：

```
<div class="alert w-100 text-center" v-bind:class='"alert-info"' role="alert">
    <p>顏色設定</p>
</div>
```

但是該字串如果能夠做資料綁定的話就具有動態變更的可能，例如，將類別綁定到 Vue 實例中的 color，這樣子就可以動態變更 color 的值來動態設定其樣式：

```
<div class="alert w-100 text-center" v-bind:class='color'>
    <p>顏色設定</p>
</div>
```

前面的行內樣式範例是用來修改 Bootstrap 5 中 Alert 元件中的文字顏色，接下來就先來看看如何利用 Class 樣式來動態地改變 Bootstrap 5 中的 Alert 元件的背景顏色：

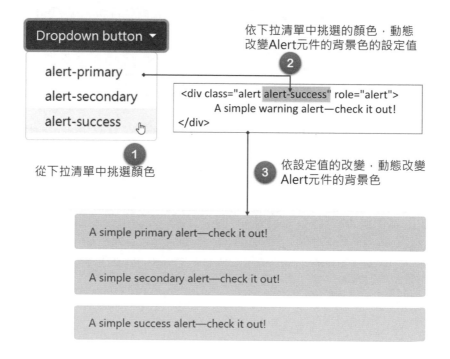

 複製 vue01-template-all-in-one-04.html 為 vue04-02-001-01.html。

STEP 2 在 id 為 app 的 Vue 實例的掛載點內加入具有三列的版面配置的程式碼（詳 vue04-02-001-01.html）：

```html
<!-- Vue 實例的掛載點 -->
<div id='app'>
  <div class="container-fluid mt-2">
    <div class="row">
    </div>

    <div class="row text-center">
      <div class="col">
      </div>
    </div>
  </div>
</div>
```

STEP 3 開啟 Alert 元件 https://getbootstrap.com/docs/5.3/components/alerts/#examples 網址，並捲動頁面到「Examples」段，然後複製其範例的第五個 <div> 標籤到第一個 row 所在的 <div> 標籤（詳 vue04-02-001-02.html）。

```html
<!-- Vue 實例的掛載點 -->
<div id='app'>
  <div class="container-fluid mt-2">
    <div class="row">
      <div class="alert alert-warning" role="alert">
        A simple warning alert—check it out!
      </div>
    </div>

    <div class="row text-center">
      <div class="col">
      </div>
    </div>
  </div>
</div>
```

此時若開啟 vue04-02-001-02.html 檔案，此時的 Alert 元件的背景色為 alert-warning：

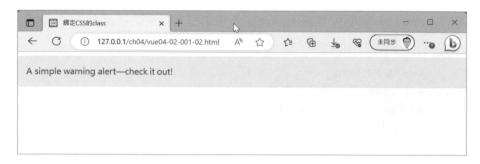

4 開啟 Dropdowns 元件 https://getbootstrap.com/docs/5.3/components/
dropdowns/#overview 網址,並捲動頁面到「Single button」段,然後複
製其範例的第一個 `<div>` 標籤到第一個 row 所在的 `<div>` 標籤(詳 vue04-
02-001-03.html)。

```html
<!-- Vue 實例的掛載點 -->
<div id="app">
  <div class="container-fluid mt-2">
    <div class="row">
      <div class="alert alert-warning" role="alert">
        A simple warning alert—check it out!
      </div>
    </div>

    <div class="row text-center">
      <div class="col">
        <div class="dropdown">
          <button
           class="btn btn-secondary dropdown-toggle"
           type="button"
           data-bs-toggle="dropdown"
           aria-expanded="false"
          >
           Dropdown button
          </button>
          <ul class="dropdown-menu">
           <li><a class="dropdown-item" href="#">Action</a></li>
           <li><a class="dropdown-item" href="#">Another action</a></li>
           <li>
             <a class="dropdown-item" href="#">Something else here</a>
```

```
        </li>
      </ul>
    </div>
    </div>
    </div>
  </div>
</div>
```

此時若開啟 vue04-02-001-03.html 網頁，在 Alert 元件的下方會多出一個預設內容的 Dropdown 元件：

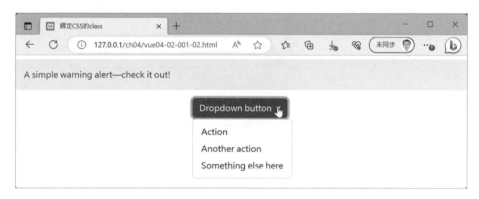

(STEP 5) 修改 Vue 實例的掛載點中的介面並進行資料綁定（詳 vue04-02-001-04. html ））。

① **v-bind:class='color'**

在 Alert 元件的 <div> 標籤中進行與 Vue 實例選項物件的 data 屬性中的 color 資料進行綁定，這樣就能在網頁執行中依據使用者對顏色做不同的選擇後會「動態地」反應到 Alert 元件標籤。因此預設複製進來的範例中所使用的 **alert-warning 的 CSS 樣式 class 要刪掉**。為了美觀的需求，新增了 w-100 及 text-center 的 CSS 樣式 class。

② @click='setColor("alert-primary")'`

對 Dropdown 元件的選項進行 click 事件的繫結，如此一來當使用者改變內對 Dropdown 元件的選項的選擇時，會將該選項代表的顏色名稱的字串就會傳遞給 selectColor 函數，再藉由 selectColor 函數重新設定 color 的值，這樣一來寫在 Alert 元件的 <div> 標籤的 CSS 樣式就能被動態即時地變更。

上述設定間的關係以下圖當使用者點選下拉清單中的 alert-primary 後，將 Alert 元件的文字顏色變更為 alert-primary 顏色時圖解如下：

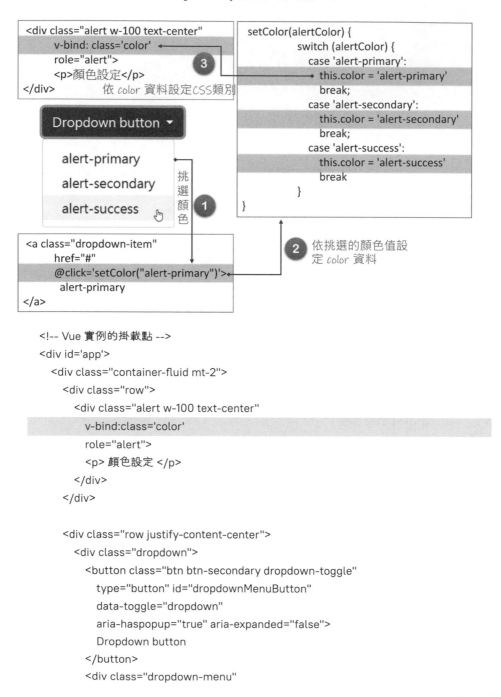

```
<!-- Vue 實例的掛載點 -->
<div id='app'>
  <div class="container-fluid mt-2">
    <div class="row">
      <div class="alert w-100 text-center"
        v-bind:class='color'
        role="alert">
        <p> 顏色設定 </p>
      </div>
    </div>

    <div class="row justify-content-center">
      <div class="dropdown">
        <button class="btn btn-secondary dropdown-toggle"
          type="button" id="dropdownMenuButton"
          data-toggle="dropdown"
          aria-haspopup="true" aria-expanded="false">
          Dropdown button
        </button>
        <div class="dropdown-menu"
```

```
                       aria-labelledby="dropdownMenuButton">
                       <a class="dropdown-item"
                        href="#"
                        @click='setColor("alert-primary")'>
                         alert-primary
                       </a>
                       <a class="dropdown-item"
                        href="#"
                        @click='setColor("alert-secondary")'>
                         alert-secondary
                       </a>
                       <a class="dropdown-item"
                        href="#"
                        @click='setColor("alert-success")'>
                         alert-success
                       </a>
                     </div>
                   </div>
                 </div>
               </div>
             </div>
```

STEP 6 配合上述 Vue 實例掛載點中的關於資料綁定與事件繫結需要設計選項物件的 data 屬性中的 color，及設計 methods 屬性的 selectColor 函數（詳 vue04-02-001-05.html）。

```
    new Vue({
      el: '#app',
      data: {
        color: 'alert-info'
      },
      methods: {
        setColor(alertColor) {
          switch (alertColor) {
          case 'alert-primary':
            this.color = 'alert-primary'
            break;
          case 'alert-secondary':
            this.color = 'alert-secondary'
            break;
```

```
        case 'alert-success':
            this.color = 'alert-success'
            break
    }
  }
 }
})
```

此時若開啟 vue04-02-001-05.html 檔案，由於 color 的預設值是 alert-info，
因此結果如下，此亦表示 class 的綁定是成功的：

如果要同時套用多個 CSS 類別呢？

延續上例，在 <style> 標籤中定義有下面的類別用來指定其文字顏色為紅色（詳
vue04-02-001-06.html）：

```
<style>
  .fontColor{
    color:blue;
  }
</style>
```

想要直接套用這個類別的話，Alert 元件可以變更如下，也就是用陣列的方式
來處理，由於 fontColor 是由二個字所組成，在陣列中要用字串的方式框起來
（詳 vue04-02-001-07.html）：

```
<div class="alert w-100 text-center" v-bind:class='[color, "fontColor"]' role="alert">
    <p>顏色設定</p>
</div>
```

此時若開啟 vue04-02-001-07.html 檔案，從結果可知，文字顏色已經被套用了，而且下拉清單一樣可以改變 Alert 元件的顏色：

不過，像上面這樣直接寫死一個要套用的類別其實作用不大，舉上面這個例子只是為了說明其採用陣列的這樣的語法。接下來，我們就把上面那個寫死的方式改為可以動態套用。

STEP 1 複製 vue04-02-001-07.html 為 vue04-02-002-01.html。

STEP 2 修改原先綁定在 Alert 元件中的內容，讓寫死的 fontColor 類別跟 Vue 實例選項物件的 data 屬性中的 isFont 做資料綁定（詳 vue04-02-002-01.html）：

```
<div
  class="alert w-100 text-center"
  v-bind:class='[color,{"fontColor":isFont}]'
  role="alert">
    <p> 顏色設定 </p>
</div>
```

二者對照如下：

```
<div class="alert w-100 text-center"
    v-bind:class='[color,"fontColor"]'
    role="alert">
        <p>顏色設定</p>
</div>
```

⇕

```
<div class="alert w-100 text-center"
    v-bind:class='[color,{"fontColor":isFont}]'
    role="alert">
      <p>顏色設定</p>
</div>
```

開啟 Navbar 元件 https://getbootstrap.com/docs/5.3/components/
navbar/#how-it-works 網址，並捲動頁面到「Brand」段落，然後複製範
例程式碼中的第一個 <div> 標籤到 id 為 app 的 Vue 實例的掛載點內（詳
vue04-02-002-02.html）：

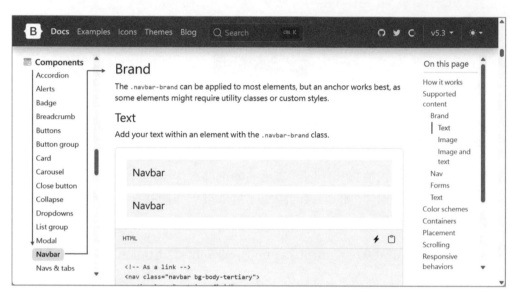

```html
<!-- Vue 實例的掛載點 -->
<div id='app'>
  <!-- As a link -->
  <nav class="navbar navbar-light bg-light">
    <a class="navbar-brand" href="#">Navbar</a>
  </nav>
  <div class="container-fluid mt-2">
  (略)
  </div>
</div>
```

開啟 vue04-02-002-02.html 檔案後，即可在左上角看到剛才加入的 Navbar 元
件。這個 Navbar 元件的 CSS 類別樣式為 navbar-brand，而 brand 即為商標
之意，而其出現在左上角的原因應該是服膺網頁 UI/UX 設計的 F 型模式理論
（F-Shaped Pattern）。這個理論認為使用者瀏覽網頁時，習慣上會以 F 型的
形狀閱讀：一開始，注意力會集中在頁的頂部與左側：

4 將 Nav 的 \<a\> 標籤中的 Navbar 文字換成一個 48*48 的圖示（詳 vue04-02-002-03.html），這個圖示可以到 Icon Finder 網站免費下載[1]：

```
<!-- Vue 實例的掛載點 -->
<div id='app'>
  <!-- As a link -->
  <nav class="navbar navbar-light bg-light">
    <a class="navbar-brand"
      href="#">
        <img src='iconfinder_format_277107.png'>
    </a>
  </nav>
  <div class="container-fluid mt-2">
  (略)
  </div>
</div>
```

5 在 Nav 的 \<a\> 標籤中加入 @click='isFont = !isFont' 來動態變更 isFont 的值（詳 vue04-02-002-04.html）：

```
<!-- Vue 實例的掛載點 -->
<div id='app'>
  <!-- As a link -->
  <nav class="navbar navbar-light bg-light">
```

---

[1] 本例使用的圖檔取自 https://www.iconfinder.com/icons/1829945/brand_finder_logo_network_social_icon。

```
    <a class="navbar-brand"
       href="#"
       @click='isFont = !isFont'>
       <img src='iconfinder_format_277107.png'>
    </a>
  </nav>
  <div class="container-fluid mt-2">
  （略）
  </div>
</div>
```

STEP 6 在 Vue 實例選項物件的 data 屬性中加入 isFont 資料的（詳 vue04-02-002-05.html）：

```
new Vue({
  el: '#app',
  data: {
    color: 'alert-info'
    isFont: false
  },
  methods: {
  （略）
  }
})
```

開啟 vue04-02-002-05.html 檔案後，即可透過右上角的 Navbar 的圖示點按來切換 Alert 元件中的文字是否套用 fontColor 這個 CSS 類別了：

5

選擇性資料的呈現

關於資料與 CSS 樣式綁定後的呈現，在前面章節已有完整的說明，本章延續資料呈現的主題，不過其內容會是關於如何控制控制 HTML 標籤做「條件式」的選擇性資料呈現所會用到的二個指令：v-if 指令與 v-show 指令。

5-1　v-show 指令

v-show 指令的作用就是 show 秀出來的意思，至於秀與不秀則依賴某個特定條件而定。

在 HTML 中，可以利用 CSS 中的 display 的值來控制是否顯示，例如，W3Schools 的網頁 [1] 有一個範例正好展現這樣的效果：如果 display 的值是 none 的話，該 HTML 的標籤完全不會出現在網頁中，類似的功能是使用 visibility 的值為 hidden，則該 HTML 標籤會佔用網頁中的位置，但不會顯示出來。

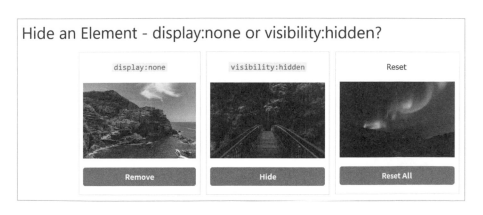

---

[1]　這個範例的網址是：https://www.w3schools.com/css/css_display_visibility.asp。

v-show 指令的作用是透過操弄 CSS 的 display 屬性值是否為 none 來控制已存在的內容（也就是說在 DOM 結構中已有的內容）是否要呈現出來（詳 vue05-01-001-01.html）。

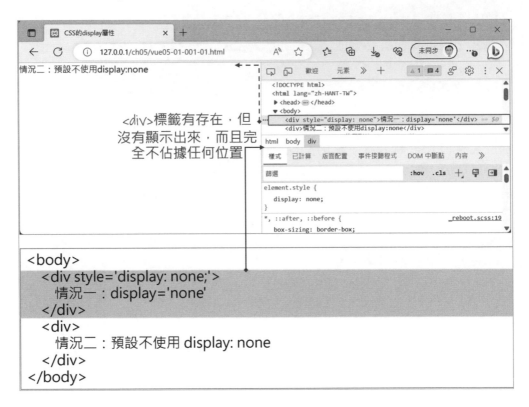

如果模擬上述 W3Schools 範例並以 JavaScript 操作時，請參考 vue05-01-001-02.html 檔案的執行結果：

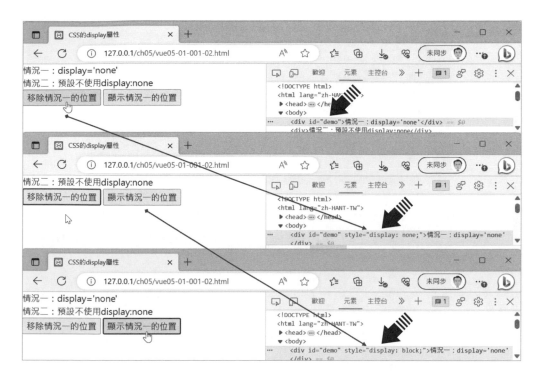

由上述執行的結果，描述其行為的示意圖如下：

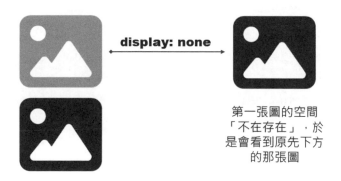

display: none

第一張圖的空間
「不在存在」，於
是會看到原先下方
的那張圖

接下來正式來說明 Vue 提供的 v-show 指令。v-show 指令的語法如下：

v-show=' 真假值 **'**

實際運用時，約莫有三種情形：

一、直接指定真假值為 true 或是 false，例如，v-show='true'，不過，通常不
　　會直接指定固定的 true 或是 false，因為這樣就失去動態決定是否顯示特
　　定內容的意義。

二、真假值與 Vue 實例的資料綁定在一起。例如，v-show='isShow'，以
　　isShow 的值做為決定顯示與否，而 isShow 的值只有二種：不是 true 就
　　是 false，其邏輯很像流程控制的 if 敘述。

三、使用能產生真假的運算式，例如，v-show='item==1'，判斷 item 的值是
　　否為某特定值，此時 item 的值可能有很多種，而我們想要判斷定它是屬
　　於哪一種，此時能控制的情況就不會只限於二種而已，其邏輯很像流程
　　控制的 switch 敘述。

下面範例針對上述四種情況簡單示範如下：

STEP 1　複製 vue01-template-03.html 為 vue05-01-002-01.html。

STEP 2　在 Vue 實例中設計如下，其中有二個 data 會在使用者介面中做資料綁定。
　　　　其中 isShow 的值只有真或假二種，而 item 的值則可以有多種，至於有幾
　　　　種則視情況而定（詳 vue05-01-002-01.html）：

```
const app = Vue.createApp({
  data() {
    return {
      isShow: false,
      item: 1,
    };
  },
```

```
  });
  app.mount("#app");
```

STEP 3 在 id 為 app 的 Vue 實例掛載點中，配合 isShow 的結果只有是與不是的二值結果，設計 checkbox，而配合 item 的值有多種可能，因此設計 <select> 標籤。另外，針對條件而決定呈現與否的部份，設計了四個使用 v-show 的 <div> 標籤（詳 vue05-01-002-02.html）：

```
<!-- Vue 實例的掛載點 -->
<div id='app'>
  <form>
    <input type='checkbox' v-model='isShow'>isShow
    <br />
    <select v-model='item'>
      <option value=1>item 的值為 1</option>
      <option value=2>item 的值為 2</option>
      <option value=3>item 的值為 3</option>
      <option value=4>item 的值為 4</option>
    </select>
  </form>

  <div v-show='true'>
    情況一：v-show='true'
  </div>
  <div v-show='false'>
    情況二：v-show='false'
  </div>
  <div v-show='isShow'>
    情況三：v-show='isShow'，isShow = {{ isShow }}
  </div>
  <div v-show='item==4'>
    情況四：v-show='item==4'
  </div>
</div>
```

開啟 vue05-01-002-02.html 檔案，一開始，因為情況一的「v-show='true'」永遠為 true，所以，對應的 <div> 就會被秀出來，而情況二的「v-show='false'」則永遠為 false，因此對應的 <div> 標籤就不會被秀出來；與 Vue 實例進行 isShow 綁定的情況三與 item 資料綁定的情況四，因為 isShow 為 false，而 item 的初始值為 1，因此對應的 <div> 標籤一開始都不會被顯示出來：

開啟瀏覽器的開發人員工具時,不難發現只要 v-show 的值為 false 的情況下,
該 <div> 標籤 dsiplay 的值皆是 none,也就是因為這個值,所以對應的 <div>
標籤內容雖然已經存在於 DOM 中,但是卻不會被秀出來!

如果點選 isShow 的 check box,則會切換 isShow 的值,因此會由預設的 false
切換為 true,因此情況三的 isShow 的值為 true,則對應到情況三的 <div> 就
會被秀出來,故會產生下面的結果:

此時再觀察元素頁籤，我們會發現原先情況三的 <div> 的 display:none 的值已經不存在了，僅餘 style！

如果點選 select 的值為 4 時，則會切換 isShow 的值，情況四的 item==4 的運算結果為 true，故會產生下面的結果：

從 v-show 指令這樣的條件式控制來決定現有的 HTML 使用者介面的是否呈現的角度，我們來分析一下常見的導覽列或是選單這二種使用者介面。

這二種使用者介面，它們的行為模式就是選項被點選之後執行該選項想要執行的功能，該選項被點選就相當於其值為 true，而沒有被點選的選項其值為false。依此行為模式，接下來我們利用使用 Bootstrap 5 的導覽列的範例加入v-show 指令來簡單地實作一下導覽列的實際應用。

STEP 1　複製 vue01-template-all-in-one-04.html 為 vue05-01-003-01.html，接著加入 <style> 標籤設定微軟正黑體的字體設定：

```
body {
    font-family: Microsoft JhengHei;
}
```

STEP 2　開啟 Nav 元件 https://getbootstrap.com/docs/5.3/components/navbar/#how-it-works 網頁，捲動頁面到「Nav」段落後，然後將原先的 <nav> 標籤 <nav class="navbar navbar-expand-lg"> 修改為 <nav class="navbar navbar-expand">，也就是去掉 navbar-expand-lg 中的 -lg。.navbar-expand{-sml-mdl-lgl-xl} 給予響應式的折疊，如果不去掉 -lg，則畫面太小時，會出現漢堡選單，而且只有點選該選單圖示之後才會展開選單的內容：

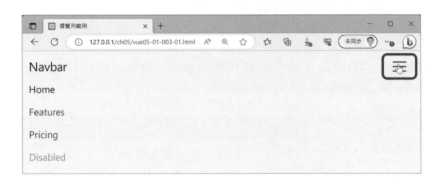

去掉 -lg 後，同樣的畫面大小就不會出現該選單 [2]：

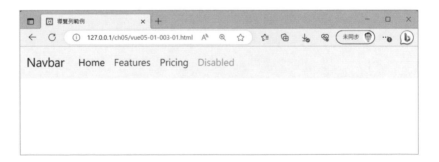

---

[2] 本例取消 -lg 是因為範例說明時的截圖需要，真實的情況下，請不要任意取消，否則該網頁將不具有「響應式」的效果。

STEP 3 在 <nav></nav> 標籤之後加入下面四個 <div> 標籤，這四個 <div> 標籤最關鍵的地方是將像 v-show='item==1' 這樣的運算式加進去，至於這樣的運算式中使用到的 item 是綁定 Vue 實例中選項物件的 data 屬性（詳 vue05-01-003-02.html）：

```
<!-- Vue 實例的掛載點 -->
<div id='app'>
  <nav class="navbar navbar-expand">
    （略）
  </nav>
  <div v-show='item==1'>
    item 1
  </div>
  <div v-show='item==2'>
    item 2
  </div>
  <div v-show='item==3'>
    item 3
  </div>
  <div v-show='item==4'>
    item 4
  </div>
</div>
```

v-show 指令的作用就是 show 秀出來的意思，至於秀與不秀則依賴某個特定條件，以上面的第一個 <div> 而言，如果 item 的值是 1 的話，那麼這個 <div> 就會秀出來，因此在瀏覽器就會看到 item 1 字串。

依 v-show 這樣的邏輯，因為目前沒有 item 的值，因此，item 永遠不會等於 1、也不會等於 2、也不會等於 3，當然也不會等於 4！所以，若執行到目前為止的內容，瀏覽器只會呈現導覽列而已，亦即與 vue05-01-003-01.html 檔案的執行結果相同。

STEP 4 在 Vue 實例中加入配合上述 HTML 標籤中要進行資料綁定的 item 資料（詳 vue05-01-003-03.html）：

```
const app = Vue.createApp({
  data() {
    return {
```

```
    item: 1,
  };
 },
});
```

依據 v-show 指令的邏輯，如果目前開啟 vue05-01-003-03.html 檔案，
因為目前的 item 的值為 1，因此，對應的 item==1 成立的 <div> 就會秀
出來，所以會看到下面的結果：

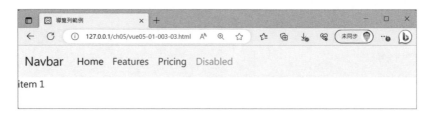

STEP 5 在 Vue 實例中加入配合上述導覽列各標籤中文化顯示的資料綁定所需的
資料（詳 vue05-01-003-04.html）：

```
const app = Vue.createApp({
 data() {
  return {
    Home: " 首頁 ",
    Features: " 特色 ",
    Pricing: " 價格 ",
    Disabled: " 停用 ",
    item: 1,
  };
 },
});
app.mount("#app");
```

STEP 6 導覽列各標籤中文化顯示的資料綁定（詳 vue05-01-003-05.html）：

```
<div class="collapse navbar-collapse" id="navbarNav">
  <ul class="navbar-nav">
   <li class="nav-item">
    <a class="nav-link active" aria-current="page" href="#">{{ Home }}</a>
   </li>
   <li class="nav-item">
    <a class="nav-link" href="#">{{ Features }}</a>
   </li>
   <li class="nav-item">
    <a class="nav-link" href="#">{{ Pricing }}</a>
   </li>
   <li class="nav-item">
    <a class="nav-link disabled">{{ Disabled }}</a>
   </li>
  </ul>
</div>
```

STEP 7 導覽列的目的在於點選不同項目時要呈現不同的結果。目前我們已經定義了四個 <div> 的內容，也定義了在什麼時候要秀出來。現在缺的是如何讓 item 可以變成 1 或變成 2、3、4，這樣的話不同的 <div> 內容就會依需要秀出來。

所以，接下來我們針對「首頁」按下去之後，item 的值會變成 1、「特色」按下去之後，item 的值會變成 2、「價格」按下去之後，item 的值會變成 3，「停用」按下去之後，item 的值會變成 4。下圖即是按下表示 item 的值為會設定為 2 時的「特色」選項被按下的結果：

請在表示上述按鈕的 <a> 標籤中加入 @click= 的事件繫結，至於目前看到的繫結並沒有指定對應的 Vue 實例中的 methods 內的方法，這與以前看過的範例有很大的不同！

本例因為只是要改變 item 的值，因此，只要一道「設定運算就可以，因此，在 @click= 後頭的字串裡就只有像 item=1 這樣的設定運算而已！（詳 vue05-01-003-06.html）

```html
<ul class="navbar-nav">
  <li class="nav-item active">
    <a @click='item=1' class="nav-link" href="#">
      <i class="fas fa-home"></i>{{ Home }}
    </a>
  </li>
  <li class="nav-item">
    <a @click='item=2' class="nav-link" href="#">
      <i class="fas fa-award"></i>{{ Features }}
    </a>
  </li>
  <li class="nav-item">
    <a @click='item=3' class="nav-link" href="#">
      <i class="fas fa-dollar-sign"></i>{{ Pricing }}
    </a>
  </li>
  <li class="nav-item">
    <a @click='item=4' class="nav-link disabled" href="#">
      <i class="fab fa-accessible-icon"></i>{{ Disabled}}
    </a>
  </li>
</ul>
```

完成後，在瀏覽器開啟 vue05-01-003-06.html 檔案，此時，若點選「特色」，因為這個按鈕對應的是 @click='item=2'，因此點選之後，item 的值為 2，所以對應的 item==2 的 <div> 標籤就會秀出來：

當使用者按下「特色」按鈕後，導覽列的事件繫結、不同條件的顯示區塊及條件顯示結果彼此間的關係如下：

延用上一個範例 v-show 指令的基本邏輯，我們接下來就要建立下面這樣的結果，這是一個二欄式的版面，當使用者點選左側的功能表選項之後，右側會出現對應的內容，這樣就能完成一個簡易的儀表板：

這個範例會使用到 Bootstrap 5 的 Card 元件、List group 元件與 Alert 元件：

一、左側的導覽列是將 List group 元件包覆在 Card 元件的實作結果。

二、右側則是使用 Alert 元件來模擬左側選單被點選後要執行的內容。

三、另外，為了能在夠按下之後，左側的選項會出現不同的背景色，或者是滑鼠移動到不同選項之後會改變文字字體與顏色，因此另外設計適當的 <style> 標籤加入視覺效果的 CSS 語法。

STEP 1　複製 vue01-template-all-in-one-04.html 為 vue05-01-004-01.html，然後先在 id 為 app 的 Vue 實例的掛載點中設定版面的配置：本例直接在 id 為 app 的 <div> 標籤中加入 container-fluid 的 class，並設置 class 分別為 left 及 right 的 <div> 標籤，以形成二欄式的結構：

```
<!-- Vue 實例的掛載點 -->
<div id="app" class="container-fluid mt-3">
  <div class="left"></div>
  <div class="right"></div>
</div>
```

配核上述的左右二欄結構，設計下列的 <style> 的樣式：

```
<style type="text/css">
 .left {
  display: inline-block;
  vertical-align: top;
 }
 .right {
  display: inline-block;
  margin-left: 12px;
  vertical-align: top;
 }
</style>
```

STEP 2 開啟 Card 元件 https://getbootstrap.com/docs/5.3/components/card/#about 網址,並捲動頁面到「List groups」段落,然後複製其中的第二組範例 程式碼到 left 的 <div> 區塊,複製後刪除原先 card 中的 style 指定寬度為 18rem 的設定(詳 vue05-01-004-02.html)。

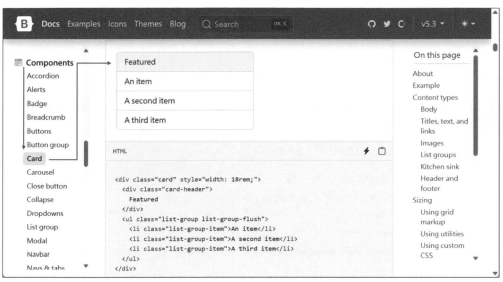

```
<!-- Vue 實例的掛載點 -->
<div id="app" class="container-fluid mt-3">
  <div class="left">
    <div class="card">
      <div class="card-header">
        Featured
      </div>
      <ul class="list-group list-group-flush">
        <li class="list-group-item">An item</li>
        <li class="list-group-item">A second item</li>
        <li class="list-group-item">A third item</li>
      </ul>
    </div>
  </div>
</div>
```

完成後，開啟 vue05-01-004-02.html 檔案的執行結果如下：

③ 開啟 Alert 元件 https://getbootstrap.com/docs/5.3/components/alerts/#examples
網址，並捲動頁面到「Examples」段落複製前三個 <div> 標籤到 Card 元
件內（詳 vue05-01-004-03.html）：

```html
<!-- Vue 實例的掛載點 -->
<div id="app" class="container-fluid mt-3">
  <div class="left">
    <div class="card">
      <div class="card-header">
        Featured
      </div>
      <ul class="list-group list-group-flush">
        <li class="list-group-item">Cras justo odio</li>
        <li class="list-group-item">Dapibus ac facilisis in</li>
        <li class="list-group-item">Vestibulum at eros</li>
      </ul>
    </div>
    <div class="right">
      <div class="alert alert-primary" role="alert">
        A simple primary alert—check it out!
      </div>
      <div class="alert alert-secondary" role="alert">
        A simple secondary alert—check it out!
      </div>
      <div class="alert alert-success" role="alert">
        A simple success alert—check it out!
      </div>
```

```
      </div>
    </div>
  </div>
```

此時若開啟 vue05-01-004-03.html 檔案，其執行結果如下：

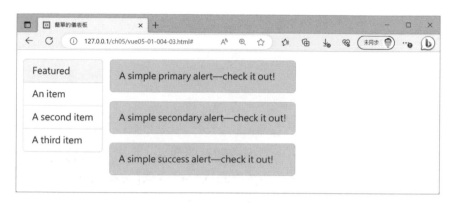

④ 修改 Card 元件內的文字為適當的內容，例如，下面模擬一家醫院網頁中「關於」頁面中的選單（詳 vue05-01-004-04.html）：

```
<!-- Vue 實例的掛載點 -->
<div id="app" class="container-fluid mt-3">
  <div class="left">
    <div class="card">
      <div class="card-header">
        關於醫院
      </div>
      <ul class="list-group list-group-flush">
        <li class="list-group-item"> 醫院沿革 </li>
        <li class="list-group-item"> 願景宗旨 </li>
        <li class="list-group-item"> 院長的話 </li>
      </ul>
    </div>
  </div>
  （略）
</div>
```

此時若開啟 vue05-01-004-04.html 網頁，執行結果如下：

5 由於我們要利用 v-show 來操控待顯示的內容，因此我們要為每個項設計一個 @click 的事件處理，讓選項被點選之後會改變某些條件，亦即改變 item 的值（詳 vue05-01-004-05.html）：

```
<div class="card">
  <div class="card-header">
      關於醫院
  </div>
  <ul class="list-group list-group-flush">
    <li class="list-group-item" @click='item=1'> 醫院沿革 </li>
    <li class="list-group-item" @click='item=2'> 願景宗旨 </li>
    <li class="list-group-item" @click='item=3'> 院長的話 </li>
  </ul>
</div>
```

配合上述選項條件的需要，為原先版面右側的 Alert 元件加入 v-show 指定及搭配的條件：

```
<div>
  <div class="alert alert-primary" role="alert" v-show='item==1'>
      醫院沿革
  </div>
  <div class="alert alert-secondary" role="alert" v-show='item==2'>
      願景宗旨
  </div>
  <div class="alert alert-success" role="alert" v-show='item==3'>
      院長的話
```

```
      </div>
    </div>
```

由於上述程式碼用到了一個 item 資料，因此 Vue 實例中配合增加此一 data：

```
const app = Vue.createApp({
  data() {
    return {
      item: 1,
    };
  },
});
app.mount("#app");
```

此時若開啟 vue05-01-004-05.html 檔案，由於 item 的初始值為 1，因此，執行結果如下：

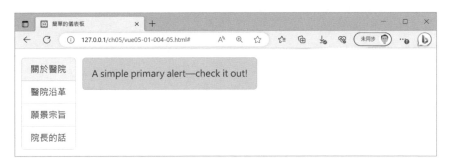

STEP 6 以功能來說，目前已經可以從左側點選不同的選項而讓右側呈現不同的內容，不過美觀上有待加強，因此，必須加以強化（詳 vue05-01-004-06. html）：

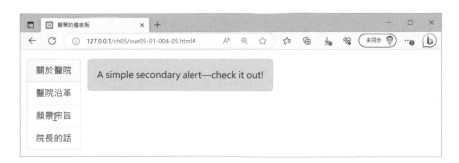

① 滑鼠游標停留在選單的選項上面,並未出現指標的樣式,不符合一般的使用者介面的習慣。

② 滑鼠游標停留在選單的選項上面,沒有明顯的視覺化提示。

③ 點選後亦不能夠呈現不同的樣式。

④ 加入 <style> 標籤實作樣式。

為了區別在不同選項時的樣式,因此利用綁定 CSS 樣式的語法加入選單選項中:

```
<!-- Vue 實例的掛載點 -->
<div class="left">
 <div class="card">
  <div class="card-header"> 關於醫院 </div>
  <ul class="list-group list-group-flush">
   <li class="list-group-item"
    @click="item=1"
    :class="{selected:item==1}">
    醫院沿革
   </li>
   <li class="list-group-item"
    @click="item=2"
    :class="{selected:item==2}">
    願景宗旨
   </li>
   <li class="list-group-item"
    @click="item=3"
    :class="{selected:item==3}">
    院長的話
   </li>
  </ul>
 </div>
</div>
```

配合上面 :class='{selected: }' 綁定的 selected 樣式,新增下列 CSS 樣式到原先的 <style> 標籤中:

```
<style>
  .selected {  /* 選取後改變字體顏色 */
    background-color: rgb(110, 253, 193);
  }
  li {   /* 使用與停留在 <a> 標籤時一樣的滑鼠游標 */
    cursor: pointer
  }
  li:hover { /* 停留在 <i> 標籤時改變字體顏色與樣式 */
    color: blue;
    font-family: Microsoft JhengHei;
    font-weight: bold;
    text-decoration: underline;
  }
</style>
```

此時若開啟 vue05-01-004-06.html 檔案，執行結果如下：

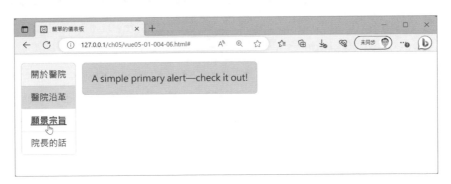

由於 item 的初始值為 1，因此選單中的第 1 個選項是選定的狀態，因此用指定的顏色標示，另外，滑鼠游標移到其他選項時，該選項利用加粗加底線及不同的顏色形成區分的效果。

> **NOTE**
> 第一章利用下載的 startbootstrap-resume-gh-pages 加以修改後所成的 vue01-03-002.html 雖然能夠依使用者點選左側的選項後，從右側看到相應的內容，由於所有的內容其實都是可見的，只是借用 <a> 標籤的機制讓頁面捲到指定的位置：

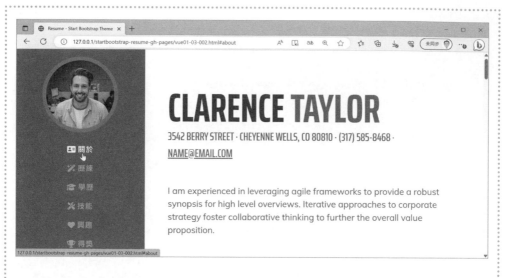

利用本節所學的內容加以應用，即可將上述的一頁式內容改寫成指定顯示的方式：

STEP 1 將 startbootstrap-resume-gh-pages 資料夾中的 vue01-03-002.html 複製為 vue05-01-005.html。

STEP 2 修改的重點有三：

① 將原先作為選項 <a> 標籤中的 href="#about" 改寫成 @click="item=1" 這樣的設定。經過這樣的改寫之後，原本滑鼠游標移到選項時會呈現的指標樣式會被變動，因此需要配合加入相應的樣式。

② 將原先作為每個選項內容的 <section> 標籤中的 id="about" 改寫成 v-show="item==1" 這樣的設定。

③ 配合上述修改的需要，還要在 data 函式兄的 return 物件中加一個 item 的資料。

④ **最重要的是：**原本的範例僅是利用 Vue 實例與 <nav> 標籤的互動，因此掛載點是 id 為 sideNav 的 <nav> 標籤，但本例會使用到 <section> 標籤，但此標籤不在 <nav> 標籤中，因而無法與 Vue 實例互動，因此往上一層的結構找，其上一層是一個 <div> 標籤的區塊，但此區塊與 <nav> 是平行的，因此再往上找，則為 id 是 page-top 的 <body> 標籤，因此，我們自行在 <nav> 與 <section> 的外圍再框一個 id 名為 app 的 <div> 標籤。

針對選單的改寫如下：

```
<ul class="navbar-nav">
 <li class="nav-item">
  <a class="nav-link js-scroll-trigger"
    @click="item=1">
   <i class="fa-solid fa-address-card pe-1"></i>{{About}}</a>
 </li>
 <li class="nav-item">
  <a class="nav-link js-scroll-trigger"
    @click="item=2">
    <i class="fa-solid fa-wand-magic-sparkles pe-1"></i>{{Experience}}</a>
 </li>
 <li class="nav-item">
  <a class="nav-link js-scroll-trigger"
    @click="item=3">
    <i class="fa-solid fa-graduation-cap pe-1"></i>{{Education}}</a>
 </li>
 <li class="nav-item">
  <a class="nav-link js-scroll-trigger"
    @click="item=4">
    <i class="fa-solid fa-screwdriver-wrench pe-1"></i>{{Skills}}</a>
 </li>
 <li class="nav-item">
  <a class="nav-link js-scroll-trigger"
    @click="item=5">
    <i class="fa-solid fa-heart pe-1"></i>{{Interests}}</a >
 </li>
 <li class="nav-item">
  <a class="nav-link js-scroll-trigger"
    @click="item=6">
    <i class="fa-solid fa-trophy pe-1"></i>{{Awards}}</a>
 </li>
</ul>
```

而搭配的 CSS 樣式則是加入一個 <style> 標籤：

```
<style>
 a {
  cursor: pointer;
 }
```

```
</style>
```

針對選單內容的 <section> 的改寫如下：

```
<!-- Page Content-->
  <div class="container-fluid p-0">
    <!-- About-->
    <section class="resume-section" v-show="item==1">
    （略）
    </section>
    <hr class="m-0" />
    <!-- Experience-->
    <section class="resume-section" v-show="item==2">
    （略）
    </section>
    <hr class="m-0" />
    <!-- Education-->
    <section class="resume-section" v-show="item==3">
    （略）
    </section>
    <hr class="m-0" />
    <!-- Skills-->
    <section class="resume-section" v-show="item==4">
    （略）
    </section>
    <hr class="m-0" />
    <!-- Interests-->
    <section class="resume-section" v-show="item==5">
    （略）
    </section>
    <hr class="m-0" />
    <!-- Awards-->
    <section class="resume-section" v-show="item==6">
    （略）
    </section>
  </div>
```

最後，針對 Vue 實例的修改，亦即新增 item 及修改掛載點：

```
    let menu = {
      About: " 關於 ",
      Experience: " 歷練 ",
      Education: " 學歷 ",
      Skills: " 技能 ",
      Interests: " 興趣 ",
      Awards: " 得獎 ",
      item: 1,
    };
    const app = Vue.createApp({
      data() {
        return menu;
      },
    });

    app.mount("#app");
```

5-2 v-if 指令

與 v-show 指令具有相同的功能，為了讓各位對其使用方式能做比較，我們以 JavaScript 的 if 來對比。

v-show 指令就像是一到多個單一 if 的組合，例如，下面是二個 if，如果使用 v-show 指令的話就會用到二個 v-show 指令，而用 v-if 指令的話也會用到二個 v-if：

```
if (age > 20) {
  …
}
if (gender === "f") {
  …
}
```

但是，就像 if 可以有 else，因此，v-if 指令也可以搭配 v-else 指令，但是 v-show 指令就沒對應的語法：

```
if (age > 28) {
    …
} else {
    …
}
```

JavaScript 的 if 還可以有 else if，因此，v-if 指令也可以搭配 v-else-if 指令，但是 v-show 指令依舊沒對應的語法：

```
if (age > 18) {
    …
} else if (age > 20) {
    …
} else {
    …
    }
```

由於功能相同，我們直接使用 vue05-01-004-06.html 來改寫成 v-if 指令。原先使用 v-show 指令時共有三個條件，因此，我們可以使用有 v-else-if 指令改寫（詳 vue05-02-001-01.html）：

```
<div class="mt-2 ml-2" style='width:80%'>
    <div class="alert alert-primary" role="alert" v-show='item==1'>
        醫院沿革
    </div>
    <div class="alert alert-secondary" role="alert" v-show='item==2'>
        願景宗旨
    </div>
    <div class="alert alert-success" role="alert" v-show='item==3'>
        院長的話
    </div>
</div>
```
Before

```
<div class="mt-2 ml-2" style='width:80%'>
    <div class="alert alert-primary" role="alert" v-if='item==1'>
        醫院沿革
    </div>
    <div class="alert alert-secondary" role="alert" v-else-if='item==2'>
        願景宗旨
    </div>
    <div class="alert alert-success" role="alert" v-else='item==3'>
        院長的話
    </div>
</div>
```
After

「既生瑜，何生亮」，既然 v-show 指令與 v-if 指令功能一樣，為什麼要分別成 v-show 指令與 v-if 指令？

二者差異在於內容在秀出之前是否已經存在於 DOM 中，前面有利用開發模式的元素或是 Elements 頁籤看到，當我們使用 v-show 指令時，所有條件顯示的內容事實上已經載入到網頁中，也就是 DOM 中，至於顯示與否則是透過操弄 CSS 的 display 屬性是否為 none 而定；但是 v-if 指令則使用不同的方式來實作相同的功能。

請開啟上述改寫後的 vue05-02-001-01.html，並在開發模式下切換到元素或是 Elements 頁籤，此時，因為 item 的初始值為 1，因此只有對應的 alert-primary 樣式之 `<div>` 標籤有出現在 DOM 中，其餘的二個 `<div>` 標籤在頁面載入後仍是不存在的！

依此類推，當使用者點選「願景宗旨」時，原先的 alert-primary 樣式之 <div>
標籤就消失了，取而代之的是 alert-secondary 樣式之 <div> 標籤。

其行為模式很像是存在一個空間，但是裡面要擺什麼則視情況而定；又像有三
個演員，從其中挑一個擔任主角。這樣的精神符合 if 的依條件而為的用法。

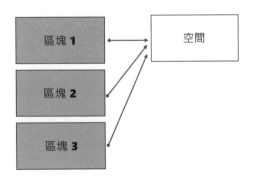

v-show 指令的感覺則是原本分配有 3 個人的位置，可是只有一個人來，這個
人佔據了這個位據，沒有來的人的位置就被其他單位的人佔走了。又像一個團
隊有三個人，人沒到，找臨時工替代。這符合 v-show，要嘛有、要嘛沒有的
二值的精神（要嘛有「display: none」，要嘛沒有「display: none」）。

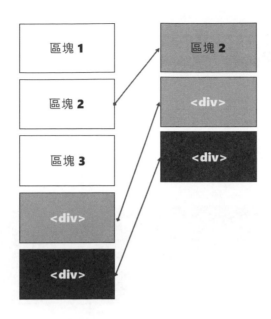

雖然 v-show 指令與 v-if 指令的作用相同，但是由於上述的實作上的差異，不見得在所有的情況下二者都可互相替代喔！

雖說 v-show 指令與 v-if 指令功能大致相當，除了上述在 DOM 的實作差異外，若就語法上的使用而言，由於 v-if 指令提供了 v-else 指令的搭配，在使用上有其方便性。

本節最後的一個範例的構想是這樣的：就像星巴克近來都會在星期一有買一送一的活動，至於其他日則無，這是以某一個條件為基準來決定某些事件。網頁的展現何嘗不是如此。我們亦可根據某特定條件來決定網頁是否呈現特定事件的資訊。

例如，如果今天是星期一，除了要正常顯示頁面外，還要利用 Bootstrap 5 的 Hero 元件的範例主打某一本書。下頁的上圖的最前面是主打「Vue.js 一週速成實戰」即為 Hero 元件的展現，接下來才是非星期一的正常顯示頁面：

躺平，是我的權利：貓和狗的療心話

一隻焦慮的肥貓，一隻穩重的胖狗，在大城市過著快節奏生活，有著和許多人相同的煩惱，他們表面上強顏歡笑，內心卻充滿焦慮，停不下來；他們害怕在競爭激烈的工作環境中落後，卻提不起勁來，努力追趕。42篇療癒圖文，直擊年輕人的內心困惑，帶你以全新視角看待生活，零負擔走出心理困境！從貓和狗誠實勇敢的生活觀裡，重新找尋讓生活簡單又幸福的答案。

購買　試讀

如果今天不是星期一，則顯示正常頁面，例如，下圖是利用 Bootstrap 5 的 Carousel 元件及搭 3 個 Card 元件構成整個版面：

犬貓動物醫院日記

由專職照顧動物們的動物護士角度，描繪你所不知道的動物醫院大小事。讓滿屋的狗狗貓咪們來療癒你的心。

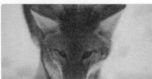

世界，就是繞著貓打轉

愛撒嬌又黏人，處處需要人照顧，但和這樣的貓咪在一起卻是最幸福的事情！讓所有貓奴心有戚戚焉的可愛貓漫畫！

貓主子・狗麻吉的科學

雖然這本書真心不騙就是談科學，本意便是要將名為你家貓咪的這種家畜動物研究個案徹底摸透。

實作之前先來規劃一下此一網頁的結構配置：

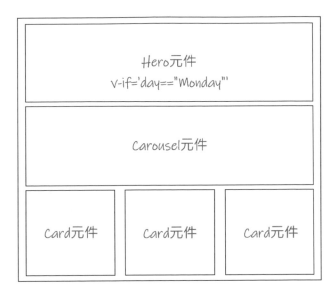

⓵ 複製 vue01-template-all-in-one-04.html 為 vue05-02-002-01.html，接著加入 <style> 標籤設定微軟正黑體的字體設定：

```
<style>
  body {
    font-family: Microsoft JhengHei;
  }
</style>
```

並設置如下的 Vue 實例的掛載點：

```
<!-- Vue 實例的掛載點 -->
<div id='app' class='container-fluid mt-3'>
</div>
```

⓶ 從 Bootstrap 5 的範例網頁 https://getbootstrap.com/docs/5.3/examples/，或是 https://getbootstrap.com/docs/5.3/examples/heroes/ 網頁找到 Hero 的範例，檢視原始檔後，複製第三個範例的程式碼及圖檔，因為圖檔也下載到跟網頁相同的資料夾，因此 <img> 標籤中的 src 屬性就不用修更，唯一要做的是用來控制何時要顯示此 Hero 元件的條件，亦即為第一個 <div> 標籤加上 v-if='day=="Monday"'（詳 vue05-02-002-02.html）：

```html
<!-- Vue 實例的掛載點 -->
<div id="app" class="container-fluid mt-3">
  <div
    v-if='day=="Monday"'
    class="row flex-lg-row-reverse align-items-center g-5 py-5"
  >
    <div class="col-10 col-sm-8 col-lg-6">
      <img
        src="bootstrap-themes.png"
        class="d-block mx-lg-auto img-fluid"
        alt="Bootstrap Themes"
        width="700"
        height="500"
        loading="lazy"
      />
    </div>
    <div class="col-lg-6">
      <h1 class="display-5 fw-bold lh-1 mb-3">
        Responsive left-aligned hero with image
      </h1>
      <p class="lead">
        Quickly design and customize responsive mobile-first sites with
        Bootstrap, the world´s most popular front-end open source toolkit,
        featuring Sass variables and mixins, responsive grid system,
        extensive prebuilt components, and powerful JavaScript plugins.
      </p>
      <div class="d-grid gap-2 d-md-flex justify-content-md-start">
        <button type="button" class="btn btn-primary btn-lg px-4 me-md-2">
          Primary
        </button>
        <button type="button" class="btn btn-outline-secondary btn-lg px-4">
          Default
        </button>
      </div>
    </div>
  </div>
</div>
```

從結果來看如何為此元件客製化。由於結構及圖都不修改，因此客製化的部份只有左側的標題文字、描述，以及下方二個按鈕標題。因為標題文字

及描述是會變更的，故用 Vue 實例中的 data 來綁定，至於按鈕的標題則
直接改程式碼即可，不過為練習起見，本例仍會使用綁定的方式處理：

首先，設計一個 hotShot 物件來包裝上述的資料[3]：

```
const app = Vue.createApp({
  data() {
    return {
      hotShot: {
        name: " 躺平，是我的權利：貓和狗的療心話 ",
        description:
          " 一隻焦慮的肥貓，一隻穩重的胖狗，在大城市過著快節奏生活，有著和許多人相同的
煩惱，他們表面上強顏歡笑，內心卻充滿焦慮，停不下來；他們害怕在競爭激烈的工作環境
中落後，卻提不起勁來，努力追趕。42 篇療癒圖文，直擊年輕人的內心困惑，帶你以全新視
角看待生活，零負擔走出心理困境！從貓和狗誠實勇敢的生活觀裡，重新找尋讓生活簡單又
幸福的答案。",
        cover: "bootstrap-themes.png",
        try: " 試讀 ",
        buy: " 購買 ",
      },
    };
  },
});
app.mount("#app");
```

---

[3] 相關資料來自 https://www.books.com.tw/products/0010936235?sloc=main 。

接著，將資料綁定在 HTML 中：

```html
<!-- Vue 實例的掛載點 -->
<div id="app" class="container-fluid mt-3">
  <div
    v-if='day=="Monday"'
    class="row flex-lg-row-reverse align-items-center g-5 py-5"
  >
    <div class="col-10 col-sm-8 col-lg-6">
      <img
        src="bootstrap-themes.png"
        class="d-block mx-lg-auto img-fluid"
        alt="Bootstrap Themes"
        width="700"
        height="500"
        loading="lazy"
      />
    </div>
    <div class="col-lg-6">
      <h1 class="display-5 fw-bold lh-1 mb-3">
        {{ hotShot.name }}
      </h1>
      <p class="lead">
        {{ hotShot.description }}
      </p>
      <div class="d-grid gap-2 d-md-flex justify-content-md-start">
        <button type="button" class="btn btn-primary btn-lg px-4 me-md-2">
          {{ hotShot.buy }}
        </button>
        <button type="button" class="btn btn-outline-secondary btn-lg px-4">
          {{ hotShot.try }}
        </button>
      </div>
    </div>
  </div>
</div>
```

最後，設定 v-if 所需的資料 day，及判讀開啟網頁該日是否為星期一的程式碼：

```js
const app = Vue.createApp({
  data() {
    return {
```

```
    hotShot: {
      name: " 躺平，是我的權利：貓和狗的療心話 ",
      description:
        " 一隻焦慮的肥貓，一隻穩重的胖狗，在大城市過著快節奏生活，有著和許多人相同的
    煩惱，他們表面上強顏歡笑，內心卻充滿焦慮，停不下來；他們害怕在競爭激烈的工作環境
    中落後，卻提不起勁來，努力追趕。42 篇療癒圖文，直擊年輕人的內心困惑，帶你以全新視
    角看待生活，零負擔走出心理困境！從貓和狗誠實勇敢的生活觀裡，重新找尋讓生活簡單又
    幸福的答案。",
      cover: "bootstrap-themes.png",
      try: " 試讀 ",
      buy: " 購買 ",
    },
    day: "",
  };
},
mounted() {
  date = new Date("2023-6-26"); // 用以測試星期一的效果
  // date = new Date();  // 實際要使用的程式碼

  if (date.getDay() === 1) {
   this.day = "Monday";
  } else {
   this.day = "";
  }
},
});
app.mount("#app");
```

由於程式中直接指定星期一的日期，即 2023 年 6 月 26 日，此時開啟 vue05-02-002-02.html 檔案，則會有下面的結果：

確定網頁正確後，就可以將 mounted() 函式中的第一列改為註解，而第二列則取消註解。完成後除了開啟檔案的那天是為星期一，否則目前的執行結果會是空白一片。

STEP 3 從 Bootstrap 5 的範例網頁 https://getbootstrap.com/docs/5.3/examples/，或是 https://getbootstrap.com/docs/5.3/examples/carousel/ 網頁找到 Carousel 元件的範例，檢視原始碼後，複製範例的程式碼（詳 vue05-02-002-03.html）：

此時開啟 vue05-02-002-03.html 檔案，則會有下面的結果：

利用這個結構，我們需要三張作為 banner 的圖片，各位可自行準備或到無版權問題的網站下載使用，本例使用的是 https://pixabay.com/ 網站的免費圖片。本例使用了三張 1920×639 大小的圖片。以下是我在這個範例所使用的圖檔網址：

https://pixabay.com/photos/animals-dogs-puppies-dog-kennel-3017138/
https://pixabay.com/photos/animals-fantasy-composing-books-2739386/
https://pixabay.com/photos/animals-dogs-cats-kittens-puppies-2222007/

這些圖片將利用 <img> 標籤來替代原本複製下來的程式碼中的 <svg> 標籤，以第一個 <svg> 標籤為例如下。由於原範例有三個 <svg> 標籤，因此要用三個 <img> 標籤來替換。

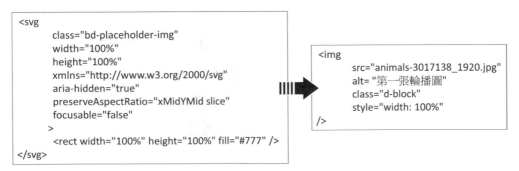

完成後再開啟 vue05-02-002-03.html 檔案，則會有下面的結果：

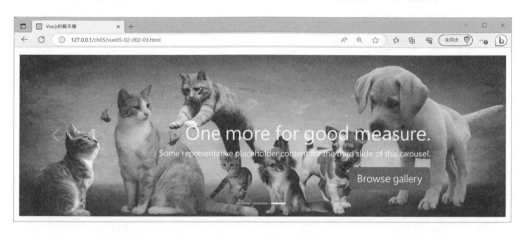

4 在 Carousel 元件的下方先加上一條水平線的 <hr />，之後再加上 Card 元件的程式碼，並改以 v-for 指令的方式從 Vue 實例中讀取（詳 vue05-02-002-04.html）：

```
<hr />
<div class="row">
  <template v-for="book in books" :key="book.id">
   <div class="col-4">
    <div class="card">
     <img
       class="card-img-top"
       v-bind:src="book.cover"
       alt="Card image cap"
     />
     <div class="card-body">
      <h4>{{ book.name }}</h4>
      <p class="card-text">{{ book.description}}</p>
     </div>
    </div>
   </div>
  </template>
 </div>
</div>
```

程式碼中綁定了 books 陣列來表達三本書的資訊⁴，因此必須在 data 中新增相關資料，例如：

```
const app = Vue.createApp({
  data() {
    return {
      (略)
      books: [
        {
          name: " 犬貓動物醫院日記 ",
          description:
            " 由專職照顧動物們的動物護士角度，描繪你所不知道的動物醫院大小事。讓滿屋的狗狗貓咪們來療癒你的心。",
          cover: "https://picsum.photos/200/100/?random=1",
        },
        {
          name: " 世界，就是繞著貓打轉 ",
          description:
            " 愛撒嬌又黏人，處處需要人照顧，但和這樣的貓咪在一起卻是最幸福的事情！讓所有貓奴心心有戚戚焉的可愛貓漫畫！",
          cover: "https://picsum.photos/200/100/?random=2",
        },
        {
          name: " 貓主子・狗麻吉的科學 ",
          description:
            " 雖然這本書真心不騙就是談科學，本意便是要將名為你家貓咪的這種家畜動物研究個案徹底摸透。",
          cover: "https://picsum.photos/200/100/?random=3",
        },
      ],
    };
  },
  mounted() {
    (略)
  },
});
app.mount("#app");
```

修改至此基本上就算完成了！

4　資料分別來自 https://www.books.com.tw/products/0010861003?sloc=main、https://www.books.com.tw/products/0010861002?loc=P_br_60nq68yhb_D_2aabdc_B_1，及 https://www.books.com.tw/products/0010920801?sloc=main。

5-3 條件式呈現的應用

在 Bootstrap 5 中有一個 Accordion 元件（https://getbootstrap.com/docs/5.3/components/accordion/#how-it-works），使用者可以利用點選右側的圖示進行切換，亦即「開」與「關」的切換，很明顯地，這樣的功能是可以利用 v-if 指令或 v-show 指令實現的：

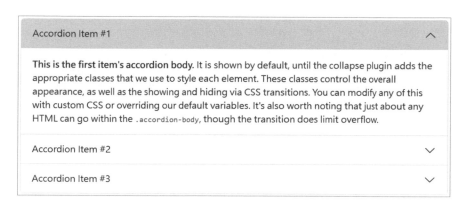

W3Schools 這個範例 [5] 則是利用 JavaScript 所實作：

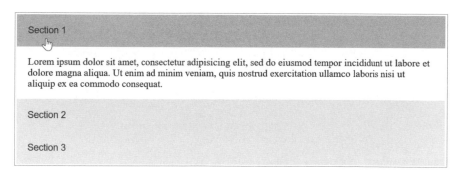

觀察其程式碼即可明顯看出其核心就在於 if/else 的敘述來切換 display 的值為 none 或 block：

```
<script>
var acc = document.getElementsByClassName("accordion");
var i;
```

---

[5] https://www.w3schools.com/howto/tryit.asp?filename=tryhow_js_accordion 。

```
for (i = 0; i < acc.length; i++) {
 acc[i].addEventListener("click", function() {
  this.classList.toggle("active");
  var panel = this.nextElementSibling;
  if (panel.style.display === "block") {
    panel.style.display = "none";
  } else {
    panel.style.display = "block";
  }
 });
}
</script>
```

以下即是改寫原 JavaScript 的實作。

STEP 1 複製 vue01-template-03.html 為 vue05-03-001-01.html，接著加入 <style> 標籤設定微軟正黑體的字體設定：

```
<style>
  body {
    font-family: Microsoft JhengHei;
  }
</style>
```

STEP 2 開啟 https://www.w3schools.com/howto/tryit.asp?filename=tryhow_js_accordion 網頁，將其範例中的 <style> 內容複製到檔案的 <style> 中，複製後，將 .panel 中的 display: none; 刪除（詳 vue05-03-001-01.html）：

```
.panel {
  padding: 0 18px;
  display: none;
  background-color: white;
  overflow: hidden;
}
```

STEP 3 開啟 https://www.w3schools.com/howto/tryit.asp?filename=tryhow_js_accordion 網頁，將其範例中的由 <button> 及 <div> 構成的三組程式碼複製到檔案中竹掛載點內，之後對其中的文字加以修改（詳 vue05-03-001-02.html）：

```html
<!-- Vue 實例的掛載點 -->
<div id="app">
 <button class="accordion">Section 1</button>
 <div class="panel">
  <p> 第一個區塊 </p>
 </div>

 <button class="accordion">Section 2</button>
 <div class="panel">
  <p> 第二個區塊 </p>
 </div>

 <button class="accordion">Section 3</button>
 <div class="panel">
  <p> 第三個區塊 </p>
 </div>
</div>
```

STEP
4 在 <button> 元件中加入用以控制開關的方法（詳 vue05-03-001-03.html）：

```html
<!-- Vue 實例的掛載點 -->
<div id="app">
 <button
    class="accordion"
    @click="flush(1)">
    Section 1
 </button>
 <div class="panel">
  <p> 第一個區塊 </p>
 </div>

 <button
    class="accordion"
    @click="flush(2)">
    Section 2
 </button>
 <div class="panel">
  <p> 第二個區塊 </p>
 </div>
```

```
<button class="
    accordion"
    @click="flush(13)">
    Section 3
</button>
<div class="panel">
 <p> 第三個區塊 </p>
</div>
</div>
```

STEP 5 在 <button> 元件中加入用以控制開關的方法（詳 vue05-03-001-04.html）：

```
<!-- Vue 實例的掛載點 -->
<div id="app">
 <button class="accordion" @click="flush(1)">Section 1</button>
 <div
    class="panel"
    v-if="section==1">
  <p> 第一個區塊 </p>
 </div>

 <button class="accordion" @click="flush(2)">Section 2</button>
 <div
    class="panel"
    v-if="section==2">
  <p> 第二個區塊 </p>
 </div>

 <button class="accordion" @click="flush(13)">Section 3</button>
 <div
    class="panel"
    v-if="section==3">
  <p> 第三個區塊 </p>
 </div>
</div>
```

STEP 6 在 Vue 實例中加入上述程式碼所需的 section 資料及 flush() 方法（詳 vue05-03-001-05.html）：

```
const app = Vue.createApp({
  data() {
    return {
      section: 0,
    };
  },
  methods: {
    flush(x) {
      console.log("flush(x), ", x);
      // 判斷同一個區塊是否為第二次點選，若為第二次點選則為關閉
      if (this.section == x) {
        this.section = 0;
      } else {
        this.section = x;
      }
      console.log("this.section = ", this.section);
    },
  },
});
```

執行 vue05-03-001-05.html 檔案，其執行結果如下，效果與 W3Schools 的範例完全相同：

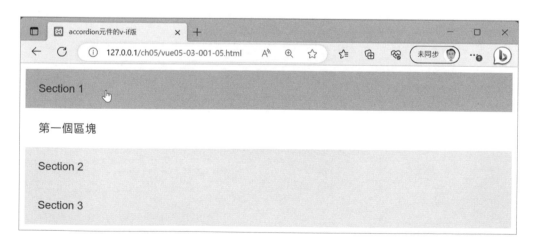

同樣地，這次一樣是「站在巨人肩旁上」的改寫！

6

表單及其元件

表單是網頁應用程式是很重要的元件，像是登入畫面、聯絡表單及註冊表單都是表單元件的具體呈現，例如，下面這個高鐵訂票時要填寫的資訊即利用下拉清單、單選鈕、核取方塊、日期、單列文字框等表單元件所組織而成：

本章會搭配 Bootstrap 5 的 Forms 元件，及 Input group 元件來說明 Vue 與表單的資料雙向綁定、和涉及的事件繫結。

由於表單元件是用來與使用者互動後並據以產生資料的使用者介面，因此，本章會大量使用 v-model 指令進行資料的雙向綁定。

接下來，先利用 https://getbootstrap.com/docs/5.3/forms/overview/ 網頁 Overview 段落的第一個範例的中文化結果（詳 vue06-00-001-01.html）之圖示來講解一下 Bootstrap 5 的表單及表單元件的結構：

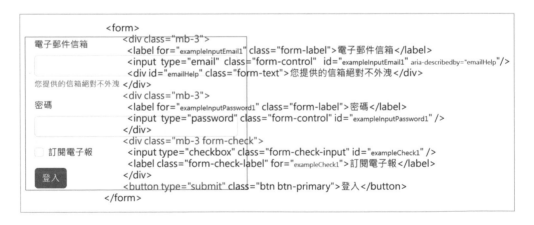

一、利用 <form> 標籤包住表單的主體結構，也就是表單的範圍（如下圖標示數字 1 的位置）。預設的情況下，因為 Bootstrap 5 預設的情況下是在全部的 input 元件中使用了 display: block 和 width: 100% 這樣的 CSS 樣式設定，因此，預設的表單內容都是採垂直排列的版面配置，不過，

Bootstrap 5 還是提供了適當的 CSS 類別來調整表單的版面配置的機會。

二、 表單中的元件，會以一個 <div> 標籤做為整個元件的主體結構（如下圖標示數字 2 的位置），而此結構則由外圍的一個 <form></form> 標籤所包圍：

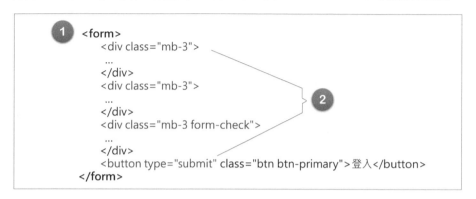

三、 每一個框在 <div> 中的元件，比較完整的情況下，會有三個標籤。<label> 標籤提供「視覺上」的「指示」效果，用來標出元件的用途，其 class 是 form-label，<input> 標籤指定要使用的表單元件，其 class 是 form-control，而且用 type[1] 標示其作用，最後還有 class 為 form-text 的 <div> 標籤的輔助說明文字。這些元件之間利用 id 來進行元件間彼此的聯繫：

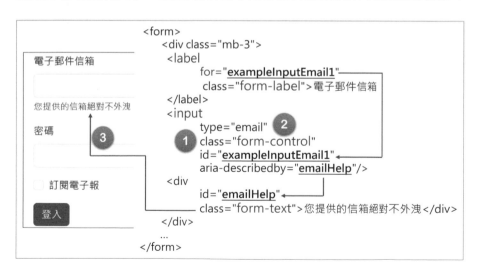

---

[1] HTML 規格中，可以針對 <input> 標籤指定多種不同的 type 值以示其功能，例如，設定 password 者為密碼，預設的 type 值為 text。相關的內容可參考 https://developer.mozilla. org/en-US/docs/Web/HTML/Element/Input 網頁的說明。

四、 <label> 標籤與 <input> 標籤是搭配使用的，除了是供「視覺上」的效果外，從互動上的目的來看，則是在於使用者若點選該 <label> 標籤，其效果等同於點選與其搭配的元件，為了建立起這樣的「取得焦點」上的「搭配關係」，<label> 標籤會使用 for 來指定其對應文件的 id（如上圖的箭頭）。

五、 對於 <input> 標籤這種表單元件，會加上 form-control 這個 CSS 樣式類別（上圖標示 1 的位置）及 type 屬性其作用（上圖標示 2 的位置）。

六、 <input> 標籤下方的輔助文字，通常會搭配含有 form-text 這個 CSS 樣式類別的 <small> 標籤。由於只是輔助文字，因此在視覺上除了使用較小的字型外，顏色亦以淺灰色呈現，如上圖標示 3 的位置。

6-1　文字顯示元件

參考 https://getbootstrap.com/docs/5.3/forms/form-control/ 網頁，CSS 的 class 樣式為 .form-text 者，僅具有顯示的功能，但無法接收使用者的輸入。

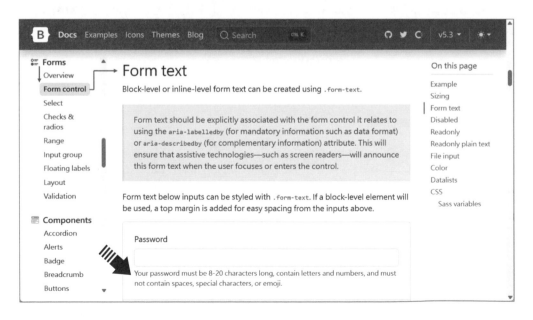

由於僅具有顯示功能，因此可以 {{ }} 鬍子模板語法即可例如：

STEP 1 複製 vue01-template-all-in-one-04.html 為 vue06-01-001-01.html，接著加入 <style> 標籤設定微軟正黑體的字體設定：

```
<style>
  body {
    font-family: Microsoft JhengHei;
  }
</style>
```

最後，在 id 為 app 的 <dive> 中加入 class=' container-fluid mt-2' 的屬性。

```
<!-- Vue 實例的掛載點 -->
<div id='app' class='container-fluid mt-2'>
</div>
```

STEP 2 開啟 https://getbootstrap.com/docs/5.3/forms/form-control/ 網頁，並捲動到下面 Form text 段落後複製範例程式碼，之後進行中文化：

```
<!-- Vue 實例的掛載點 -->
<div id="app" class="container-fluid mt-2">
  <label for="inputPassword5" class="form-label"> 密碼：</label>
  <input
    type="password"
    id="inputPassword5"
    class="form-control"
    aria-labelledby="passwordHelpBlock"
  />
  <div id="passwordHelpBlock" class="form-text">
    密碼必須是 8-20 字元，而且必須包含字母、數字及特殊符號
  </div>
</div>
```

STEP 3 程式碼中，文字顯示元件的內容利用 {{ }} 鬍子模板語法綁定（詳 vue06-01-001-02.html）：

```
<!-- Vue 實例的掛載點 -->
<div id="app" class="container-fluid mt-2">
  <label for="inputPassword5" class="form-label"> 密碼：</label>
```

```html
<input
  type="password"
  id="inputPassword5"
  class="form-control"
  aria-labelledby="passwordHelpBlock"
/>
<div id="passwordHelpBlock" class="form-text">
    {{ emailTip }}
</div>
</div>
```

STEP 4 設計搭配的 Vue 實例的 data（詳 vue06-01-001-03.html）：

```html
<!-- Vue 實例的程式碼 -->
<script>
  const app = Vue.createApp({
    data() {
      return {
        emailTip: " 密碼必須是 8-20 字元，而且必須包含字母、數字及特殊符號 ",
      };
    },
  });
  app.mount("#app");
</script>
```

執行 vue06-01-001-03.html 檔案，其執行結果如下：

典型的行內 HTML 元素（typical inline HTML element），像是 <span> 或是 <small> 都可以加 CSS 的 class 樣式為 .form-text 而成為文字顯示元件。

跟單行顯示很像的是可以輸入文字的文字被加上了 disabled 或者是 readonly 的 CSS 的 class 樣式，而不再具有讓使用者輸入的功能，三者的輸出結果如下（詳 vue06-01-002-01.html），其中僅有 disabled 的文字框中的文字是無法被選取的，其餘二者則是可以選取：

6-2 文字框元件—單列

在「沒化妝」的情形況下，單列文字框就只是指定 type 為 text 的 <input> 標籤，而文字框的內容則保存在 value 屬性中；至於 placeholder 只是提供說明的文字，而文字框的大小則是透過字尾的 -lg 或 -sm 來控制（詳 vue06-02-001-01.html）：

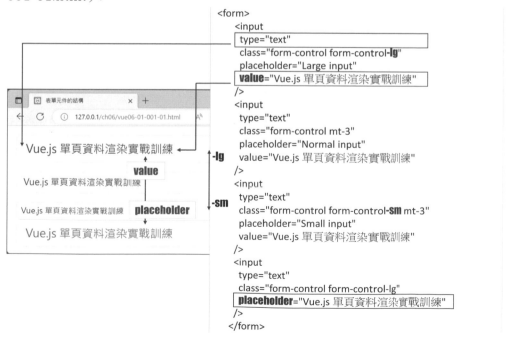

再稍微複雜一點的情況下就是為單列文字框加上一個 <label> 標籤，至於如何讓 <label> 標籤與 <input> 標籤這二個元件形成聯繫，則是透過 <label> 標籤的 for 屬性與 <input> 的 id 屬性使用相同的內容來達成，例如，下圖中數字標示為 1 及 2 的位置即是。

至於為何要為文字框加上一個 <label> 標籤，其目的在於讓使用者只要點選 <label> 標籤的文字時（數字標示為 3 的位置），會將插入點移到單列文字框內（數字標示為 4 的位置），這樣子可以讓使用者除了直接點選文字框外，多了一個可以將滑鼠游標移置文字框的選項：

如果利用 Bootstrap 5 提供的單列文字框元件，因為已經用了各式的 CSS 樣式「上妝」了，其結構就會稍微複雜些，以上一節電子郵件這個單列文字框的結構，我們觀察一下其結構及可能變化其內容而可能搭配 Vue 的地方：

```
<form>
    <div class="mb-3">
      <label
            for="exampleInputEmail1"
             class="form-label">電子郵件信箱
      </label>
      <input
            type="email"
            class="form-control"
            id="exampleInputEmail1"
            aria-describedby="emailHelp"/>
      <div
            id="emailHelp"
            class="form-text">您提供的信箱絕對不外洩</div>
    </div>
    ...
</form>
```

一、 如果在「視覺上」與「取得焦點」上使用了 <label> 標籤，那麼標籤的內
   容必須配合 <input> 的功能做「修正」，例如，上圖的 <label> 標的內容
   為「電子郵件信箱」就是配合其下的 <input> 標籤作為使用者輸入電子郵
   件信箱之用的「視覺上提示」。有與使用者互動的可能。

二、 <input> 標籤的 placeholder 屬性提供了 <input> 用途的填寫說明，因
   此，<input> 標籤的作用不同，這個屬性的內容也要修正，例如上圖的單
   列文字是作為使用者輸入電子郵件信箱之用，因而指定其 placeholder 為
   Enter email。有與使用者互動的可能。

三、 <input> 標籤的種類有很多，因此，配合資料的類型，那麼 type 的值要
   配合調整，例如，上圖的單列文字是作為使用者輸入電子郵件信箱之用，
   因而指定其 type 為 email。由於須由使用者提供資料，「一定」與使用
   者互動的可能。<input> 標籤與 Vue 的資料綁定是採用 v-model 指令的
   「雙向資料綁定」方式進行的。可是要怎麼綁定呢？範例程式中的單列文
   字中並沒有文字，是空白的文字框，這是因為沒有設定 <input> 標籤的
   value 屬性，如果有指定 value 的屬性值，那麼這個值便是單列文字框的
   內容，因此，使用 Vue 的「資料綁定」時，就會綁到這個屬性上：

綜上所述，凡有與使用者互動可能時，皆有客製化訊息的需要。但是作為指 type 屬性者，通常就是要由使用者提供資料，因此「一定」需要綁定資料：

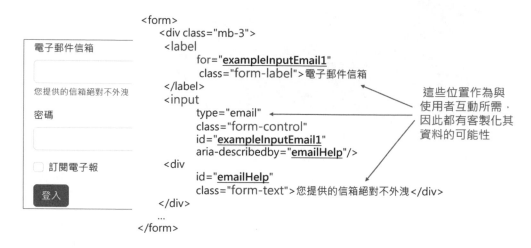

以最完整的資料內容客製化，上述的電子郵件信箱或可設計一個 email 物件來表達，例如：

```javascript
const app = Vue.createApp({
    data() {
     return {
      email: {
       text: "@cybercrime.law",
       labelText: " 電子郵件信箱 ",
       tip: " 您提供的信箱絕對不外洩 ",
      },
     };
    },
});
```

執行結果、程式碼及 Vue 實例三者間的關係如下（詳 vue06-02-002-02.html）：

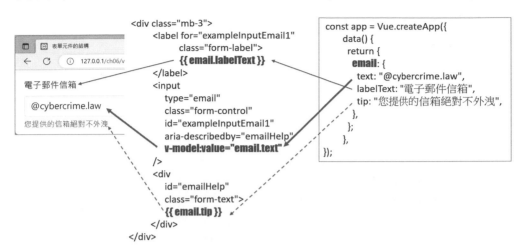

雖然上述的 Label 的功能可以讓使用者藉由點取而提供點選文字框而取得焦點的功能，但是卻會佔用一列的空間。此時可考慮使用浮動標籤：

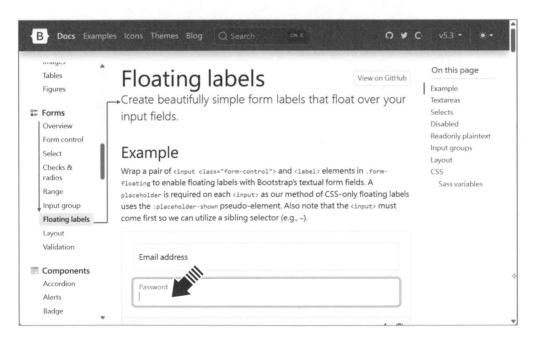

STEP 1 複製 vue01-template-all-in-one-04.html 為 vue06-02-002-03.html，接著加入 <style> 標籤設定微軟正黑體的字體設定：

```
<style>
  body {
    font-family: Microsoft JhengHei;
  }
</style>
```

最後，在 id 為 app 的 <dive> 中加入 class=' container-fluid mt-2' 的屬性。

```
<!-- Vue 實例的掛載點 -->
<div id='app' class='container-fluid mt-2'>
  <form>
  </form>
</div>
```

STEP 2 複製 floating labels 官網的程式碼後修改成中文（詳 vue06-02-002-03.html）：

```
<form>
  <div class="form-floating mb-3">
    <input
     type="email"
     class="form-control"
     id="floatingInput"
     placeholder="name@example.com"
    />
    <label for="floatingInput"> 電子郵件信箱 </label>
  </div>
  <div class="form-floating">
    <input
     type="password"
     class="form-control"
     id="floatingPassword"
     placeholder="Password"
    />
    <label for="floatingPassword"> 密碼 </label>
  </div>
</form>
```

開啟 vue06-02-002-03.html 檔案，其執行結果如下：

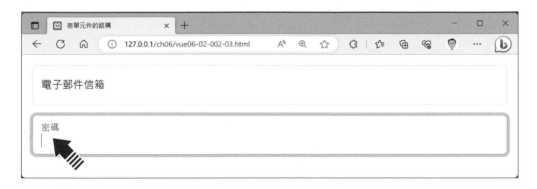

③ 設定 Vue 實例中的 data 並與文字框做綁定（詳 vue06-02-002-04.html）：

```
<form>
  <div class="form-floating mb-3">
   <input
    type="email"
    class="form-control"
    id="floatingInput"
    placeholder="name@example.com"
    v-model="email"
   />
   <label for="floatingInput"> 電子郵件信箱 </label>
  </div>
  <div class="form-floating">
   <input
    type="password"
    class="form-control"
    id="floatingPassword"
    placeholder="Password"
    v-model="password"
   />
   <label for="floatingPassword"> 密碼 </label>
  </div>
</form>
```

相應的 password 及 email 等 data 的設置如下：

```
const app = Vue.createApp({
 data() {
  return {
   password: "",
   email: "",
  };
 },
});
```

表單的目的在於讓使用者提供訊息，因此如果有些訊息是必要的，那麼就要提醒使用者。Bootstrap 5 針對多個不同類型的表單元件設計有這樣的功能 [2]，以單列文字框而言，主要的設置有三：<form> 標籤的 CSS 樣式類別 was-validated、<input> 的 CSS 樣式類別 is-invalid 及 required 屬性（詳 vue006-02-002-05.html）：

```
<form class="was-validated">
 <div class="mb-3">
  <label for="exampleInputEmail1" class="form-label"> 姓名 </label>
  <input
   type="text"
   class="form-control is-invalid"
   id="exampleInputEmail1"
   aria-describedby="emailHelp"
   required
  />
 </div>
</form>
```

開啟 vue006-02-002-05.html 檔案，剛執行時，文字框中並無文字，因此用桃紅色框起來，而且右側尚有提示的圖示，一旦該文字框填有資料時，即轉為綠色的框及右側的圖示：

---

[2] 詳 https://getbootstrap.com/docs/5.0/forms/validation/ 網頁。

6-2-1 橫向配置

目前所舉的釋例，表單元件都是由上而下排列，即使是用來說明文字框的 Label 元件亦是如此。如果想要將 Label 元件與文字框並排呢？

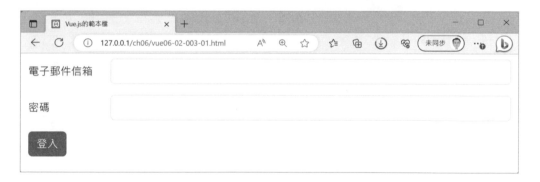

可參考 https://getbootstrap.com/docs/5.3/forms/layout/#horizontal-form 網頁的範例（詳 vue06-02-003-01.html）：

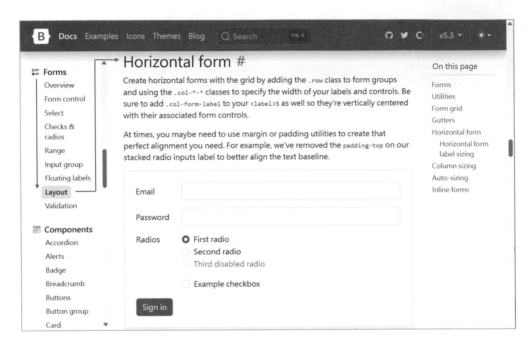

成列排列的關鍵在於同一列的元件用一個 <div> 區塊並指定為 row 的 CSS 樣式來達成，下面程式碼即為上述網頁中的部份程式碼中文化的結果：

```
<form>
  <div class="row mb-3">
    <label for="inputEmail3" class="col-sm-2 col-form-label"
      > 電子郵件信箱 </label
    >
    <div class="col-sm-10">
      <input type="email" class="form-control" id="inputEmail3" />
    </div>
  </div>
  <div class="row mb-3">
    <label for="inputPassword3" class="col-sm-2 col-form-label"
      > 密碼 </label
    >
    <div class="col-sm-10">
      <input type="password" class="form-control" id="inputPassword3" />
```

```
    </div>
  </div>

  <button type="submit" class="btn btn-primary"> 登入 </button>
</form>
```

執行 vue06-02-003-01.html 檔案，其結果如下：

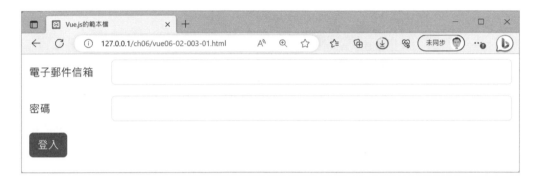

不過，個人比較喜歡使用 input group 的方式，下圖是 input group 所在的 https://getbootstrap.com/docs/5.3/forms/input-group/ 網頁：

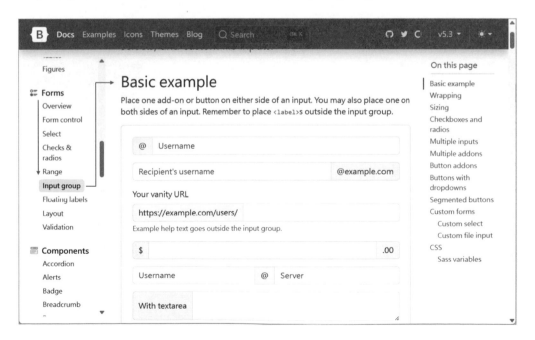

以其中第一個範例為例，其結構與程式碼對照如下：

```
@  Username

<div class="input-group mb-3">
    <span
        class="input-group-text"
        id="basic-addon1">
        @
    </span>
    <input
        type="text "
        class="form-control"
        placeholder="Username"
        aria-label="Username"
        aria-describedby="basic-addon1">
</div>
```

接下來即利用這樣的結構搭配 Font Awesome 完成下面的聯絡表單：

STEP 1 複製 vue01-template-all-in-one-04.html 為 vue06-02-003-02.html，接著加入 <style> 標籤設定微軟正黑體的字體、頁面的背景顏色及文字的顏色設定：

```
<style>
  body {
    font-family: Microsoft JhengHei;
  }
  body{
    background-color:#004080;
  }
  #app {
    color: #0000ff;
  }
</style>
```

最後，在 id 為 app 的 <dive> 中加入 class=' container-fluid mt-2' 的屬性，之後再加上表頭及分隔線等聯絡表單的整體結構。

```
<!-- Vue 實例的掛載點 -->
<div id="app" class="container-fluid mt-2">
  <div class="row justify-content-center">
    <div class="col-6 mt-5 bg-light rounded">
      <h1 class="text-center font-weight-bold text-primary"> 聯絡表單 </h1>
      <hr class="bg-light">
      <h5 class="text-center text-success"></h5>
    </div>
  </div>
</div>
```

此時若開啟 vue06-02-003-02.html 檔案，其結果如下：

STEP 2 複製上述網頁中的第一個範例共三次後,同時加入表頭及分隔線(詳 vue06-02-003-03.html):

```html
<!-- Vue 實例的掛載點 -->
<div id="app" class="container-fluid mt-2">
  <div class="row justify-content-center">
    <div class="col-6 mt-5 bg-light rounded">
      <h2 class="text-center font-weight-bold text-primary"> 聯絡表單 </h2>
      <hr class="bg-light">
      <form>
        <div class="input-group mb-3">
          <span class="input-group-text" id="basic-addon1">@</span>
          <input type="text" class="form-control" placeholder="Username" aria-label="Username" aria-describedby="basic-addon1">
        </div>
        <div class="input-group mb-3">
          <span class="input-group-text" id="basic-addon1">@</span>
          <input type="text" class="form-control" placeholder="Username" aria-label="Username" aria-describedby="basic-addon1">
        </div>
        <div class="input-group mb-3">
          <span class="input-group-text" id="basic-addon1">@</span>
          <input type="text" class="form-control" placeholder="Username" aria-label="Username" aria-describedby="basic-addon1">
        </div>
      </form>
    </div>
  </div>
</div>
```

STEP 3 開啟 https://fontawesome.com/icons 網址到 Font Awesome 網頁以便搜尋要使用的符號。下面的程式碼修改中,除了中文化外,我使用了 user、email 及 chat 等字去搜尋程式中所需的圖示(詳 vue06-02-003-04.html):

```html
<form>
  <div class="input-group mb-3">
    <span class="input-group-text" id="basic-addon1">
      <i class="fa-solid fa-user"></i>
    </span>
```

```
      <input type="text" class="form-control" placeholder=" 您的姓名 " aria-
label="Username" aria-describedby="basic-addon1">
    </div>
    <div class="input-group mb-3">
      <span class="input-group-text" id="basic-addon2">
          <i class="fa-solid fa-envelope"></i>
      </span>
      <input type="text" class="form-control" placeholder=" 您的電子郵件 " aria-
label="email" aria-describedby="basic-addon2">
    </div>
    <div class="input-group mb-3">
      <span class="input-group-text" id="basic-addon3">
          <i class="fa-solid fa-comment-dots"></i>
      </span>
      <input type="text" class="form-control" placeholder=" 您的寶貴意見 " aria-
label="message" aria-describedby="basic-addon3">
    </div>
  </form>
```

完成後開啟 vue06-02-003-04.html 檔案，其結果如下：

前面提及的 floating labels 在 input-group 依然可以使用喔！二者之間的結構
對照如下：

```
<div class="input-group mb-3">
  <span class="input-group-text" id="basic-addon1">@</span>
  <input
      type="text"
      class="form-control"
      placeholder="Username"
      aria-label="Username" aria-describedby="basic-addon1">
</div>
<div class="input-group mb-3">
  <span class="input-group-text">@</span>
  <div class="form-floating">
    <input
        type="text"
        class="form-control"
        placeholder="Username"
        id="floatingInputGroup1" >
    <label for="floatingInputGroup1">帳號</label>
  </div>
</div>
```

從執行結果觀察，使用 floating labels 時，該文字框的 placeholder 的功能會
被其所取代：上一個文字顯示的 Username 是 placeholder 的值，在下一個文
字框中，雖然也有 placeholder，但顯示出來的卻是 <label> 的值（詳 vue06-
02-003-05.html）。

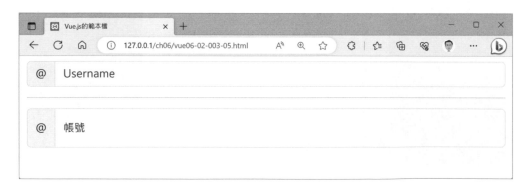

本節最後一個範例是合併上述的二個橫向配置的結構：

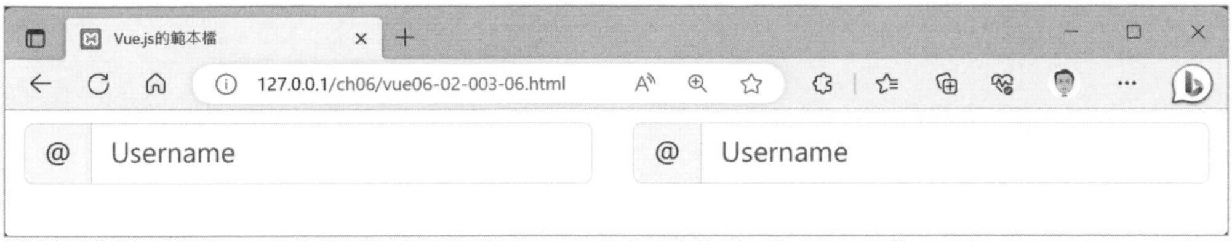

STEP 1 複製 vue01-template-all-in-one-04.html 為 vue06-02-103-01.html。接著最後，在 id 為 app 的 <dive> 中加入 class=' container-fluid mt-2' 的屬性及 <form> 標籤：

```
<!-- Vue 實例的掛載點 -->
<div id='app' class='container-fluid mt-2'>
  <form>
  </form>
</div>
```

STEP 2 複製 Form grid 所在的 https://getbootstrap.com/docs/5.3/forms/layout/ 網頁中的第一個範例（詳 vue06-02-103-02.html）：

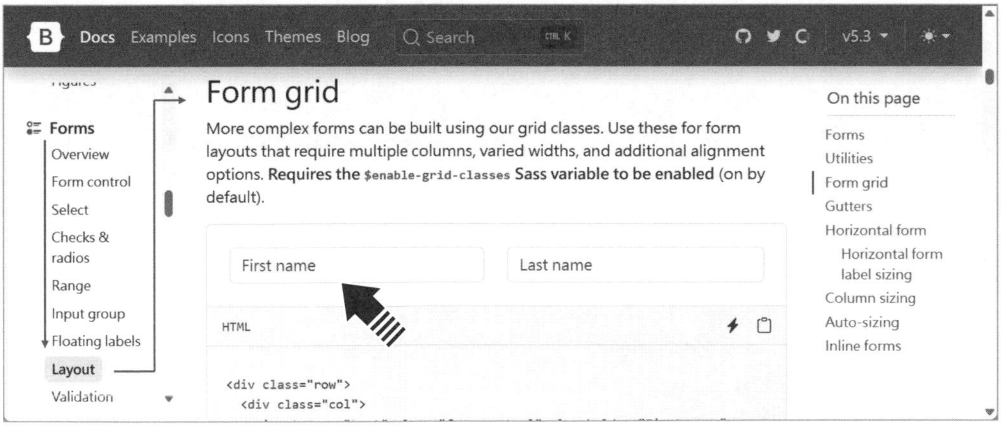

這個結構係利用 Bootstrap 5 的 Grid System（網格系統，橫列直欄形式的結構）以列欄的結構形成，列的 CSS 樣式類別是 row，而欄的 CSS 樣式類別是 col，依此辨識，可知下面的程式碼共使用了一列二欄的結構：

```
<form>
  <div class="row">
```

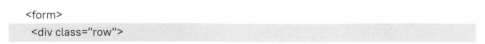

```
      <div class="col">
        <input
          type="text"
          class="form-control"
          placeholder="First name"
          aria-label="First name"
        />
      </div>
      <div class="col">
        <input
          type="text"
          class="form-control"
          placeholder="Last name"
          aria-label="Last name"
        />
      </div>
    </div>
  </form>
```

(STEP 3) 複製 Input group 所在的 https://getbootstrap.com/docs/5.3/forms/layout/
網頁中的 Basic example 段落中的第一個範例的程式碼，然後取代上一步驟
的 col 所在的 <div> 區塊中的 <input> 標籤（詳 vue06-02-103-02.html）：

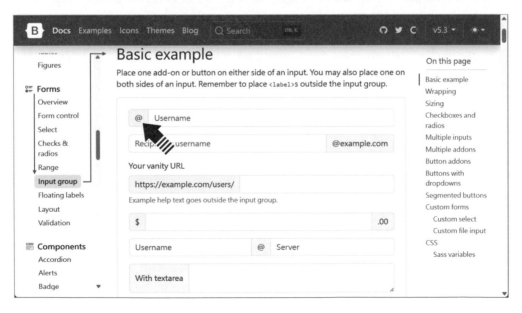

```
<form>
  <div class="row">
    <div class="col">
      <div class="input-group mb-3">
        <span class="input-group-text" id="basic-addon1">@</span>
        <input
          type="text"
          class="form-control"
          placeholder="Username"
          aria-label="Username"
          aria-describedby="basic-addon1"
        />
      </div>
    </div>
    <div class="col">
      <div class="input-group mb-3">
        <span class="input-group-text" id="basic-addon1">@</span>
        <input
          type="text"
          class="form-control"
          placeholder="Username"
          aria-label="Username"
          aria-describedby="basic-addon1"
        />
      </div>
    </div>
  </div>
</form>
```

STEP
3 利用 https://fontawesome.com/search 網頁搜尋 Font Awesome 的小圖
示分別取代範例中的 @。本例使用的是 user 與 email 的圖示（詳 vue06-
02-103-03.html）：

```
<i class="fa-solid fa-user"></i>
```

```
<i class="fa-solid fa-envelope"></i>
```

完成後開啟 vue06-02-103-03.html 檔案，其執行結果如下：

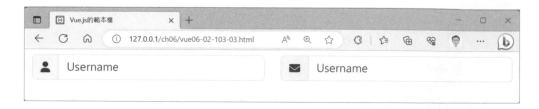

總結其結構如下示意圖：

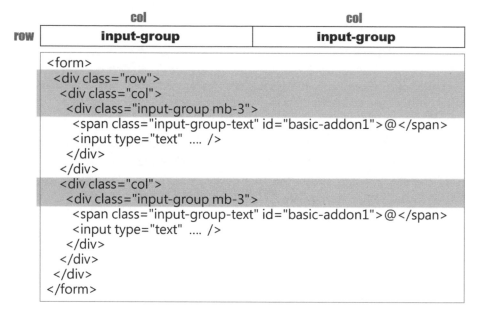

既然最外圍使用的 grid system 的結構，當然不限於只有二欄，應該也可以有三欄：

當然各欄的寬度並不一定要相同，例如（詳 vue06-02-103-04.html）：

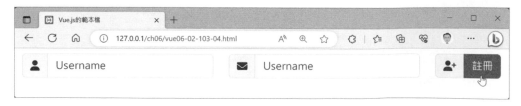

在 input group 官網的範例中,其第三個是最複雜的結構:<label> 標籤、input-group 的 <div> 區塊及 form-text 的 <div> 區塊。

```
<div class="mb-3">
 <label for="basic-url" class="form-label">Your vanity URL</label>
 <div class="input-group">
  <span class="input-group-text" id="basic-addon3">https://example.com/users/</span>
  <input type="text" class="form-control" id="basic-url" …>
 </div>
 <div class="form-text" id="basic-addon4">Example help text goes outside ….</div>
</div>
```

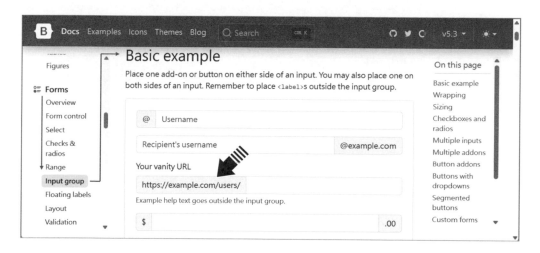

中興大學的單一登入表單顯然與此結構相當:

不過，其 input-group 前的文字顯然較範例為小，很可能是這個結構中將 <label> 標籤與 form-text 的 <div> 區塊互換位置而 <label> 則未使用，形成第三個範例中的修改版（詳 vue06-02-103-05.html）：

```
<div class="mb-3">
 <div class="form-text" id="basic-addon4">（學號或教職員號）</div>
 <div class="input-group">
  <span class="input-group-text" id="basic-addon3"> 使用者 ID：</span>
  <input
   type="text"
   class="form-control"
   id="basic-url"
   aria-describedby="basic-addon3 basic-addon4"
  />
 </div>
</div>
```

6-2-2 不同格式與長度

針對輸入字串的文字框，會因應功能的不同，可以是明碼顯示的文字框（type 的值為 text），也可以是非明碼顯示的密碼（type 的值為 password），還可以設定密碼長度（使用 minlength 屬性），另外還有針對電子郵件（type 的值為 email）可以檢查是否符合電子郵件的格式，還可以是 url 的網址（type 的值是 url），例如下面這個 vue06-02-004-01.html 範例。範例中除了最小字元數的 minlength 外，還有最大字元數的 maxlength 及寬度的 size 設定。

STEP 1 複製 vue01-template-all-in-one-04.html 為 vue06-02-004-01.html，接著加入 <style> 標籤設定微軟正黑體的字體設定：

```
<style>
  body {
    font-family: Microsoft JhengHei;
  }
</style>
```

最後，在 id 為 app 的 <dive> 中加入 class=' container-fluid mt-2' 的屬性。

```
<!-- Vue 實例的掛載點 -->
<div id='app' class='container-fluid mt-2'>
</div>
```

(STEP 2) 加入四個不同 type 的文字框（詳 vue06-02-004-02.html）：

```
<form>
  <div class="mb-3 mt-3">
    <label for="account"> 帳號：</label>
    <input
      type="text"
      class="form-control"
      id="account"
      placeholder=" 請輸入帳號，明碼顯示 "
      name="account"
      minlength="4"
      maxlength="8"
    />
  </div>
  <div class="mb-3 mt-3">
    <label for="email"> 電子郵件信箱：</label>
    <input
      type="email"
      class="form-control"
      id="email"
      placeholder=" 請輸入電子郵件，會檢查格式 "
      name="email"
    />
  </div>
  <div class="mb-3">
    <label for="pwd"> 密碼：</label>
    <input
```

```
      type="password"
      class="form-control"
      id="pwd"
      placeholder=" 請輸入密碼，非明碼顯示，會檢查長度 "
      name="pswd"
      minlength="8"
    />
  </div>
  <div class="mb-3 mt-3">
    <label for="website"> 個人網站：</label>
    <input
      type="url"
      class="form-control"
      id="website"
      placeholder=" 請輸入網址，會檢查格式 "
      name="website"
    />
  </div>
  <button type="submit" class="btn btn-primary"> 登入 </button>
</form>
```

執行 vue06-02-004-02.html 檔案，其結果如下：

帳號的文字框設有最小長度限制，如果在送出表單（即按下登入按鈕）時，會
檢查，例如：

帳號：

> abc

電子郵件信箱：　　　！　請將字數增加至 4 個字元以上 (您目前用了 3 個字
　　　　　　　　　　　　元)。

> 請輸入電子郵件，會檢

如果電子郵件信箱格式不符，亦會有提示：

電子郵件信箱：

> john

密碼：　　　！　請在電子郵件地址中輸入 [@]。[john] 遺漏了 [@]。

> 請輸入密碼，非明碼顯示，會檢查長度

如果網站格式不符，亦會有提示：

個人網站：

> john

登入　　　　　　　　　！　請輸入 URL。

以上的錯誤訊息都會在按下按鈕之後才後逐一出現，時間點有點慢，如果想
要在一離開該文字框時即有提示的效果，可以加入下列的樣式（詳 vue06-02-
004-03.html）：

```
input:invalid {
    background-color:red;
}
```

執行 vue06-02-004-03.html 檔案，請在電子郵件信箱的文字框中隨意輸入，
然後按下鍵盤上的 Tab 鍵離開，其結果如下，該文字的紅色背景即為上述的
設定值：

雖然使用者介面看似提供了一個「檢核機制」，但事實上這就像吃安慰劑一樣。接下來證明一下。

首先，一樣執行 vue06-02-004-02.html 檔案，並於第一個文字框輸入 12345678，接下來就因為長度的限制無法再行輸入了，其結果如下：

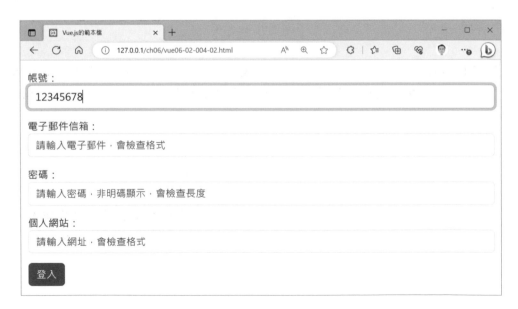

接著開啟開發人員視窗,並且點選該元素後用滑鼠右鍵開啟選單並選擇「編輯屬性」:

接下來將其屬性值由 8 改為 255:

之後再試著從原來 12345678 的後面開始輸入,是否發現已能通行無阻了!

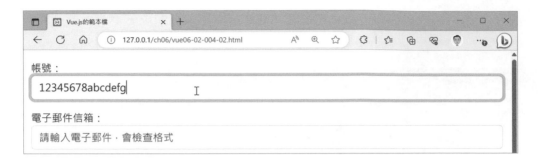

所以，關於限制的設定，只是利用前端的介面是不夠的，仍有漏洞的風險。

6-2-3 修飾符號：trim

利用單列文字框讓使用者輸入資料時，很難保證使用者不會在資料的前或後加了不必要的空白，為避免這種情形發生，可以在原先做資料雙向綁定的 v-model 指令加上 trim 的後綴，也就是 v-model.trim 這樣的綁定方式。

STEP 1 複製 vue01-template-all-in-one-04.html 為 vue06-02-101-01.html，接著加入 <style> 標籤設定微軟正黑體的字體設定：

```
<style>
  body {
    font-family: Microsoft JhengHei;
  }
</style>
```

最後，在 id 為 app 的 <dive> 中加入 class=' container-fluid mt-2' 的屬性。

```
<!-- Vue 實例的掛載點 -->
<div id='app' class='container-fluid mt-2'>
</div>
```

STEP 2 加入二個文字框，並設置一般的雙向綁定的 v-model 指令及去除前後白的 v-model.trim 指令。另外，在最後的 {{ city.length }} -- {{ state.length }} 鬍子語法部份都加上 length 屬性來觀察字串的長度：（詳 vue06-02-101-02.html）：

```
<!-- Vue 實例的掛載點 -->
<div id="app" class="container-fluid mt-2">
```

```
<form>
  <div class="row g-3">
    <div class="col-sm">
      <input
        type="text"
        class="form-control"
        placeholder=" 縣市政府名稱 "
        aria-label="City"
        v-model ="city"
      />
    </div>
    <div class="col-sm">
      <input
        type="text"
        class="form-control"
        placeholder=" 區鎮市公所名稱 "
        aria-label="State"
        v-model.trim="state"
      />
    </div>
  </div>
</form>
{{ city.length }} -- {{ state.length }}
</div>
```

③ 在 Vue 實例中設計相應的 data：（詳 vue06-02-101-03.html）：

```
const app = Vue.createApp({
  data() {
    return {
      city: "",
      state: "",
    };
  },
});
```

開啟 vue06-02-101-03.html 檔案，接著在二個文字框中都輸入相同的字元。雖然我們在二個文字框同樣都是輸入 " □□□□臺中市政府□□ " 字串（□表示一個空白），但是，從最後一列的數字可以發現二者的長度並不相同，這是因為後者的前面 4 個空白及後面 2 個空白被去除了，所以後者的長度就變成 11 減 6 而為 5，因此其執行結果如下：

6-2-4　修飾符號：number，「數值」資料

上面的單列文字框都是輸入字串資料，如果要拿到使用者的「數值」資料要如何做呢？假設 Vue 實例的選項物件的 data 屬性中，定義了二個「數值資料」，分別是 nbr1 與 nbr2（詳 vue06-02-401-01.html）：

```
const app = Vue.createApp({
  data() {
    return {
      nbr1: 0,
      nbr2: 0,
    };
  }
});
```

參考 vue06-02-103-04.html 設計三欄結構的使用者介面，綁定 nbr1 與 nbr2 到二個文字框，從執行結果看起來都是數字：

STEP 1 複製 vue06-02-103-04.html 為 vue06-02-401-01.html，之後依上圖將相關的文字及圖示加以修改，最後，將上述 Vue 實例取代檔案中的 Vue 實例。

STEP 2 利用雙向綁定的 v-model 指令綁定 nbr1 到第一個文字框，nbr2 綁定到第二個文字框：（詳 vue06-02-401-02.html）：

```
<form>
  <div class="row">
   <div class="col-5">
    <div class="input-group mb-3">
     <span class="input-group-text" id="basic-addon1">#1</span>
     <input
      type="text"
      (略)
      v-model="nbr1"
     />
    </div>
   </div>
   <div class="col-5">
    <div class="input-group mb-3">
     <span class="input-group-text" id="basic-addon1">#2</span>
     <input
      type="text"
      (略)
      v-model="nbr2"
     />
    </div>
   </div>
      (略)
   </div>
  </div>
</form>
```

STEP 3 為了讓使用點擊按鈕後可以驅動表單送出的事件，因此要進二處的修改及一個事件處理程序的新增（詳 vue06-02-401-03.html）：

二處的修改如下：其中關於 .prevent，請參考「7-1-5 .prevent 事件修飾符號 (Event Modifiers)」

```html
<form v-on:submit.prevent="onSubmit">
  <div class="row">
    <div class="col-5">
        （略）
    </div>
    <div class="col-5">
        （略）
    </div>
    <div class="col">
      <div class="input-group">
        <span class="input-group-text" id="basic-addon1"
          ><i class="fa-solid fa-calculator"></i
        ></span>
        <button class="btn btn-outline-secondary" type="submit">
        計算
        </button>
      </div>
    </div>
  </div>
</form>
```

配合上述 <form> 的 v-on:submit 指令綁定的 submit 事件及其 onSubmit
處理程序，爰增加 Vue 實例中的相應之 methods：

```javascript
const app = Vue.createApp({
  data() {
    return {
      nbr1: 0,
      nbr2: 0,
    };
  },
  methods: {
    onSubmit() {
      console.log("typeof", typeof this.nbr1 === "number");
      console.log("typeof", typeof this.nbr2 === "number");
      let result = this.nbr1 + this.nbr2;
      alert(`計算的結果是 ${result}`);
    },
  },
});
```

此時開啟 vue06-02-401-03.html 檔案，並分別於文字框數字數：

接下來，按下右側的計算機按鈕，結果卻是「1314」，這感覺好像是二個字串的合併。

而瀏覽器的開發人員工具的主控台的顯示亦表示出 nrb1 與 nbr2 的型別都不是 number（數值），顯示 false 是因為程式中是用比較的方式呈現：

```
const app = Vue.createApp({
  data() {
    return {
      nbr1: 0,
      nbr2: 0,
    };
  },
  methods: {
    onSubmit() {
      console.log("typeof", typeof this.nbr1 === "number");
      console.log("typeof", typeof this.nbr2 === "number");
      let result = this.nbr1 + this.nbr2;
      alert(`計算的結果是 ${result}`);
    },
  },
});
```

沒錯！在預設的情況下，雖然 data 屬性中宣告的是數字性的資料，但使用 v-model 指令進行資料綁定時卻是轉為字串的格式。如果要將資料綁定為數值型別，應該要使用 v-model.number 的格式，亦即為原先的 v-model 指令加上「number」的後綴（詳 vue06-02-401-04.html）：

```
<form v-on:submit.prevent="onSubmit">
  <div class="row">
    <div class="col-5">
      <div class="input-group mb-3">
        <span class="input-group-text" id="basic-addon1">#1</span>
        <input
          type="text"
          （略）
          v-model.number="nbr1"
        />
      </div>
    </div>
    <div class="col-5">
      <div class="input-group mb-3">
        <span class="input-group-text" id="basic-addon1">#2</span>
        <input
          type="text"
          （略）
          v-model.number="nbr2"
```

```
        />
      </div>
    </div>
      （略）
    </div>
  </div>
</form>
```

開啟 vue06-02-401-04.html 檔案，分別輸入 13 與 14 到二個文字框中，接著再點選計算按鈕，其結果則為正數的二數相加：

而瀏覽器的開發人員工具的主控台的顯示，亦表示出 nrb1 與 nbr2 的型別都已經是 number（數值）了：

學過 HTML 的讀者可能會想到，<input> 有一個 type 為 number 的屬性，將 type 改為 number 後，該文字就不能輸入數字以外的文字，而且因為是數字，因而其右側有可以上下增減的按鈕可供使用：

此時可不可以直接設定這樣的屬性再配合 v-model 指令呢？在 Vue 2 版本，答案是不行，但在 Vue 3 則是可以的！大家不妨複製 vue06-02-401-04.html 為 vue06-02-401-05.html，然後設定 type 為 number 的屬性，接著再把 v-model.number 指令改為 v-model 指令試看看。

6-2-5 「日期」資料

下圖行政院人事總處的徵才系統中的有效起迄日期，即是採用日期的挑選器以獲得使用者所提供的日期資料：

如果想要讓使用者輸入日期資料，需要將 <input> 標籤的 type 指定為 date，同樣使用 v-model 指令與 Vue 實例中使用字串的方式定義的資料進行雙向綁定。

接下來，複製 vue01-template-all-in-one-04.html 為 vue06-02-501-01.html，並利用 Bootstrap 5 的 Input group 的第一個範例配合 Font Awesome 下面的使用者介面：

此時若將滑鼠游標停留到文字框中，就可以點選往下箭頭來開啟日期的介面：

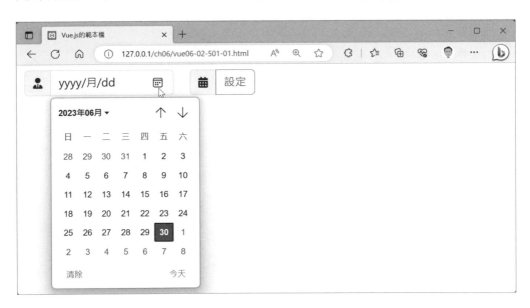

Vue 實例掛載點的使用者介面如下：

```html
<form v-on:submit.prevent="onSubmit">
 <div class="row">
  <div class="col-4">
   <div class="input-group mb-3">
    <span class="input-group-text" id="basic-addon1"
     ><i class="fa-solid fa-user-tie"></i
    ></span>
    <input
     type="date"
```

```
    class="form-control"
    placeholder="Username"
    aria-label="Username"
    aria-describedby="basic-addon1"
    v-model="birthday"
  />
  </div>
 </div>
 <div class="col">
  <div class="input-group">
   <span class="input-group-text" id="basic-addon1"
    ><i class="fa-solid fa-calendar-days"></i
   ></span>
   <button class="btn btn-outline-secondary" type="submit">
    設定
   </button>
  </div>
 </div>
 </div>
</form>
```

配合 Vue 實例掛載點的 birthday 綁定，設計 Vue 實例的 data：

```
const app = Vue.createApp({
 data() {
  return {
   birthday: "",
  };
 }
});
```

開啟 vue06-02-501-01.html 檔案，執行後挑選日期，該日期即會顯示在文字框中：

從結果看起來，以「字串」型態設計的 birthday 與 type 指定為 date 的文字似乎搭配起來並無問題。為了觀察使用者挑選的日期的型態，配合設計了 submit 的事件處理程序：

```
const app = Vue.createApp({
  data() {
    return {
      birthday: "",
    };
  },
  methods: {
    onSubmit() {
    console.log("birthday = ", this.birthday);
    console.log("type of string", typeof this.birthday === "string");

    var d = new Date(this.birthday.toString());
    console.log("type of date", d instanceof Date);
    },
  },
});
```

再開啟 vue06-02-501-01.html 檔案，執行後挑選日期，並觀察瀏覽器的開發人員工具的主控台視窗，其結果如下。由結果與程式碼的對照可知，使用者雖然藉由日期挑選器選定了日期，但其綁定在字串型別的 birthday 時，其資料型別仍為字串。如果程式中需要使用此字串作為日期型別使用時，需再經過後續的加工處理：

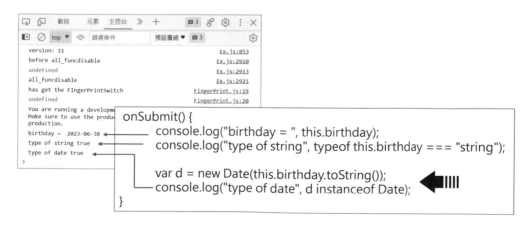

如果將原先字串型別的 birthday 改為日期型別，並新增 created() 的生命週期
函式觀察其型別（詳 vue06-02-501-02.html）：

```
const app = Vue.createApp({
 data() {
  return {
   birthday: new Date(),
  };
 },
 methods: {
  (略)
  },
 },
 created() {
  console.log("type of date", this.birthday instanceof Date);
 },
});
```

修改後，再重新操作一次，其結果如下：一開始可以確定的是 birthday 的資
料型別為 Date。但是即使原先綁定的資料型別為日期型別，挑選後的日期的
值，其資料型別仍舊是字串。

6-3 文字框元件—多列

下圖是網路攻略網頁 [3] 中的留言區塊表單，其中用來填寫問題的欄位如果只是用單列的文字框顯然是不夠的，此時便需要使用多列的 <textarea> 標籤才適合。

發佈留言

發佈留言必須填寫的電子郵件地址不會公開。必填欄位標示為 *

多列文字
區塊

    請在這裡輸入內容...

單列文字

姓名 *   電子郵件地址 *   網站網址

☐ 在**瀏覽器**中儲存顯示名稱、電子郵件地址及個人網站網址，以供下次發佈留言時使用。

發佈留言 »

沒有「上妝」的 <textarea> 標籤的結構一樣很簡單，甚至不用像單列文字框要加上 type 屬性（因為其標籤名已明示其使用者介面的外觀）。

不過，由於是多列的文字框，由 https://getbootstrap.com/docs/5.3/forms/floating-labels/#textareas 網頁可知，其較單列文字框多出了用來指定列數 height 屬性，而且視覺上的差異如上圖右下角的符號：

---

[3] https://networker.tw/wordpress-page-builders/。

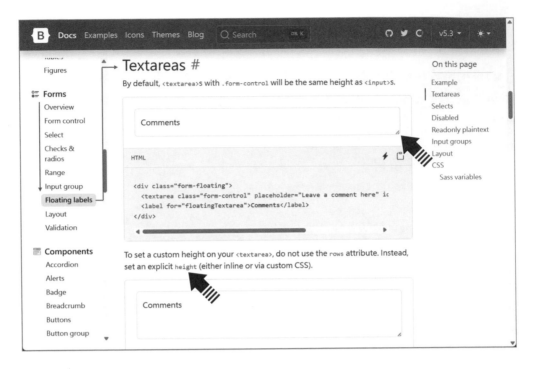

開啟 vue06-03-001-01.html 檔案,由其執行結果可知此元件也有支援 floating labels 的功能,而且其右下角的圖亦可拖曳而變化其高度:

```
<div class="form-floating">
  <textarea
    class="form-control"
    placeholder="Leave a comment here"
    id="floatingTextarea2"
    style="height: 100px"
  ></textarea>
  <label for="floatingTextarea2"> 請寫下您寶貴的意見 </label>
</div>
</form>
```

上面程式碼一樣有設置 placeholder 屬性，但與前面說的一樣，因為利用了
<label> 標籤作為 float labels，因此亦發生作用。

6-4 多選的核對框 Checkbox

Checkbox 在網頁設計上是一個常被用來設定供選擇的元件，例如行政院人事
總處的徵才系統中的特殊條件，就是由多個 Checkbox 所組成：

「沒上妝 [4]」的 Checkbox，就只是一個 type 屬性指定為 checkbox 的 <input>
標籤（詳 vue06-04-001-01.html）：

4　這裡指的是使用標準的 HTML 時而言。

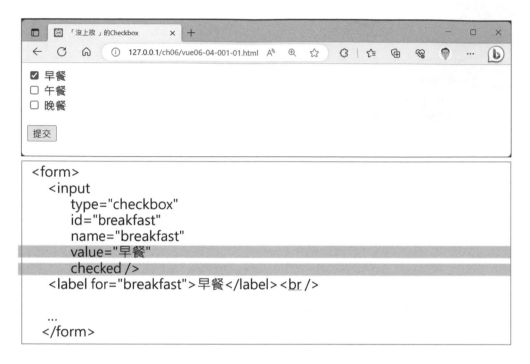

```
<form>
    <input
        type="checkbox"
        id="breakfast"
        name="breakfast"
        value="早餐"
        checked />
    <label for="breakfast">早餐</label><br />

    ...
    </form>
```

主要的屬性有二個：一個是在「視覺」上呈現勾選與否效果的 checked，另外一個則是勾選之後可供利用的值為何的 value。以上這個二個值即是用來雙向綁定之位置。例如，下面這個範例中，當某個 checkbox 被選取之後，其值會被放到陣列中，取消選取時，其值會從陣列中移除（詳 vue06-04-002-01. html）：

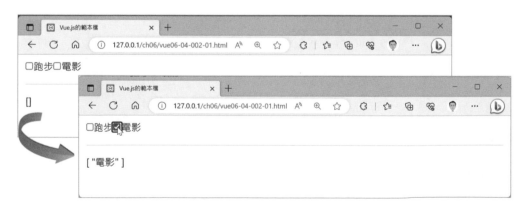

對應的程式碼如下，使用者介面部份做了 running 與 movie 的資料綁定與 change 事件繫結，而處理邏輯的部份使用了 event 這個預設的事件參數（詳 vue06-04-002-01.html）：

```
<!-- Vue實例的掛載點 -->                 使用者介面
<div id="app" class="container-fluid mt-2">
  <form>
    <input
      type="checkbox" id="hobbyRunning"
      value="跑步"
      v-model:checked="running"
      @change="update"/>
    <label for="hobbyRunning">跑步</label>

    <input
      type="checkbox " id="hobbyMovie"
      value="電影"
      v-model:checked="movie"
      @change="update"/>
    <label for="hobbyMovie">電影</label>
    <hr />
    {{ values }}
  </form>
</div>
```

```
const app = Vue.createApp({          處理邏輯
  data() {
    return {
      running: false,
      movie: false,
      values: [],
    };
  },
  methods: {
    update(event) {
      let checked = event.target.checked;
      let value = event.target.value;
      if (checked) {
        this.values.push(value);
      } else {
        let index = this.values.indexOf(value);
        if (index > -1) {
          this.values.splice(index, 1);
        }
      }
    },
  },
});
```

上述程式的設計方式，在經由 change 事件繫結之後，可以在每個 checkbox 的勾選狀態改變的情況下進行想要的處理。

由於 checkbox 經常是多個構成一組，而我們感興趣的是整組的結果而不在於其中個別 checkbox 的狀態改變時，例如，要讓使用者勾選興趣的那組 checkbox，我們在乎的是整組的結果，以上例而言，只想知道整組的結果時，checked 屬性就應該雙向綁定一個陣列，經過綁定到一個陣列之後，「屬於同陣列」的 checkbox 自然構成一組，Vue.js 會自動幫我們維護該陣列的內容，也就是以 checkbox 的 value 屬性構成的陣列元素。

下面程式碼即是依此想法所改寫後的結果，使用者介面唯一改變的就是 v-model 與 values 陣列的資料雙向綁定，而處理邏輯就只剩下 values 陣列。注意：此時不可以用 v-model:checked，而是 v-model；另外，v-model 所綁定的陣例的元素會是由各個 checkbox 的 value 值所提供（詳 vue06-04-002-02.html）：

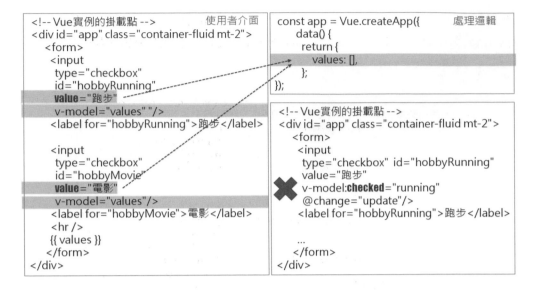

```
<!-- Vue實例的掛載點 -->                    使用者介面
<div id="app" class="container-fluid mt-2">
  <form>
    <input
      type="checkbox"
      id="hobbyRunning"
      value="跑步"
      v-model="values" "/>
    <label for="hobbyRunning">跑步</label>

    <input
      type="checkbox"
      id="hobbyMovie"
      value="電影"
      v-model="values"/>
    <label for="hobbyMovie">電影</label>
    <hr />
    {{ values }}
  </form>
</div>
```

```
const app = Vue.createApp({            處理邏輯
  data() {
    return {
      values: [],
    };
});
```

```
<!-- Vue實例的掛載點 -->
<div id="app" class="container-fluid mt-2">
  <form>
    <input
      type="checkbox" id="hobbyRunning"
      value="跑步"
      v-model:checked="running"
      @change="update"/>
    <label for="hobbyRunning">跑步</label>

    ...
  </form>
</div>
```

總結一下：如果是使用單一 checkbox 或是整組的 checkbox，但是要逐個逐個處理的話，那麼 v-model:checked 綁定的是真假值，如果是整組多個 checkbox 的話，那麼 v-model 綁定的是一個陣列，而陣列的元素則是由多個 checkbox 的 value 構成。

至於「上妝」後的 Bootstrap 5 的 Check Box 元件，在 https://getbootstrap.com/docs/5.3/forms/checks-radios/ 網頁中 Form 元件頁面的「Checkboxes and radios」段落範例程式碼：

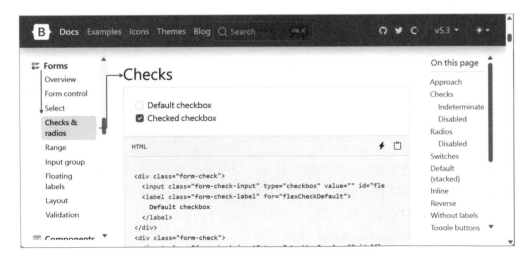

摘錄第一個 check box，觀察其元件結構如下：

```
<div class="form-check">          *form-check的CSS樣式
  <input
     class="form-check-input"     *form-check-input的CSS樣式
     type="checkbox"              *指定type屬性為checkbox
     value=""                     *可以資料綁定的屬性
     id="flexCheckDefault">
  <label                          *<label>標籤的for一樣要對齊<input>
     class="form-check-label"        標籤的id
     for="flexCheckDefault">
        Default checkbox          *與單列文字框不同，check box是先
  </label>                           寫<input>標籤，再寫<label>標籤
</div>
```

這一節首先要來實作以 Checkbox 元件構成的「待辦事項」的網頁：

從上圖左側 Checkbox 勾選與否搭配下方 done 的值，各位不難發現，Checkbox 的傳回值的資料型別是「真假值 Boolean」。

STEP 1 複製 vue01-template-all-in-one-04.html 為 vue06-04-003-01.html，接著加入 <style> 標籤設定微軟正黑體的字體設定：

```
<style>
  body {
    font-family: Microsoft JhengHei;
  }
</style>
```

最後，在 id 為 app 的 \<dive\> 中加入 class=' container-fluid mt-2' 的屬性。

```
<!-- Vue 實例的掛載點 -->
<div id='app' class="container-fluid mt-2">

</div>
```

STEP 2 在 Vue 實例中加入下列關於三筆「待辦事項」構成的 todos 陣列的程式碼：每一個待辦事項物件都由表示序號的 id、完成與否的 done 及待辦內容的 content 等三個屬性所組成（詳 vue06-04-003-02.html）：

```
const app = Vue.createApp({
  data() {
    return {
      todos: [
        {
          id: "1",
          content: " 參加大數據研討會 ",
          done: false,
        },
        {
          id: "2",
          content: " 前往好友五十大壽 ",
          done: false,
        },
        {
          id: "3",
          content: " 擔任 Vue 前端講師 ",
          done: true,
        },
      ],
    };
  },
});
```

STEP 3 在 id 為 app 的 Vue 實例的掛載點內加入下列關於三列的版面配置的程式碼（詳 vue06-04-003-03.html）：

```
<!-- Vue 實例的掛載點 -->
<div id='app' class="container-fluid mt-2">
```

```
    <div class="row">
    </div>

    <div class="row text-center">
      <div class="col">
      </div>
    </div>
    <hr />
  </div>
```

④ 加入 v-model 指令進行「雙向資料綁定」的程式碼：

① 在第一列利用 Bootstrap 5 的 Alert 元件及 Badge 元件組合成的使用者介面，同時 Badge 元件的內容利用 Vue 實例的 todos 陣列長度做資料的綁定，使用的是 {{ todos.length }} 鬍子模板語法（詳 vue06-04-003-04.html）：

Alert 元件的網址：https://getbootstrap.com/docs/5.3/components/alerts/#examples

Badge 元件的網址：https://getbootstrap.com/docs/5.3/components/badge/#examples

```
<!-- Vue 實例的掛載點 -->
<div id='app'>
  <div class="container-fluid mt-2">
    <div class="row">
      <div class="alert alert-success w-100 text-center" role="alert">
        待辦事項
        <span
          class="badge text-bg-primary">
            {{ todos.length }}
        </span>
      </div>
    </div>

    <div class="row text-center">
      <div class="col">

      </div>
    </div>
    <hr />
  </div>
</div>
```

此時如果開啟 vue06-04-003-04.html 檔案，會看到下面這個結果，數字 3 的位置就是包在 Badge 元中的 {{ todos.length }} 鬍子模板語法的結果：

② 在第二列的外圍包一個用 v-for 指令取出所有 todos 陣列元素的 `<div>`（詳 vue06-04-003-05.html）。

```html
<!-- Vue 實例的掛載點 -->
<div id='app'>
  <div class="container-fluid mt-2">
    <div class="row">
      <div class="alert alert-success w-100 text-center" role="alert">
        待辦事項
        <span
          class="badge badge-pill badge-primary">
            {{ todos.length }}
        </span>
      </div>
    </div>
    <div v-for='todo in todos'>
      <div class="row text-center">
        <div class="col">

        </div>
      </div>
    </div>
    <hr />
  </div>
</div>
```

③ 在第二列最內層的 `<div>` 中加入 Checkbox 元件，並進行與 todo 物件的相關屬性進行資料綁定。由於 checkbox 是勾選與否的二種狀態之一，因

此與 todo 的 done 屬性做資料綁定,而 <label> 標籤的內容則與 todo 的
content 屬性做資料綁定(詳 vue06-04-003-06.html)。

Checkbox 元件的網址:https://getbootstrap.com/docs/5.3/forms/checks-radios/

```html
<!-- Vue 實例的掛載點 -->
<div id='app'>
  <div class="container-fluid mt-2">
    <div class="row">
      <div class="alert alert-success w-100 text-center" role="alert">
        待辦事項
        <span
          class="badge badge-pill badge-primary">
            {{ todos.length }}
        </span>
      </div>
    </div>
    <div v-for='todo in todos'>
      <div class="row text-center">
        <div class="col">
          <div class="form-check">
            <input
              class="form-check-input"
              v-model='todo.done'
              type="checkbox"
              value=""
              v-bind:id="todo.id">
            <label
              class="form-check-label"
              v-bind:for="todo.id">
              {{ todo.content}}
            </label>
          </div>
        </div>
      </div>
    </div>
    <hr />
  </div>
</div>
```

此時如果開啟 vue06-04-003-06.html 檔案，會看到下面這個結果，由於 dotos 陣列中，只有第二個物件的 done 屬性為 true，因此，與其資料綁定的 checkbox 的狀態為「勾選」：

由於本例在 row 的 <div> 中使用了 text-center 而造成上述 Checkbox 的圖示與文字分離的情況，為解決這個問題，請在 <style> 中加入（詳 vue06-04-003-07.html 檔案）：

```
.form-check .form-check-input {
    float: none;
}
```

此時再開啟 vue06-04-003-07.html 檔案，會看到下面這個結果：

④ 最後，在第三列的位置，也就是 <hr/> 標籤的後面加入 {{ todos }} 鬍子模板語法，加入這個語法的目的只是要用來觀察當我們在改變 Checkbox 的值時，Vue 實例的 todos 陣列中的元素的 done 屬性值是否被同步改變（詳 vue06-04-003-08.html）。

此時如果開啟 vue06-04-003-08.html 檔案，會看到下面這個結果：

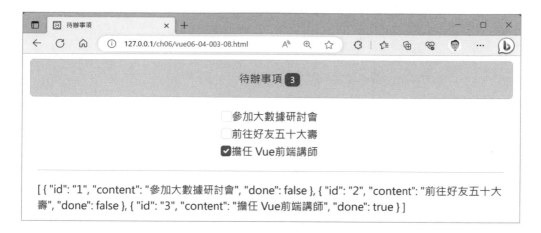

試著點選第一個 Checkbox，此時 Checkbox 是被勾選的，所以觀察一下下方第一個 done 的值應為 true：

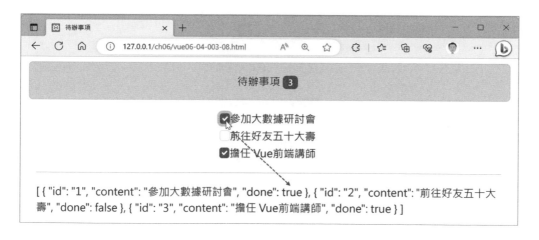

最後，利用 v-if 指令及 v-else 指令搭配 Checkbox 的值做 Font Awesome 的內容的切換。請在 form-check 這個 <div> 中加入 v-if 指令及 v-else 指令構成的程式碼（詳 vue06-04-003 -09.html）：

```
<div class="form-check">
  <input class="form-check-input"
    v-model='todo.done'
    type="checkbox"
    value=""
```

```
        v-bind:id="todo.id">
        <span v-if='todo.done'>
          <i class="fa-solid fa-circle-check"></i>
        </span>
        <span v-else>
          ><i class="fa-solid fa-list-check"></i>
        </span>
      <label class="form-check-label" :for="todo.id">
        {{ todo.content}}
      </label>
</div>
```

開啟 vue06-04-003-09.html 檔案，下面執行的效果：勾選與否所使用的圖示
會有所不同，強化了 Checkbox 的「視覺化效果」。

雖然可以加上其他圖示，可是與原來的圖示一同顯示，造成視覺上有些混亂！
如果可以將預設的圖示拿掉即可解決這個問題。想要這樣做時，請為其加上
visually-hidden 的 CSS 樣式 class（詳 vue06-04-003-10.html）：

```
      <input
        class="form-check-input visually-hidden"
        v-model="todo.done"
        type="checkbox"
        value=""
        :id="todo.id"
      />
```

完成後再開啟 vue06-04-003-09.html 檔案，其執行結果如下：

[{ "id": "1", "content": "參加大數據研討會", "done": false }, { "id": "2", "content": "前往好友五十大壽", "done": false }, { "id": "3", "content": "擔任 Vue前端講師", "done": true }]

6-5 單選的選項按鈕 Radio Button

下圖是某個公文系統表單的一部份，其中的「下一執行流程為」就是可以讓使用者進「多選一」的選項按鈕 Radio Button：

透過多選一的機制，便可分組設計功能選項，例如下面利用 Radio 設計三組不同的選項組：

「沒上妝」的 Radio Button，就只是一個 type 屬性指定為 radio 的 <input> 標籤，主要的屬性有二個：一個是在「視覺」上呈現選取與否效果的 checked，另外一個則是勾選之後可供利用的值為何的 value（詳 vue06-05-001-01.html）。

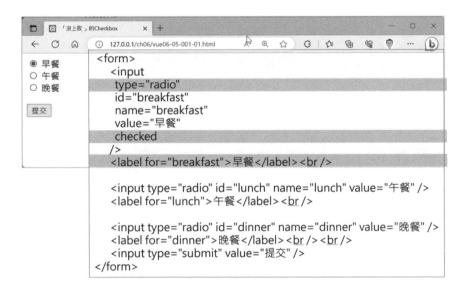

從單一個的 Radio Button 標籤的結構來看，除了與 Checkbox 在 type 屬性的指定值不一樣外，另外還有一個重大的差異會在多個 Radio Button 一起呈現時，是多選一的「單選題」；而多個 Check Box 一起呈現時，則是多選多的「複選題」：

由於多個 Radio Button 一起呈現時，是多選一的「單選題」，彼此是互斥的，因此資料綁定的就不會是陣列而是單一值，例如，將 vue06-04-002-02.htmll 中的 type 全部由 checkbox 改為 radio，values 陣列改為值為第一個 radio button 的 value 值（詳 vue06-05-002-01.html）：

```
<!-- Vue實例的掛載點 -->                    使用者介面
<div id="app" class="container-fluid mt-2">
  <form>
    <input
      type="radio"
      id="hobbyRunning"
      value="跑步 "
      v-model="values" />
    <label for="hobbyRunning">跑步</label>

    <input
      type="radio"
      id="hobbyMovie"
      value="電影 "
      v-model="value" />
    <label for="hobbyMovie">電影</label>

    <hr />

    {{ values }}
  </form>
</div>
```

```
const app = Vue.createApp({         處理邏輯
  data() {
    return {
      value: '跑步',
    };
});
```

由於二個 radio button 都綁到 value 字串，而因為第一個 radio button 的 value 值與該字串的值「相同」，因此，網頁開啟時，第一個 radio button 就會呈現選取的狀態：

如果點選「電影」，那麼 values 綁定的值就會變成第二個 radio button 的 value 的值，也就是電影：

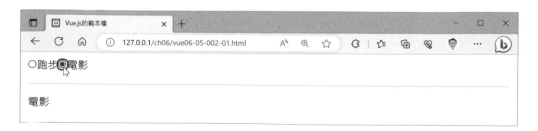

由此可知，如果在 Vue 實例中的 value 的初值為「空字串」，那麼執行時因為未與任何 radio 的 value 屬性相符合，故沒有任何 radio 元件呈現被選取的狀態（詳 vue06-05-002-02.html）：

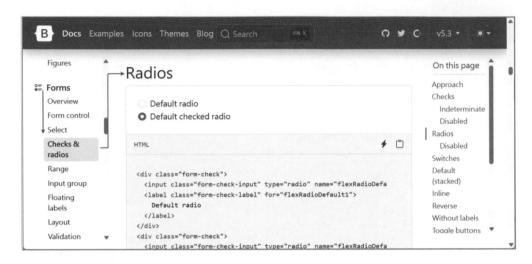

至於「上妝」後的 Bootstrap 5 的 Radio Button 元件在 https://getbootstrap.com/docs/5.3/forms/checks-radios/ 網頁的 Form 元件頁面的「Checkboxes and radios」段落範例程式碼：

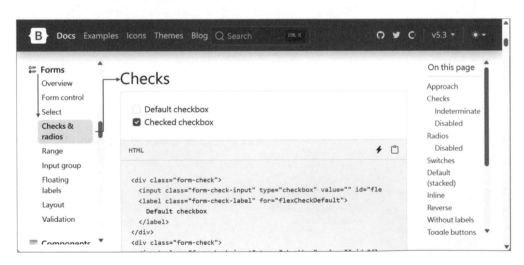

觀察範例程式碼，對比一下與 Checkbox 元件的結構，其差異處僅在於 type 屬性的指定值不同而已：

```
<div class="form-check">         *form-check的CSS樣式
  <input
    class="form-check-input"     *form-check-input的CSS樣式
    type="radio"                 *指定type屬性為radio
    value="">                    *可以資料綁定的屬性
    id="flexCheckDefault1">
  <label                         *<label>標籤的for一樣要對齊<input>
    class="form-check-label"        標籤的id
    for="flexCheckDefault1">     *與單列文字框不同，radio 是先寫
    Default radio                   <input>標籤，再寫<label>標籤
  </label>
</div>
```

這一節的範例，首先利用 Radio Button 單選的特性來來實作最高學歷的設定：

（STEP 1）複製 vue01-template-all-in-one-04.html 為 vue06-05-003-01.html，接著加入 <style> 標籤設定微軟正黑體的字體設定：

```
<style>
  body {
    font-family: Microsoft JhengHei;
  }
</style>
```

最後，在 id 為 app 的 <dive> 中加入 class=' container-fluid mt-2' 的屬性。

```
<!-- Vue 實例的掛載點 -->
<div id='app' class="container-fluid mt-2">

</div>
```

STEP 2 在 Vue 實例中加入下列選項物件對於 data 屬性的定義，其中 selected 用來取得使用者在 Radio Button 元件做的選擇，而 schools 陣列則是用來渲染 Radio Button 的內容（詳 vue06-05-003-02.html）：

```
const app = Vue.createApp({
  data() {
    return {
      selected: "",
      schools: [
        {
          id: "1",
          name: " 中正 ",
          region: " 嘉義 ",
        },
        {
          id: "2",
          name: " 臺大 ",
          region: " 臺北 ",
        },
        {
          id: "3",
          name: " 中興 ",
          region: " 臺中 ",
        },
      ],
    };
  },
});
```

STEP 3 在 id 為 app 的 Vue 實例的掛載點內加入下列關於三列的版面配置的程式碼（詳 vue06-05-003-03.html）：

```
<!-- Vue 實例的掛載點 -->
<div id='app' class="container-fluid mt-2">
  <div class="row">
  </div>

  <div class="row text-center">
    <div class="col">
```

```
        </div>
    </div>

    <hr />
</div>
```

(STEP 4) 加入 v-model 指令進行雙向資料綁定的程式碼。

① 在第一列利用 Bootstrap 5 的 Alert 元件（https://getbootstrap.com/docs/5.3/components/alerts/#examples 網址）標示「最高學歷」（詳 vue06-05-003-04.html）：

```
<!-- Vue 實例的掛載點 -->
<div id='app' class="container-fluid mt-2">
  <div class="row">
    <div class="alert alert-success w-100 text-center" role="alert">
      最高學歷
    </div>
  </div>

  <div class="row text-center">
    <div class="col">
    </div>
  </div>
  <hr />
</div>
```

此時開啟 vue06-05-003-04.html 檔案，其執行結果如下：

② 在第二列的外圍包一個用 v-for 指令取出所有 schools 陣列元素的 <div>（詳 vue06-05-003-05.html）。

```
<!-- Vue 實例的掛載點 -->
<div id='app' class="container-fluid mt-2">
  <div class="row">
    <div class="alert alert-success w-100 text-center" role="alert">
      最高學歷
    </div>
  </div>
  <div v-for='school in schools'>
    <div class="row text-center">
      <div class="col">

      </div>
    </div>
  </div>
  <hr />
</div>
</div>
```

③ 在第二列最內層的 <div> 中加入 Radio Button 元件，並對 Radio Button 元件進行雙向資料綁定時針對下面二個 Vue 指令進行設定（詳 vue06-05-003-06.html）：

（1）v-bind:value="school.region"：表示使用者在 Radio Button 元件選擇時，會傳遞出來的值，亦即可供利用的值，本例會傳出 school 物件的 region 屬性值。

（2）v-model='selected'：表示使用者在 Radio Button 元件選擇時，傳遞出來的值會流向 Vue 實例的 selected。

```
<!-- Vue 實例的掛載點 -->
<div id='app' class="container-fluid mt-2">
  <div class="row">
    <div class="alert alert-success w-100 text-center" role="alert">
      最高學歷
    </div>
  </div>
  <div v-for='school in schools'>
    <div class="row text-center">
      <div class="col">
```

```html
<div class="form-check">
  <input
    class="form-check-input"
    type="radio"
    v-model='selected'
    :value="school.region"
    :id="school.id"
    name="exampleRadios">
  <label class="form-check-label" for="exampleRadios3">
    {{ school.name }}
  </label>
</div>
      </div>
    </div>
  </div>
  <hr />
</div>
```

此時如果開啟 vue06-05-003-06.html 檔案，會看到下面這個結果：

由於本例在 row 的 <div> 中使用了 text-center 而造成上述 radio 的圖示與文字分離的情況，為解決這個問題，請在 <style> 中加入（詳 vue06-05-003-07.html）：

```css
.form-check .form-check-input {
    float: none;
}
```

此時再開啟 vue06-05-003-07.html 檔案，會看到下面這個結果：

④ 最後，在第三列的位置，也就是 `<hr/>` 標籤的後面加入 `{{ selected }}` 鬍子模板語法，加入這個語法的目的只是要用來觀察當我們在改變 Radio Button 的值時，Vue 實例的 selected 屬性值是否被同步改變（詳 vue06-05-003-08.html）。

此時如果開啟 vue06-05-003-08.html 檔案，會看到下面這個結果：

當我們點選「中正」時，下方出現「嘉義」，這是因為我們的程式碼利用 `v-bind:value="school.region"`，這表示使用者在 Radio Button 元件選擇時，會傳遞出來的值，本例會傳出 school 物件的 region 屬性值，所以，點選「中正」時，region 的值是「嘉義」，而這個值則是因為我們利用 `v-model='selected'`，所以，「嘉義」這個值，會傳遞出來並流向 Vue 實例的 selected。

6-6 下拉選單 Select 元件

相較於 Checkbox 而言，下拉選單在網頁設計上一樣是一個常被用來設定供選擇的元件，但卻佔用較少版面空間，例如行政院人事總處的徵才系統中的人員區分即是採用下拉選單 Select 元件：

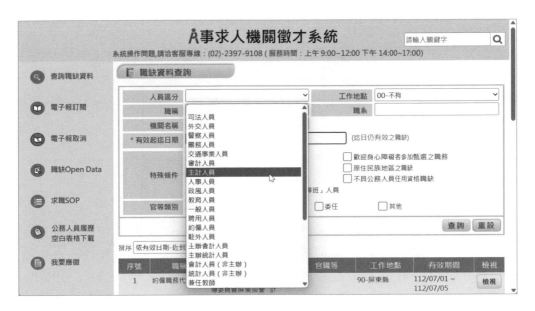

「未上妝」的下拉清單是由 <select> 標籤包住一群作為選項用途的 <option> 標籤所形成，其中第一個 <option> 通常是秀出該下拉清單的作用，因此其 value 屬性會使用空白，而其他 <option> 標籤的 value 屬性則是被選取之後供程式使用的值（詳 vue06-06-001-01.html）：

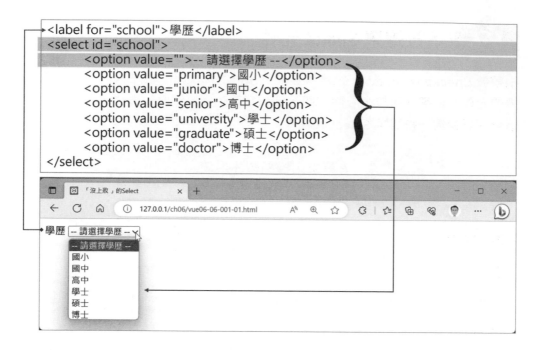

```
<label for="school">學歷</label>
<select id="school">
        <option value="">-- 請選擇學歷 --</option>
        <option value="primary">國小</option>
        <option value="junior">國中</option>
        <option value="senior">高中</option>
        <option value="university">學士</option>
        <option value="graduate">碩士</option>
        <option value="doctor">博士</option>
</select>
```

將 <select> 標籤利用 v-model 指令雙向資料綁定到某一個字串後，使用在下拉清單做選擇時，被選到的那一個 <option> 標籤的 value 屬性的值就會被取得，下面是選到「博士」選項後，傳回的 doctor（詳 vue06-06-001-02.html）：

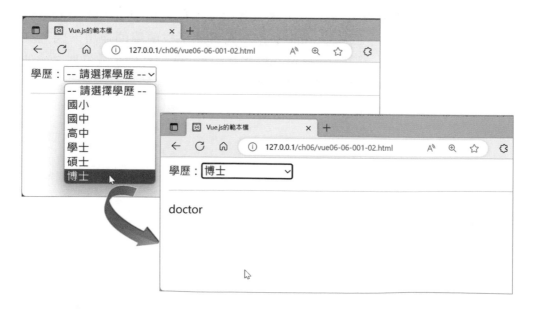

對應的使用者介面與處理邏輯如下：

```
<!-- Vue實例的掛載點 -->                         使用者介面
  <div id='app'>
    <label for="school">學歷： </label>
    <select id="school" v-model='selected'>
      <option value="">-- 請選擇學歷 --</option>
      <option value="primary">國小</option>
      <option value="junior">國中</option>
      <option value="senior">高中</option>
      <option value="university">學士</option>
      <option value="graduate">碩士</option>
      <option value="doctor">博士</option>
    </select>

    <hr />
    {{ selected }}
  </div>
```

```
const app = Vue.createApp({               處理邏輯
  data() {
    return {
      selected: "",
    };
  },
});
```

由於 <select> 標籤是由多個 <option> 標籤所組成，顯然 v-for 指令可用來動態渲染出 <select> 的下拉清單，例如，下面程式碼利用 schools 陣列渲染出下拉清單中的選項（詳 vue06-06-001-03.html）：

```
<!-- Vue實例的掛載點 -->                         使用者介面
  <div id='app'>
    <label for="school">學歷： </label>
    <select id="school" v-model='selected'>
      <option value="">-- 請選擇學歷 --</option>
      <option
          v-for='school in schools' :key:'school.id'
          :value='school.value'>
          {{ school.text }}
      </option>
    </select>

    <hr />
    {{ selected }}
  </div>
```

```
const app = Vue.createApp({               處理邏輯
  data() {
    return {
      selected: '',
      schools: [
        {
          id: '1',
          text: '國小',
          value: 'primary'
        },
        {
          id: '2',
          text: '國中',
          value: 'junior'
        },
        ...,
        {
        }
      ]
    }
  }
})
```

至於「上妝」後的 Bootstrap 5 的 Select 元件在 https://getbootstrap.com/docs/5.3/
forms/select/#default 網頁的 Form 元件頁面介紹中，分成單選與複選二種，下
圖是從該網頁中的程式碼複製的結果（詳 vue06-06-002-01.html）：

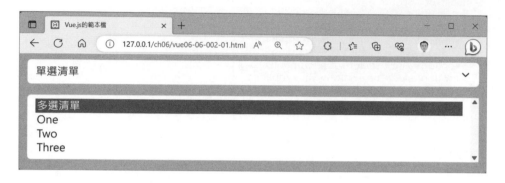

具「多選」功能的 Select 元件，其程式碼上的差異處在於是否指定 multiple
屬性：

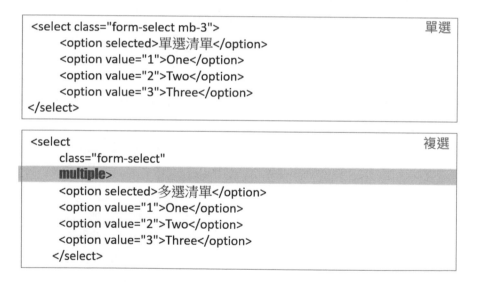

這一節我們首先要來實作的範例，係將前面使用單選的 Radio Button 元件改
用單選的下拉清單 Select 元件改寫：

由於這只是上面 Radio Button 的 Select 元件版,因此,首先,複製 vue06-05-003-08.html 為 vue06-06-003-01.html。再來,因為只是從 Radio Button 元件改用 Select 元件而已,因此,Vue 實例中關於選項物件的 data 屬性內的資料不用變更,只要變更 id 為 app 的掛載點的下面標示出來的部份即可,這個部份有幾個重點如下:

一、使用者看到的選項是由 <option> 來渲染的,本例利用 v-for 指令將 Vue 實例中的 schools 陣列資料逐一寫成一個個的 <option>。不過,第一個 <option> 的 value 屬性設為空字串會讓這個 <option> 直接出現在 Select 中,而 disabled 表示這個選項是不能選的。

二、使用者在選項中的選擇,傳遞出去的值是透過 v-bind:value='school.region' 來指定,而與 Vue 實例中的互動的資料則是透過在 <select> 中的 v-model='selected'。

三、row 樣式的 <div> 區塊及 col 樣式的 <div> 區塊請參考下面程式碼修改,如此方能置中頁面的中央。

```
<!-- Vue 實例的掛載點 -->
<div id='app'>
  <div class="container-fluid mt-2">
    <div class="row">
      <div class="alert alert-success w-100 text-center" role="alert">
        最高學歷
      </div>
    </div>
  </div>
```

```
<div class="row d-flex align-items-center justify-content-center">
 <div class="col-3">
  <select
   class="form-select"
   v-model="selected"
   id="exampleFormControlSelect1"
  >
   <option value="" disabled> 請選擇 </option>
   <option v-for="school in schools" v-bind:value="school.region">
    {{ school.name }}
   </option>
  </select>
 </div>
</div>
   <hr />
   {{ selected }}
  </div>
 </div>
```

若要設定成像下面這樣的複選的話，只要在 <select> 中加入 multiple 即可
（詳 vue06-06-003-02.html）。由於是複選，因此傳回的資料會以陣列的型式
出現。例如，下圖即是同時選取二個選項後的傳回值：

```
<select
 class="form-select"
 v-model="selected"
```

```
    id="exampleFormControlSelect1"
    multiple
  >
  <option value="" disabled> 請選擇 </option>
  <option v-for="school in schools" v-bind:value="school.region">
    {{ school.name }}
  </option>
</select>
```

6-7 下拉選單 Dropdowns 元件

Bootstrap 5 另外提供的 Dropdowns 元件[5]，其使用者介面跟 Select 的很相似，不過此元件並非 Form 元件的子元件，係屬於 Components 項下的元件之一：

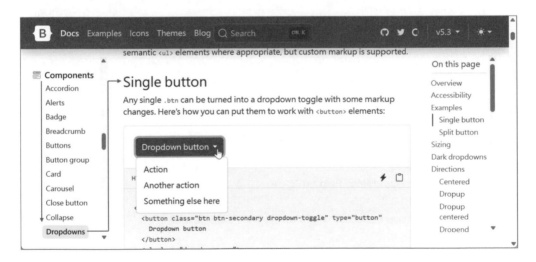

從 Bootstrap 5 的範例程式碼來看，Dropdown 元件的結構係以 dropdown 的 CSS 樣式的 <div> 為主體結構，其中再分成開啟選單的 Button 元件及構成選單的 <ul> 元件，後者則由 dropdown-menu 與 dropdown-item 的 CSS 樣式構成：

5　https://getbootstrap.com/docs/5.3/components/dropdowns/#overview。

Dropdown元件，其結構為 `<button>` 元件及 類別為dropdown-menu 的`<ul>`標籤

```
<div class="dropdown">
    <button
        class="btn
        btn-secondary dropdown-toggle"
        type="button"
        data-bs-toggle="dropdown" aria-expanded="false">
        Dropdown button
    </button>
    <ul class="dropdown-menu">
        <li><a class="dropdown-item" href="#">Action</a></li>
        <li><a class="dropdown-item" href="#">Another action</a></li>
        <li><a class="dropdown-item" href="#">Something else here</a></li>
    </ul>
</div>
```

我們接下來看看如何用 Dropdown 來實作同樣的功能。由於只是使用者介面改版而已，所以直接複製 vue06-06-003-02.html 為 vue06-07-001-01.html，接著再從 https://getbootstrap.com/docs/5.3/components/dropdowns/#overview 網址開啟網頁並複製「Examples」段的 Dropdowns 範例程式碼。

改寫的一大重點在於，使用 v-for 指令來形成 Dropdown 元件中選單部份的 dropdown-item 這個 CSS 樣式構成的 `<li>` 標籤（詳 vue06-07-001-01.html）：

```
<!-- Vue 實例的掛載點 -->
<div id="app" class="container-fluid mt-2">
  <div class="row">
    <div class="alert alert-success w-100 text-center" role="alert">
      最高學歷
    </div>
  </div>

  <div class="row row d-flex align-items-center justify-content-center">
    <div class="col-3">
      <div class="dropdown">
        <button
          class="btn btn-secondary dropdown-toggle"
          type="button"
          data-bs-toggle="dropdown"
```

```
    aria-expanded="false"
  >
    請選擇
  </button>
  <ul class="dropdown-menu" aria-labelledby="dropdownMenuButton">
    <li
      class="dropdown-item"
      href="#"
      v-for="school in schools"
      @click="menuSelected(school)"
    >
      {{ school.name }}
    </li>
  </ul>
  </div>
 </div>
</div>

<hr />
{{ selected }}
</div>
```

最後，配合上述的 @click 事件繫結的事件處理程序，因此必須在 Vue 實例的
選項物件中定義下列的 methods 屬性（詳 vue06-07-001-01.html）：

```
methods: {
  menuSelected(school) {
    this.selected = school.region
  }
}
```

6-8　下拉選單 List group 元件

Bootstrap 5 另外提供的 List group 元件 [6]，其使用者介面跟 Select 的很相似，不過此元件並非 Form 元件的子元件，係屬於 Components 項下的元件之一：

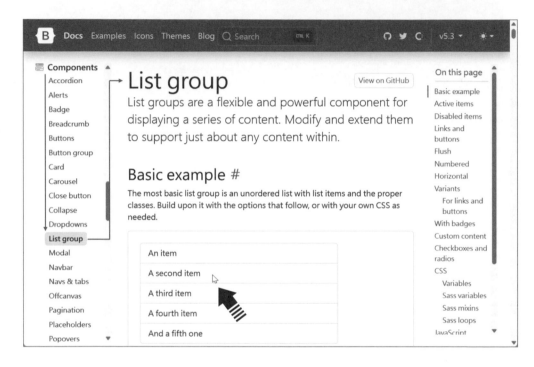

觀察上圖，各位可能會發現，當滑鼠游標停留在選項中時，滑鼠游標不會變成「可點擊」的樣式，也就是沒有「視覺上回饋」的作用。

為達成此效果，我們可以在自己的網頁中加入下面的 CSS 樣式：

```
li{
    cursor:pointer;
}
```

---

[6]　https://getbootstrap.com/docs/5.3/components/list-group/#basic-example。

為什麼是針對 li 設定 CSS 樣式？因為 List group 元件的結構只是一般的 `<ul>` 標籤與 `<li>` 標籤再上了 list-group 與 list-group-item 這樣的 CSS 樣式的 「妝」後的結構而已：

Cras justo odio	*list-group的CSS樣式
Dapibus ac facilisis in	`<ul class="list-group">`*list-group-item的CSS樣式 　　`<li class="list-group-item">`Cras justo odio`</li>`

Morbi leo risus	`<li class="list-group-item">`Dapibus ac facilisis in`</li>`
	　　`<li class="list-group-item">`Morbi leo risus`</li>`
	　　`<li class="list-group-item">`Porta ac consectetur ac`</li>`

Porta ac consectetur ac	`<li class="list-group-item">`Vestibulum at eros`</li>` `</ul>`
Vestibulum at eros	上妝後

上妝前

- Cras justo odio
- Dapibus ac facilisis in
- Morbi leo risus
- Porta ac consectetur ac
- Vestibulum at eros

```
<ul>
    <li>Cras justo odio</li>
    <li>Dapibus ac facilisis in</li>
    <li>Morbi leo risus</li>
    <li>Porta ac consectetur ac</li>
    <li>Vestibulum at eros</li>
</ul>
```

我們接下來看看如何可以用 List group 來實作同樣的功能。由於只是使用者介面改版而已，所以直接複製 vue06-07-001-01.html 為 vue06-08-001-01.html，接著，為了產生「視覺上回饋」的效果，我們先加入下面的 CSS 樣式：

```
li{
    cursor:pointer;
}
```

接著再從 https://getbootstrap.com/docs/5.3/components/list-group/#basic-example 網址開啟網頁並複製「Examples」段落的 List group 範例程式碼：

```
<!-- Vue 實例的掛載點 -->
<div id='app' class="container-fluid mt-2">
    <div class="row">
        <div class="alert alert-success w-100 text-center" role="alert">
            最高學歷
```

```
      </div>
    </div>

    <div class="row justify-content-center">
      <ul class="list-group">
        <li
          class="list-group-item"
          v-for='school in schools'
          @click='menuSelected(school)'>
          {{ school.name }}</li>
      </ul>
    </div>

    <hr />
    {{ selected }}
  </div>
```

開啟 vue06-08-001-01.html 檔案，其執行結果如下：

6-9 範圍 Range 元件

數值資料在前面有提及如何使用 .number 的後綴。除了使用文字框搭配該後綴外，或許 Bootstrap 5 的範圍 Range 元件也是個選項。例如：

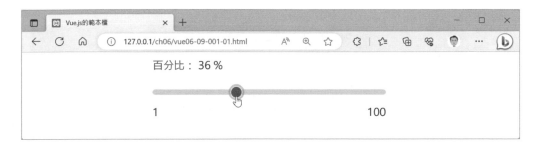

由 Bootstrap 5 的範圍 Range 元件的 https://getbootstrap.com/docs/5.3/forms/range/ 網頁位置可知其仍是 Form 元件項下的元件：

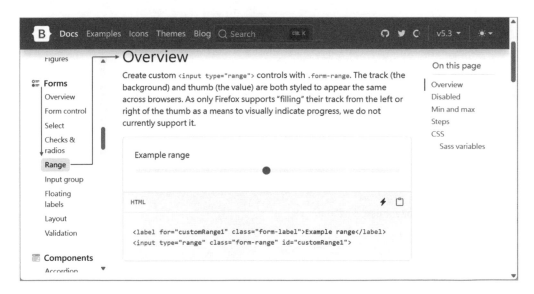

從上述網頁的 Min and max 段落可知，使用時可以設定數值的最大值與最小值：

```
<label
    for="customRange2"
    class="form-label">Example range</label>
```

```
<input
    type="range"
    class="form-range"
    min="0"
    max="5"
    id="customRange2">
```

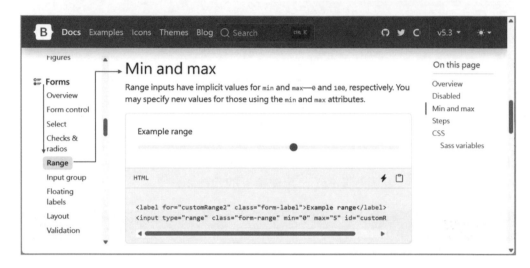

有了這些基本訊息之後，就可以開始製作本節一開始看到的那個範例了。

STEP 1 複製 vue01-template-all-in-one-04.html 為 vue06-09-001-01.html，接著加入 <style> 標籤設定微軟正黑體的字體設定：

```
<style>
  body {
    font-family: Microsoft JhengHei;
  }
</style>
```

最後，在 id 為 app 的 <dive> 中加入 class=' container-fluid mt-2' 的屬性。

```
<!-- Vue 實例的掛載點 -->
<div id='app' class="container-fluid mt-2">
  <form>
  </form>
</div>
```

STEP 2 除了 Range 元件外，其前面的程式碼乃是藉由 {{ }} 鬍子模板語法綁定與 Range 元件的 value 相同的 data，至於其後的程式碼僅在於標示 Range 元件的開始值與結束值（詳 vue06-09-001-02.html）：

Range 元件的 valu 利用 v-model 綁定其 value 屬性到 Vue 實例的 currentValue，而 @change 則是設置其事件處理程序。

```html
<!-- Vue 實例的掛載點 -->
<div id="app" class="container-fluid mt-2">
  <form>
    <div class="w-50 mx-auto">
      <div class="d-flex justify-content-between">
        <div>
          <p> 百分比：{{ currnetvalue }} %</p>
        </div>
      </div>
      <input
        type="range"
        class="form-range"
        id="customRange"
        v-model="currnetvalue"
        min="1"
        max="100"
        @change="rangeChange"
      />
      <div class="d-flex justify-content-between">
        <span>1</span>
        <span>100</span>
      </div>
    </div>
  </form>
</div>
```

STEP 3 利用 methods 設計其事件處理程序（詳 vue06-09-001-03.html）：

```js
const app = Vue.createApp({
 data() {
  return {
   currnetvalue: 1,
  };
```

```
      },
      methods: {
        rangeChange(e) {
          this.value = e.target.value;
        },
      },
    });
```

截至目前為止已完成了程式碼的製作，開啟 vue06-09-001-03.html 檔案後即可拖曳其圖點來設置數值：

目前拖曳的時候，每次的變化為 1，這是因為預設的 step 值為 1，如果要變更每次變化的值，即可設定此值。下面的執行結果就是設定 step 的值為 10 的情形（詳 vue06-09-001-04.html）：

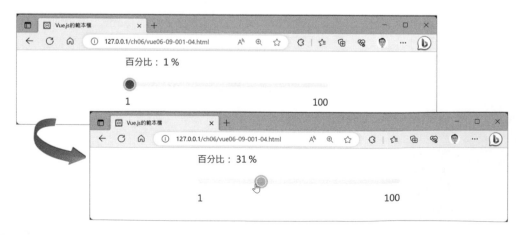

由 https://getbootstrap.com/docs/5.3/forms/range/ 官網的 Steps 段落即有
範例：

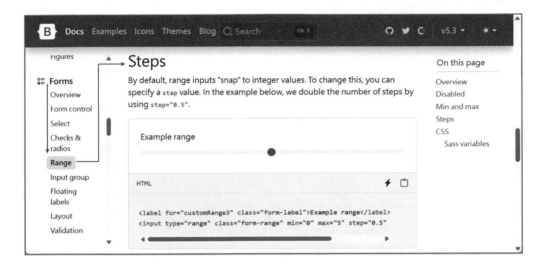

依該說明，修改上一個範例的 Range 元件的程式碼如下（詳 vue06-09-001-
04.html）：

```
<input
 type="range"
 class="form-range"
 id="customRange"
 v-model="currnetvalue"
 min="1"
 max="100"
 step="10"
 @change="rangeChange"
/>
```

想要改變目前拖曳點的顏色，例如變更為綠色：

延上例之程式碼,可以加入下面這個 <style> 樣式的設計 [7](詳 vue06-09-001-05.html):

```css
.range-cust::-webkit-slider-thumb {
  background: green;
}
.range-cust::-moz-range-thumb {
  background: green;
}

.range-cust::-ms-thumb {
  background: green;
}
```

同時將該 range-cust 加入 Range 物件的 class 中:

```html
<input
  type="range"
  class="form-range range-cust"
  id="customRange"
  v-model="currnetvalue"
  min="1"
  max="100"
  step="10"
  @change="rangeChange"
/>
```

延上例,如果要再變更水平軸的顏色,可加入下列的 <style> 樣式(詳 vue06-09-001-06.html):

```css
@media (prefers-reduced-motion: reduce) {
  .form-range::-webkit-slider-thumb {
    -webkit-transition: none;
    transition: none;
  }
}

.form-range::-webkit-slider-thumb:active {
```

---

[7] https://www.jquery-az.com/bootstrap-5-range/ 。

```
    background-color: #ff8000;
}

.form-range::-webkit-slider-runnable-track {
 width: 100%;
 height: 0.5rem;
 color: transparent;
 cursor: pointer;
 background-color: #ff8000;
 border-color: transparent;
 border-radius: 1rem;
}
```

7

再談事件繫結

雖然前面章節雖已多次談及事件的繫結，本章將再深入其他內容。

7-1 事件修飾符號（Event Modifiers）

使用 v-on 指令進行事件繫結時，Vue.js 提供六個事件修飾符號（event modifiers）來「修飾」事件的行為（DOM Event Flow）：

修飾符號	作用
.once	繫結到元素（此元素稱為 target）的事件只會被觸發一次。
.stop	相當於呼叫 event.stopPropagation()，也就是阻絕事件逐層級上傳。預設的情況下，觸發 DOM 事件時，子元素（此元素稱為 target）繫結的事件被觸發後會逐步擴散到父元素繫結的事件，使用此修飾符號可以避免這個預設的事件行為。
.capture	上層元素會先捕獲事件 (event capturing)，之後再傳遞給其所包含的下層元素（此元素稱為 target）的事件。
.prevent	相當於呼叫 event.preventDefault()，用來「取消」執行預設的行為，第六章即針對 onsubmit 即採此修飾符號。
.self	只會觸發元素自己（此元素稱為 target）的事件，其內含子元素的事件不會被觸發。
.pssive:	用於觸控事件（touch events）以改進效能。

DOM Event Flow 由下逐級上傳與由上捕獲往下傳的過程（參考 W3C 官網 https://www.w3.org/TR/xml-events2/），圖解如下：

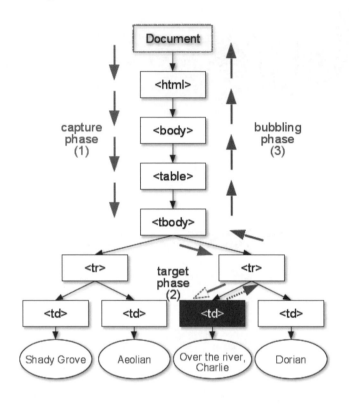

7-1-1 .once 事件修飾符號（Event Modifiers）

STEP 1 複製 vue01-template-03.html 為 vue07-01-101-01.html。

STEP 2 在 id 為 app 的 Vue 實例的掛載點中加入下列事件繫結的程式碼，並於事件之後加上 .once 的修飾符號：

```
<!-- Vue 實例的掛載點 -->
<div id='app'>
    <button @click.once='onlyOne'> 事件修飾符號 .once</button>
</div>
```

STEP 3 在 Vue 實例的選項物件中的 methods 屬性裡加入下列關於上述事件處理程序 onlyOne 的定義：

```
const app = Vue.createApp({
 methods: {
  onlyOne() {
   alert(" 事件修飾符號 .once");
  },
 },
```

開啟 vue07-01-101-01.html 檔案，點選該按鈕，此時會正常地驅動相應的事件處理程序：

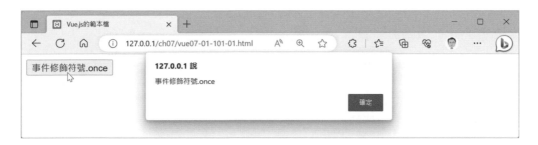

但由於該按鈕只會在第一次點擊時會被觸發，之後怎麼按都不會再出現 alert 的訊息！

7-1-2 .stop 事件修飾符號（Event Modifiers）

(STEP 1) 複製 vue01-template-03.html 為 vue07-01-201-01.html。

(STEP 2) 在 id 為 app 的 Vue 實例的掛載點中加入下列程式碼，並為二個 <div> 標籤都加上 click 的事件繫結：

```
<!-- Vue 實例的掛載點 -->
<div id='app'>
  <div @click='upperElement'>
    <button @click='lowerElement'> 事件修飾符號 .stop</button>
  </div>
</div>
```

(STEP 3) 在 Vue 實例的選項物件中的 methods 屬性裡加入下列關於上述事件處理程序的定義：

```
const app = Vue.createApp({
```

```
methods: {
  lowerElement() {
    alert(" 下層元素事件被觸發 ");
  },
  upperElement() {
    alert(" 上層元素事件被觸發 ");
  },
},
});
```

開啟 vue07-01-201-01.html 後，按下按鈕時會出現 alert 的訊息，這表示下層元素的事件會先被觸發：

按一下 alert 訊息中的確定之後還會看到下面這個訊息，這表示事件會逐層上升到其上層元素，因此，上層元素繫結的事件處理程序也會被執行！

事件傳遞流程如下：

```
<div id='app'>
  <div @click='upperElement'>        propagation，也就是
    <button @click='lowerElement'>事件逐層級上傳
    事件修飾符號.stop</button>
  </div>
</div>
```

此時，若為 v-on 指令加入 .stop 修飾符號（vue07-01-201-02.html）：

```
<!-- Vue實例的掛載點 -->
  <div id='app'>
    <div @click='upperElement'>
      <button @click.stop='lowerElement'>事件修飾符號.stop</button>
    </div>
  </div>
```

此時開啟 vue07-01-201-02.html 檔案，此時按下按鈕時會出現 alert 的訊息，這表示下層元素的事件會還是會先被觸發：

不過，這個時候按下 alert 訊息中的確定按鈕後，該 alert 訊息離開之後，卻已經看不到上層元素繫結的事件處理程序的執行結果，也就是說該程序根本沒有被執行！

加入 .stop 的事件修飾符號之後，事件傳遞流程即被截斷：

```
<div id='app'>                              propagation，
    <div @click='upperElement'>                    也就是阻絕事件
      <button @click.stop='lowerElement'  .stop  逐層級上傳
                                    事件修飾符號.stop</button>
    </div>
  </div>
```

第一章曾提過事件繫結時，Vue 會自動產生一個特別的 $event 變數供傳入事件處理程序中，針對 .stop 這個事件修飾符號的功能也可以使用 $event 這個變數來運作。

STEP 1 複製 vue01-template-03.html 為 vue07-01-202-01.html。

STEP 2 將原先的 .prevent 刪除，並於事件繫結的事件處理程序中加入 $event：

```html
<!-- Vue 實例的掛載點 -->
<div id='app'>
  <div @click='upperElement'>
    <button
      @click='lowerElement($event)'>
        使用 event 完成事件修飾符號 .stop
    </button>
  </div>
</div>
```

STEP 3 配合修改 Vue 實例中事件繫結的事件處理程序中加入傳入的參數 event，並呼叫其 stopPropagation[1] 方法：

```javascript
new Vue({
  el: '#app',
  methods: {
    lowerElement(event) {
      event.stopPropagation()
      alert(" 下層元素事件被觸發 ")
    },
    upperElement() {
      alert(" 上層元素事件被觸發 ")
    }
  }
})
```

---

1 顧名思義，stop propagation 即為停止傳遞，亦即傳遞流程即被截斷。

7-1-3 .capture 事件修飾符號（Event Modifiers）

STEP 1 複製 vue01-template-03.html 為 vue07-01-301-01.html。

STEP 2 修改在 id 為 app 的 Vue 實例的掛載點中程式碼：將原先寫在 button 的 @click 的 .stop 刪除，同時在 <div> 中的 @click 中加入 .capture 的修飾符號：

```
<!-- Vue 實例的掛載點 -->
<div id="app">
  <div @click.capture="upperElement">
    <button @click="lowerElement"> 事件修飾符號 .capture</button>
  </div>
</div>
```

此時開啟 vue07-01-301-01.html 檔案，按下按鈕時會出現 upperElement 事件處理程序中的 alert 的訊息，這表示上層元素的事件會先被捕獲而觸發：

按下 alert 訊息中的「確定」按鈕後才會看到該按鈕所繫結的事件處理程序：

事件傳遞流程如下：

.capture

捕獲事件 (event capturing) 後再傳遞給其所包含的下層元素

7-1-4 .self 事件修飾符號（Event Modifiers）

STEP 1 複製 vue01-template-03.html 為 vue07-01-401-01.html。

STEP 2 修改在 id 為 app 的 Vue 實例的掛載點中程式碼：將原先寫在 <div> 的 @click 的 .capture 刪除，同時在 <div> 中的 @click 中加入 .self 的修飾符號：

```
<!-- Vue 實例的掛載點 -->
<div id="app">
  <div @click.self="upperElement">
    <button @click="lowerElement"> 事件修飾符號 .self</button>
  </div>
</div>
```

此時開啟 vue07-01-401-01.html 檔案，按下鈕右側屬於 <div> 的範圍時會出現 upperElement 事件處理程序中的 alert 的訊息：

如果直接點選按鈕，則只會出現下列訊息，因此次點選的位置不是專屬 <div> 本身（self）的部份，所以，不會出現 upperElement 事件處理程序中的 alert 的訊息：

事件傳遞流程如下：

```
<div id='app'>
    <div @click.self='upperElement'>
        <button @click='lowerElement'>事件修飾符號.self</button>
    </div>
</div>
```

.self
事件不再傳遞給其
所包含的下層元素

7-1-5 .prevent 事件修飾符號 (Event Modifiers)

(STEP 1) 複製 vue01-template-03.html 為 vue07-01-501-01.html。

(STEP 2) 在 id 為 app 的 Vue 實例的掛載點中加入下列程式碼:

① 第一個 <a> 標籤在執行事件繫結的 defaultBehavior 事件處理程序後，依 <a> 標籤預設的行為，「還會」開啟 href 指定的網址。

② 第二個 <a> 標籤，因為在 @click 指定 .prevent 的修飾符號，因此，在執行事件繫結的 preventDefault 事件處理程序後，「不會」依 <a> 標籤預設的行為，開啟 href 指定的網址。這個設定在上一章的 onSubmit 事件所在的 <form> 中有使用到。

```
<!-- Vue 實例的掛載點 -->
<div id='app'>
  <a href='http://tw.yahoo.com' @click='defaultBehavior'>
     預設的行為是前往 href 指定的網址！
  </a>
  <br/>
  <a href='http://tw.yahoo.com' @click.prevent='perventDefault'>
     事件修飾符號 .prevent
  </a>
</div>
```

(STEP 3) 在 Vue 實例的選項物件中的 methods 屬性裡加入下列關於上述事件處理程序的定義:

```
const app = Vue.createApp({
 methods: {
  defaultBehavior() {
   alert(" 待會兒會連往 href 指定的網址喔 ....");
  },
  perventDefault() {
```

```
      alert("<a> 標籤的 href 指定的網址不會前往喔 ....");
    },
  },
});
app.moun
```

此時開啟 vue07-01-501-01.html 檔案，點選第一個 <a> 標籤，此時除了會驅動其事件處理程序 defaultBehavior() 方法中的 alert 的訊息外，點選 alert 的訊息視窗後的確定按鈕後，還會依預設的 <a> 標籤行為，因此就會繼續執行其 href 屬性所指定的值：

如果點選第二個 <a> 標籤，此時因為設有 .prevent，故執行其指定的事件驅處理序後，其預設的行為便被抑制了（prevent）。

第一章曾提過事件繫結時，Vue 會自動產生一個特別的 $event 變數供傳入事件處理程序中，針對 .prevent 這個事件修飾符號的功能也可以使用 $event 這個變數來運作。

(STEP 1) 複製 vue01-template-03.html 為 vue07-01-502-01.html。

(STEP 2) 將原先的 .prevent 刪除，並於事件繫結的事件處理程序中加入 $event：

```
<!-- Vue 實例的掛載點 -->
<div id='app'>
  <a href='http://tw.yahoo.com'
    @click='defaultBehavior'> 預設的行為是前往 href 指定的網址！</a>
  <br/>
  <a href='http://tw.yahoo.com'
    @click='perventDefault($event)'>
    使用 event 完成事件修飾符號 .prevent
  </a>
</div>
```

3 配合修改 Vue 實例中事件繫結的事件處理程序中加入傳入的參數 event，並呼叫其 prevenDefault 方法：

```
const app = Vue.createApp({
  methods: {
    defaultBehavior() {
      alert(" 待會兒會連往 href 指定的網址喔 ....");
    },
    perventDefault(event) {
      event.preventDefault();
      alert("<a> 標籤的 href 指定的網址不會前往喔 ....");
    },
  },
});
```

以表單的預設行為而言，例如下列程式碼中，使用者提交表單之後除了會執行指定的事件處理程序 greeting() 外，採取 hello.html 的行動（詳 vue07-01-503-01.html）：

```
<body>
  <!-- Vue 實例的掛載點 -->
  <div id="app">
  姓名：<br />
  <form name="frm1" action="hello.html" v-on:submit="greeting()">
    <input type="text" name="fname" />
    <input type="submit" value=" 提交 " />
  </form>
  </div>
```

```
<script src="https://unpkg.com/vue@3/dist/vue.global.js"></script>

<!-- Vue 實例的程式碼 -->
<script>
  const app = Vue.createApp({
    methods: {
      greeting() {
        alert(" 歡印 " + document.forms["frm1"]["fname"].value + "!");
      },
    },
  });
  app.mount("#app");
</script>
</body>
```

開啟 vue07-01-503-01.html 檔案，首先在文字框填入 john 後點選提交按鈕，
接下來的 submit 的事件處理程序就會被驅動，因此跳出 alert 視窗，接下
來，使用者按下 alert 視窗中的確定按鈕後，就會依「預設」的行為，亦即採
取 action 屬性指定的行動，因此就開啟了 hello.html 檔案，同時也會送出表
單的資料。

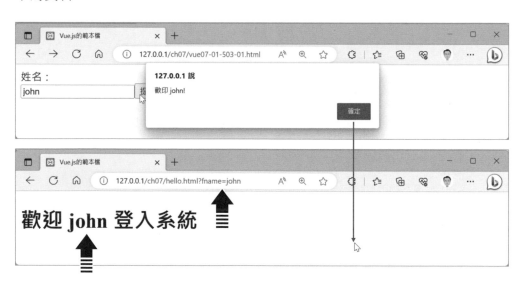

如果加上了「抑制」（prevent）的指示之後，就只會驅動事件處理程序而忽略了原先在 action 屬性中的指定值，而且表單的資料也不會被送出。

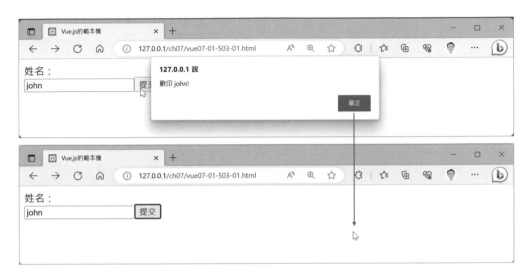

7-2 按鍵修飾符號（Key Modifiers）

使用 v-on 指令除了進行事件繫結外，按鍵的偵測亦可使用，例如，偵測使用者何時按下 Enter 鍵，使用者何時按下 ctrl + alt + a 鍵。

Vue.js 官網列有下列按鍵修飾符號（key modifiers）：

圖片來源：https://pixabay.com/zh/鍵盤-电子-计算机-技术-按钮-ascii-输入-设备-硬件-311803/

以下簡單地示範當使用者在文字框輸入後並且按下 Enter 鍵時及按下 ctrl + alt + a 時的偵測。

STEP 1 複製 vue01-template-03.html 為 vue07-02-001-01.html。

STEP 2 在 id 為 app 的 Vue 實例的掛載點中加入下列程式碼:

```html
<!-- Vue 實例的掛載點 -->
<div id="app">
 <input
  type="text"
  v-model="text"
  @keyup.enter="enterPressed(' 按鍵修飾符號 .enter')"
  placeholder=" 按鍵修飾符號 .enter"
 />
 <input
  type="text"
  v-model="text"
  @keyup.13="enterPressed(' 按鍵修飾符號 .13')"
  placeholder=" 按鍵修飾符號 .13"
 />
 <input
  type="text"
  v-model="text"
  @keyup.ctrl.alt.a="enterPressed('ctrl + alt + a')"
  placeholder="ctrl + alt + a"
 />
 <input
  type="text"
  v-model="text"
  @keyup.ctrl.alt.65="enterPressed('ctrl + alt + 65')"
  placeholder="ctrl + alt + 65"
 />
</div>
```

STEP 3 配合在 id 為 app 的 Vue 實例的掛載點中的設計加入 text 的 data 屬性及 enterPressed 的 methods 屬性:

```javascript
const app = Vue.createApp({
  data() {
```

```
        return {
          text: "",
        };
      },
    methods: {
      enterPressed(x) {
        alert(`${this.text} - 按鍵 ${x} `);
      },
    },
  });
```

開啟 vue07-02-001-01.html 檔案，並於第一個文字框輸文字後按下鍵盤上的 enter 鍵：

但是在第二個文字框按下與 enter 時，因為係以 enter 鍵相當的 keycode 值 13 偵測時，卻未跳出視窗！Vue 2 的時候可以利用 keycode 的表示式，但是 Vue 3 以不再支援這種方式，例如 enter 鍵以前可用數字 13 代替，亦即下面程式碼是可行的：

```
<input type='text'
  v-model='text' @keyup.13='enterPressed'
  placeholder=" 按鍵修飾符號 .13">
```

同樣的道理，在第三個文字框按下 crtl + alt + a 時會跳出視窗：

但是偵測與 a 相當的 keycode 值 65 時一樣未能跳出視窗,這也表示無法被偵測到,因此下列程式碼一樣不再被支援:

```
<input
  type="text"
  v-model="text"
  @keyup.ctrl.alt.65="enterPressed('ctrl + alt + 65')"
  placeholder="ctrl + alt + 65"
/>
```

7-3 滑鼠按鍵修飾符號(Mouse Button Modifiers)

使用 v-on 指令除了進行事件繫結與按鍵的偵測外,亦可偵測滑鼠的左中右等三鍵的使用。

圖片來源:http://hanslodge.com/clipart/XrijaKqcR.htm

STEP
1 　複製 vue01-template-03.html 為 vue07-03-001-01.html。

STEP
2 　在 id 為 app 的 Vue 實例的掛載點中加入下列事件繫結的程式碼,分別使用了 .right 與 .middle 的滑鼠按鍵修飾符號來偵測滑鼠按鍵:

```
<!-- Vue 實例的掛載點 -->
<div id='app'>
  <button
    @click.right.prevent='rightButtonPressed'>
    按右鍵
  </button>
  <button
    @click.middle='middleButtonPressed'>
    按中鍵
  </button>
</div>
```

滑鼠右鍵預設就會開啟物件選單，因此使用 prevent 避免其預設的行為。

③ 配合在 id 為 app 的 Vue 實例的掛載點中的設計加 enterPressed 函數與 middleButtonPressed 的 methods 屬性：

```
const app = Vue.createApp({
  methods: {
    rightButtonPressed() {
      alert(" 按下右鍵 ");
    },
    middleButtonPressed() {
      alert(" 按下中鍵 ");
    },
  },
});
```

開啟 vue07-03-001-01.html 檔案，並於第一個按鈕上按下滑鼠右鍵，其執行結果如下：

來自後端的資料

前面章節的資料皆來自前端（client-side），本章則要說明如何利用 PHP 這個屬於後端（server-side）的程式語言搭配 My SQL 資料庫作為前端的資料來源。因此，本章搭配的程式碼會有以 .php 結尾的檔案。

由於使用到伺服器端的 My SQL 資料庫，因此，資料庫伺服器也要啟動，以 XAMPP 而言，即如下圖：

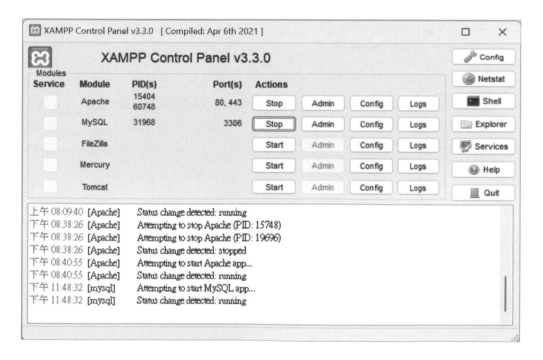

點選 XAMPP 控制台的 MySQL 的 Admin 按鈕會啟動其介面,後面會用到這個部份:

8-1 來自 PHP 函式的資料

STEP
1　複製 vue01-template-03.html 為 vue08-01-001-01.php。注意:是 .php 的副檔名而不是 .html 喔!

STEP
2　在 id 為 app 的 Vue 實例的掛載點中加入最簡單的 {{ }} 鬍子模板語法:

```
<!-- Vue 實例的掛載點 -->
<div id="app">
  {{ msg.message }} -- {{ msg.text}}
</div>
```

STEP
3　在 Vue 實例的選項物件中的 data 屬性裡加入下列關於上述 msg 的值(詳 vue08-01-001-01.php):

```
const app = Vue.createApp({
  data() {
    return {
      msg: <?php echo get_php_page_data(); ?>
    }
  }
})
```

<?php 與 ?> 所括起來的範圍是利用 PHP 所寫成的程式碼,因此 echo 就是 PHP 的語法,其作用相當於 print 之意,所以 msg 的值就是由 get_php_page_data() 函式取得資料。

④ 定義 get_php_page_data() 函式值,其位置在 Vue 實例的掛載點之前(詳 vue08-01-001-02.php):

```php
<?php
function get_php_page_data()
{
  $data = array(
    "message" => "Vue and PHP ",
    "text" => " 取自 PHP 函式的資料 "
  );
  return json_encode($data);
}
?>
```

```html
<!-- Vue 實例的掛載點 -->
<div id="app">
  {{ msg.message }} -- {{ msg.text}}
</div>
```

PHP 的函式語法結構與我們在 Vue 實例的 methods 所做的相同:

```php
function get_php_page_data(){
    ….
}
```

PHP 定義變數的方式是在變數名稱之前加上 $ 字符號,本例定義了一個 PHP 的關聯陣列:使用 => 符號將名稱 / 標籤與每個陣列元素相關聯。因此本例定義了二個名稱,分別是 message 及 text。

開啟 vue08-01-001-02.php 檔案,其執行結果如下:

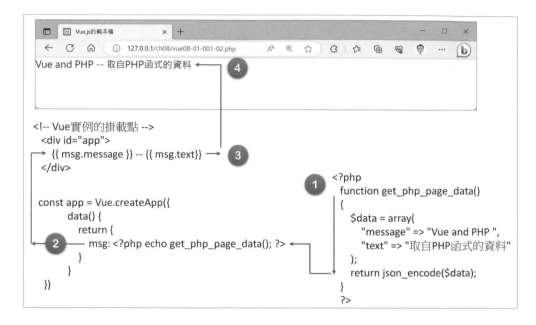

檢視該網頁的原始碼,其結果如下:由此結果可知,由於 .php 是後端的網頁,因此其原始碼不會被看到:

```
自動換行 □
 1  <!DOCTYPE html>
 2  <html lang="zh-HANT-TW">
 3
 4  <head>
 5      <meta charset="utf-8">
 6      <title>Vue.js的範本檔</title>
 7
 8      <!-- Bootstrap 5 使用到的 <link>標籤 -->
 9      <link href="https://cdn.jsdelivr.net/npm/bootstrap@5.3.0-alpha3/dist/css/bootstrap.m
10      <link rel="stylesheet" href="https://cdnjs.cloudflare.com/ajax/libs/font-awesome/6.4
11
12  </head>
13
14  <body>
15
16
17      <!-- Vue實例的掛載點 -->
18      <div id="app">
19          {{ msg.message }} -- {{ msg.text}}
20      </div>
21
22      <!-- Bootstrap 5 使用到的 <script>標籤 -->
23      <script src="https://cdn.jsdelivr.net/npm/bootstrap@5.3.0-alpha3/dist/js/bootstrap.b
24
25      <script src="https://unpkg.com/vue@3/dist/vue.global.js"></script>
26
27      <!-- Vue實例的程式碼 -->
28      <script>
29          const app = Vue.createApp({
```

```
30              data() {
31                  return {
32                      msg: {"message":"Vue and PHP ","text":"\u53d6\u81eaPHP\u51fd\u5f0f\u
33                  }
34              })
35          app.mount('#app')
36      </script>
37 </body>
38
39 </html>
```

接下來利用上述的程式碼進行改寫。

STEP 1 新增 php_function.php，然後將原本 vue08-01-001-02.php 的 PHP 函式
移到這支程式中（詳 vue08-01-001-03.php 及 php_function.php）。

STEP 2 在 vue08-01-001-03.php 的最前面加上下列程式碼，如此一來即能將
PHP 獨立成檔的函式含括進來以供使用（詳 vue08-01-001-03.php 及
php_function.php）：

```
<?php
include "./php_function.php";
?>
```

8-2 PHP 資料檔

STEP 1 新增 db_books.php 並輸入下列書籍的資料（詳 db_books.php）。

```
<?php
return [
  '1' => [
    "id" => '1',
    "name" => " 奈傑爾　沃伯頓 ",
    "title" => " 哲學的 40 堂公開課：從「提問的人」蘇格拉底…"
  ],
  '2' => [
    "id" => '2',
    "name"=>" 詹慕如 ",
    "title" => " 哲學家看世界的 47 種方法 "
  ],
…
];
```

STEP 1 複製 vue01-template-03.html 為 vue08-02-001-01.php。

STEP 2 在 id 為 app 的 Vue 實例的掛載點中加入下列程式碼,利用 v-for 指令從 books 資料取出多個值,並利用 {{ }} 鬍子模板語法綁定取出來的值(詳 vue08-02-001-01.php):

```html
<!-- Vue 實例的掛載點 -->
<div id="app">
  <ul>
    <li v-for="book in books" :key="book.id">
      <div>
        {{ book.name }} -- {{ book.title }}
      </div>
    </li>
  </ul>
</div>
```

STEP 3 在 Vue 實例的選項物件中的 data 屬性裡加入 books 的定義(詳 vue08-02-001-02.php):

```php
const app = Vue.createApp({
  data() {
    return {
      "books": <?php echo get_books(); ?>
    }
  }
})
```

STEP 4 定義 get_books() 此一 PHP 函式,其位置在 <body> 之後,Vue 實例的掛載點之前(詳 vue08-02-001-03.php):

```php
<?php
function book_items()
{
  $data = include "db_books.php";
  return $data;
}

function get_books()
{
```

```
    $data = book_items();
    return json_encode($data);
}
?>
```

開啟 vue08-02-001-03.html，其執行結果如下：

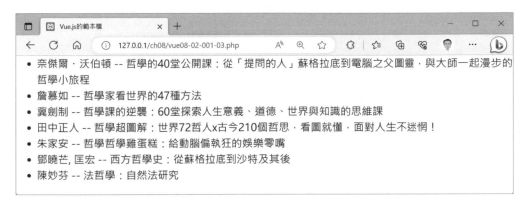

上例為了簡單起見，使用了最原始的 <ul> 標籤，亦可利用 <table> 改寫（詳
vue08-02-001-04.php）：

```
<div id="app">
  <table class="table">
    <thead>
      <tr>
        <th> 作者 </th>
        <th> 書名 </th>
      </tr>
    </thead>
    <tbody>
      <tr v-for="book in books" :key="book.id">
        <td>{{ book.name }}</td>
        <td>{{ book.title }}</td>
      </tr>
    <tbody>
  </table>
</div>
```

開啟 vue08-02-001-04.php 檔案，其執行結果如下：

如還要用美化一些，亦可套用 Bootstrap 5，例如下面使用 table-striped 的 CSS 樣式 class 的執行結果（詳 vue08-02-001-05.php）：

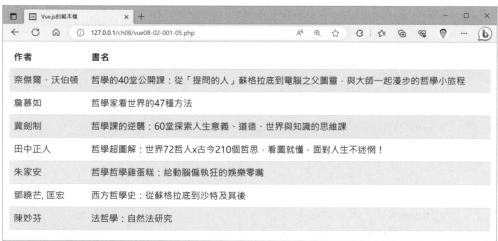

```html
<!-- Vue 實例的掛載點 -->
<div id="app" class="container-fluid mt-2">
  <table class="table table-striped">
    <thead>
      <tr>
        <th> 作者 </th>
        <th> 書名 </th>
      </tr>
```

```
      </thead>
      <tbody>
        <tr v-for="book in books" :key="book.id">
          <td>{{ book.name }}</td>
          <td>{{ book.title }}</td>
        </tr>
      </tbody>
    </table>
  </div>
```

8-3 MySQL 資料庫

這一節首先會介紹利用 MySQL 資料庫結合登入視窗來驗證使用者。

8-3-1 資料庫環境的建置

8-3-1-1 連線到資料庫

為了能夠登入的使用者，資料庫端首先要建立關於登入使用者的帳號密碼，而要能夠連線到資料庫才能取用到資料庫中的資料，因此在建立使用者的帳號密碼前，先測試一下連線的問題。由 XMAPP 連線到 MySQL Admin 後，其介面如下：

這個介面的左側最下面有個 test 資料庫，就用這個資料庫試一下。

STEP 1 新增 config4vue.php。

STEP 2 輸入下列程式碼：

```php
<?php
$servername = "localhost";
$dbadmin = "root";
$password = "";
$database = "test";

$conn = mysqli_connect($servername, $dbadmin, $password, $database);

// 檢查否能夠連到資料庫
if (!$conn) {
  die("Connection failed: " . mysqli_connect_error());
}
```

開啟 config4vue.php 檔案，其結果為空白則是正確的：

如果將原先的密碼部份隨便填個 1234：

```php
<?php
$servername = "localhost";
$dbadmin = "root";
$password = "1234";
$database = "test";

$conn = mysqli_connect($servername, $dbadmin, $password, $database);

// 檢查否能夠連到資料庫
if (!$conn) {
  die("Connection failed: " . mysqli_connect_error());
}
```

再次開啟 config4vue.php 檔案，其結果則連線失敗的訊息：

8-3-1-2 建立使用者資料表

點選左側的新增，右側點選 SQL 頁籤，在中間的文字框中輸入建立資料庫的敘述，完成後點選執行按鈕：

CREATE DATABASE mis CHARACTER SET utf8 COLLATE utf8_general_ci;

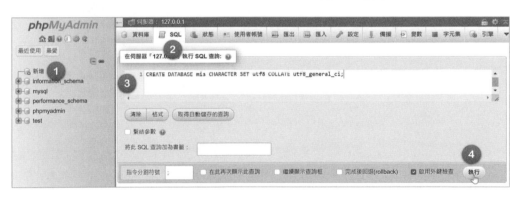

完成後，左側即會出現剛才建立的 mis 資料庫：

修改 config4vue.php 中的 database 為 mis，試試是否仍然連線：

```php
<?php
$servername = "localhost";
$dbadmin = "root";
$password = "";
$database = "mis";

$conn = mysqli_connect($servername, $dbadmin, $password, $database);

// 檢查否能夠連到資料庫
if (!$conn) {
  die("Connection failed: " . mysqli_connect_error());
}
```

開啟 config4vue.php 檔案，沒有出現連線失敗的訊息，那就表示可以正常連線了：

資料庫建立沒問題之後，接下來就建立資料表。點選左側的 mis 資料庫，右側點選 SQL 頁籤，在中間的文字框中輸入建立資料表的敘述，完成後點選執行按鈕：

```sql
CREATE TABLE accounts(
    id int NOT NULL AUTO_INCREMENT,
    username varchar(30) NOT NULL,
    password varchar(16) NOT NULL,
    PRIMARY KEY(id)
);
```

完成後，左側 mis 資料庫項下即會出現 accounts 資料表：

點選左側的 accounts 資料表，右側點選 SQL 頁籤，在中間的文字框中輸入新
增紀錄的敘述，完成後點選執行按鈕：

INSERT INTO accounts (username, password)
VALUES ('john', 'p@ssw0rd');

完後會出現新增了 1 列的訊息：

點選左側的 accounts 資料表，右側即可看到剛才新增的紀錄了：

8-3-2 登入驗證

為了有效控制合法使用者使用網站資源，一般都會要求使用者登入。這看似簡單的登入動作，實作起來的流程概述如下。

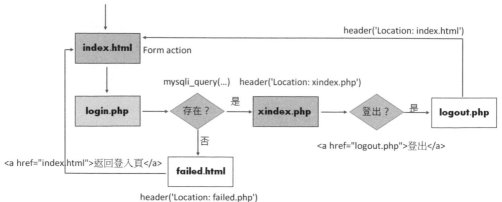

流程中所涉及的網頁即是本節要實作的，而網頁中的關鍵敘述則描繪在上圖的流程線上。從流程圖可知，以下共需製作 5 支檔案，包括 .html 及 .php。

關鍵流程並不在使用者介面，而是關鍵的處理邏輯，因此以下的實作並不強調使用者介面的設計，而且本節實作的檔案可以不使用到 Vue。當然，如果有些訊息想要從後端丟到前端來，可以使用本章前面提供的方式實作。

8-3-2-1 index.html

本節要實作的結果如下：

STEP 1 複製 vue01-template-all-in-one-04.html 為 index.html。

STEP 2 主程式碼如下。主要的關鍵在於使用了 Form 元件及 type 為 submit 的 <input> 標籤。Form 元件中設定資料傳遞的 method 屬性指定的 POST，而接收的網頁是 action 屬性指定的 login.php。

```
<div>
    <div class="mt-4 p-5  text-white" style="background-color: #ebf0fa;">
        <img src="avatar-3022215_640.jpg" alt="Avatar"></a>
         <h1 class="text-center shadow-text">Hello, World !</h1>
    </div>

    <div class='my-4 text-center'  style='font-family: Microsoft JhengHei'>
        <form method="POST" action="login.php">
            帳號：<input type="text" name="username" class='mb-3' size="34"/><br>
            密碼：<input type="Password" name="password" class='mb-3' size="34" /><br>
            <input type="submit" class='btn btn-success' value=" 登入 " />
        </form>
    </div>
</div>
<p class="lead text-center" style='font-family: Microsoft JhengHei'> 歡迎使用管理系統 </p>
```

8-3-2-2 login.php

這支程式用來驗證由前端的 index.html 所傳送過來的資料，如果通過驗證則開啟系統的首頁，否則就導回原來的登入頁面。

驗證的方式很簡單，就是將使用者傳進來的帳號與密碼作為 SQL 的 SELECT 的 WHERE 條件之用，如果依此條件有撈到資料，那就表示該帳號是存在的，而且密碼也正確，如此就通過驗證，因此可以導向系統的首頁 xindex.php，不然的話就會導向失敗的頁面 failed.html。

由於每一次的使雨者登入，都是使用者與系統的一次溝通或稱會談（session），因而程式的一開始就會先建立會談，PHP 使用的是 session_start()。

依上述邏輯，程式碼如下：

```php
<?php
session_start(); //start the PHP_session function

$username = $_POST['username'];
$password = $_POST['password'];

include "config4vue.php";
$sql_query_login = "SELECT * FROM accounts where username='$_POST[username]' AND
password='$_POST[password]'";
mysqli_query($conn, "SET names 'utf8'");
$result1 = mysqli_query($conn, $sql_query_login) or die(" 查詢失敗 ");
if (mysqli_num_rows($result1)) {
    $_SESSION["UserName"] = $username;
    header('Location: xindex.php');
    exit();
} else {
    // echo " 登入失敗 ";
    header('Location: failed.html');
}
```

> **NOTE**
>
> PHP 的全域變數 Session 提供給我們一個可以在多個頁面存取個別使用者連線資料的機制。對於個別使用者需要在多個頁面存取的資料時,特別有用。
>
> 如果,非由程式特別清除 Session 的話,個別使用者的 Session 資料會在特定時間 (由 php.ini 設定) 內,被系統清除掉。
>
> 使用 session 來記錄用戶的資訊前,要先用 session_start() 這個函式,告訴系統準備開始使用,請記住 session_start() 一定要放在網頁的最上方還沒有輸出任何東西之前。
>
> php 的 response 就會在背後產生一個 cookie,裡面含有 session_id 作為與系統交談的使用者之識別。
>
> 其實預設伺服器會自動刪除超過有效時間的 session,但有的情況是必須讓用戶操作的時候可以自己刪除,像是會員登出,主動清除後馬上就變成登出狀態,這個時候可以使用以下兩種方式清除:
>
> ```
> unset($_SESSION[' 變數名稱 ']);
> session_destroy();
> ```

8-3-2-3 failed.html

提供使用者回登入頁面的連結：

```php
<?php
session_start();
?>
<!DOCTYPE html>
<html lang="zh-Hant-TW">
  <head>
    <title> 登入失敗 </title>
    <meta charset="utf-8" />
    <meta name="viewport" content="width=device-width, initial-scale=1, shrink-to-fit=no"
    />
  </head>

  <body>
    <div>
      <h1> 登入失敗 </h1>
      <a href="index.html"> 返回登入頁 </a>
    </div>
  </body>
</html>
```

8-3-2-4 xindex.php

這是系統的首頁，這個頁面就是 Vue 實例與資料庫充分合作的一個頁面，但本節僅實作登出的功能。

程式的關鍵在於判斷 $_SESSION['UserName']) 是否為空值，因為在 login.php 經過認證的使用者會被設定該系統變數的值，如果沒經過 $_SESSION['UserName']) 的認證，則該值為空白，如果是空白就將頁面導向登入頁面。

```php
<?php
session_start();
if (!isset($_SESSION['UserName'])) {
 header('Location: index.html');
};
?>
```

```
<!doctype html>
<html lang="zh-Hant-TW">

<head>
 <title> 系統管理首頁 </title>
 <meta charset="utf-8">
 <meta name="viewport" content="width=device-width, initial-scale=1, shrink-to-fit=no">
</head>

<body>
 <div>
  <h1> 系統管理首頁 </h1>
  <a href="logout.php"> 登出 </a>
 </div>
</body>

</html>
```

8-3-2-5　logout.php

由於要登出，因此程式碼中的重點是要銷毀目前使用的 session 資料，並導向首頁 index.html：

```
<?php
session_start();
session_destroy();
header('Location: index.html');
exit;
```

8-4　主頁 xindex.php

目前的主頁僅有單純的登出按鈕設計。接下來即利用 Vue 與 PHP 及 MySQL 完成基本的資料庫 CRUD 設計：增刪查改，亦即為增加（Create，意為「建立」）、刪除（Delete）、查詢（Read，意為「讀取」）、改正（Update，意為「更新」），完成後的使用者介面如下：

整個使用者介面都是使用 Bootstrap 5 及 Font Awesome 組織而成的：

由於本章的重點並非使用者介面的設計，而是 Vue 與 PHP 及 MySQL 的搭配使用，因此，使用者介面會由筆者提供，各位只要「組裝」即可。

STEP
1 複製 xindex.php 為 vue08-04-001-01.php。

② 開啟 xindex.style，複製其內容至 vue08-04-001-01.php 的 </head> 標籤，之前這支檔案除了有二個客製的 CSS 外，就是加入的 Bootstrap 5 的引用（詳 vue08-04-001-01.php）。

③ 開啟 xindex. 主結構，複製其內容取代原先位於 <body></body> 中的內容，除了 HTML 的結構外，加入了 Bootstrap 5、Vue、axios 和 jQuery 的引用，以及 Vue 實例的程式碼的基本結構（詳 vue08-04-001-02.php）。

使用者介面的主結構如下。其中二個 Modal 只有在新增及修改時才會蹦出來：

```html
<!-- Vue 實例的掛載點 -->
<div id="app" class="container-fluid mt-2">
  <p class="text-center display-4 shadow-text"> 使用者帳號管理 </p>
  <hr/>
```

```html
  <div class="card">
    <div class="card-header">
    </div>
    <div class="card-body">
      <table class="table table-striped">
      </table>
    </div>
    <div class="card-footer text-body-secondary text-center">
      <a> 登出 <i class="fa-solid fa-right-from-bracket"></i></a>
    </div>
  </div>
```

```html
  <!-- Modal 新增 -->
  <div class="modal fade" id="exampleModal" tabindex="-1" aria-labelledby="exampleModalLabel" aria-hidden="true">
    <div class="modal-dialog">
      <div class="modal-content">
        <div class="modal-header">
        </div>
        <div class="modal-body">
        </div>
        <div class="modal-footer">
        </div>
```

```
            </div>
          </div>
        </div>
    <!-- Modal 修改 -->
    <div class="modal fade" id="exampleModal2" tabindex="-1" aria-
labelledby="exampleModalLabel" aria-hidden="true">
        <div class="modal-dialog">
          <div class="modal-content">
            <div class="modal-header">
            </div>
            <div class="modal-body">
            </div>
            <div class="modal-footer">
            </div>
          </div>
        </div>
      </div>
    </div>
  </div>
```

開啟 vue08-04-001-02.php，其執行結果僅能看到基礎的結構：

 這個主頁面是由登入視窗導過來的，因此必須先由登入視窗有效登入之後，才會
產生 session 的資料，之後只要沒有登出，這個 session 就一直存在，往下的試
測都不會有問題，否則以下測試時都會被導到 index.html 此登入視窗。

(STEP 4) 開啟 xindex.card-header 的內容，複製 card-header 的 <div> 結構內（詳
vue08-04-001-03.php）。

開啟 vue08-04-001-03.php，其執行結果僅能看到基礎的結構：

由此介面可知，此介面使用 input-group 的樣式，各功能說明如下：

一、第一個 <button> 按鈕會開啟用來新增帳號的 Modal。

二、第二個按鈕則是「列出」所有帳號，其 @click 繫結到 allRecords 方法。

三、至於文字框則是用來讓使用者輸入待查詢的帳號，因此設置有雙向綁定
v-model="queryUsername"。

四、最後的按鈕則是依使用者輸入的帳號進行查詢，其 @click 繫結到
queryAccount 方法。

```
<div class="input-group">
    <button
        class="btn btn-outline-secondary"
        type="button"
        data-bs-toggle="modal" data-bs-target="#exampleModal">
            <i class="fa-solid fa-user-plus"></i>
    </button>
    <button
        class="btn btn-outline-secondary"
        type="button" @click="allRecords">
            <i class="fa-solid fa-list"></i>
    </button>

    <input
```

```
        type="text"
        class="form-control"
        v-model="queryUsername"
        placeholder=" 請輸入待查詢的帳號 "
        aria-label="Recipient's username" aria-describedby="button-addon2">
    <button
        class="btn btn-outline-secondary"
        type="button"
        id="button-addon2"
        @click="queryAccount">
            <i class="fa-solid fa-clipboard-question"></i>
    </button>
</div>
```

相應的 Vue 實例設計如下：

5 開啟「xindex.vue 實例 -01」檔案的內容 Vue 實例（詳 vue08-04-001-04. php）。

```
        const app = Vue.createApp({
            data() {
                return {
                    queryUsername: "
                }
            },
            methods: {
                allRecords() {
                    axios.post('action4accounts.php', {
                        action: 'fetchall'
                    }).then(response => {
                        this.accounts = response.data;
                    });
                },
                queryAccount() {
                    if (this.queryUsername == "") {
                        alert(" 請輸入待查詢之帳號 ")
                    } else {
                        console.log("queery ...", this.queryUsername)
                        axios.post('action4accounts.php', {
                            action: 'fetchMatch',
```

```
            username: this.queryUsername
        }).then(response => {
          this.accounts = response.data;
          this.queryUsername = ''
        });
      }
    },
  }
})
```

上述二個方法都使用 axios 的 post 方法查詢資料庫,其格式如下,其中第二個參數,讓我們 POST 資料到後端:

axios.post(uploadURL, { 你要上傳的資料 **})**

查詢的網頁是 action4accounts.php,查詢時會指定查詢的動作及可能傳遞資料過去。由於該檔案的程式碼主要係關於連線資料庫及 SQL 敘述的組成為主。上述相應的程式碼待遇到時再予以說明。

除了上述的資料與方法外,由於新增按鈕會開啟 Modal 視窗,因此,請將「xindcx. 新增 Modal」檔案的內容取代目前 vue08-04-001-04.php 相應的內容(詳 vue08-04-001-05.php)。

開啟 vue08-04-001-05.php 檔案,其執行結果如下:

由此介面可知，有二個資料要與使用者互動，而新增按鈕則是用來寫入資料，
因此會繫結有事件處理程序：

```
<div class="modal fade" id="exampleModal" tabindex="-1" aria-
labelledby="exampleModalLabel" aria-hidden="true">
  <div class="modal-dialog">
    <div class="modal-content">
      <div class="modal-header">
        <h5 class="modal-title" id="exampleModalLabel"> 新增使用者帳號 </h5>
        <button type="button" class="btn-close" data-bs-dismiss="modal" aria-
label="Close"></button>
      </div>
      <div class="modal-body">
        <div class="input-group mb-3">
          <span class="input-group-text" id="basic-addon1"> 帳號 </span>
          <input
              type="text"
              v-model="newUser"
              class="form-control"
              placeholder=" 請輸入帳號名稱 "
              aria-label="Username" aria-describedby="basic-addon1">
        </div>

        <div class="input-group mb-3">
          <input
              type="text"
              v-model="newPassword"
              class="form-control"
              placeholder=" 請輸入密碼 "
              aria-label="Recipient's username" aria-describedby="basic-addon2">
          <span class="input-group-text" id="basic-addon2"> 密碼 </span>
        </div>
      </div>
      <div class="modal-footer">
        <button type="button" class="btn btn-secondary" data-bs-dismiss="modal"> 結束
</button>
        <button
            type="button"
            class="btn btn-primary"
            @click="insertRecord"> 新增 </button>
```

```
        </div>
      </div>
    </div>
  </div>
```

相應的 Vue 實例設計如下：

(STEP 6) 開啟「xindex.vue 實例 -02」檔案的內容，取代 Vue 實例（詳 vue08-04-001-06.php）。

開啟 vue08-04-001-06.php 檔案後按下第一個新增按鈕後，依序填入帳號及密碼，最後按下新增按鈕，此時會跳出已完成的視窗，按下確定後就會回到主畫面：

但是主畫面目前卻不能看到其結果：

雖然程式碼中有 this.allRecords()：

```
insertRecord() {
    if (this.newUser != '' && this.newPassword != '') {
        axios.post('action4accounts.php', {
            action: 'insert',
            username: this.newUser,
            password: this.newPassword
        }).then(response => {
            this.allRecords();
            this.newUser = '',
            this.newPassword = ''
            alert(response.data.message);

            //Cancel the prompt
            $('#exampleModal').modal('hide');
        });

    } else {
        alert(" 資料不完整 ");
    }
},
```

而 this.allRecords() 也已寫妥，但是其中使用到的 accounts 卻未在 data 中設定，同時也並未綁定到使用者介面中：

```
allRecords() {
    axios.post('action4accounts.php', {
```

```
        action: 'fetchall'
    }).then(response => {
        this.accounts = response.data;
    });
},
```

⑦ 在 Vue 實例的 data 中寫入 accounts（詳 vue08-04-001-06.php）。

```
const app = Vue.createApp({
    data() {
        return {
            accounts: [],
            queryUsername: '',
            newUser: '',
            newPassword: '',
        }
    },
    （略）
```

開啟 xindex.Table 檔案，將其內容複製，然後取代 card-body 中的 <table> 標籤
（詳 vue08-04-001-06.php）。

此時開啟 vue08-04-001-06.php 即可在頁中看到表格的標題，由於列出帳號
的第二個按鈕本來就已在前面的步驟中完成繫結，此時只要按下即可看到所有
的帳號：

對照上述的介面及下面的程式碼可知，要列出所有陣列中的資料勢必使用到
v-for 指令，而表格後側的二個按鈕也會繫結到相應的程式碼，特別是第一個
按鈕會開啟 Modal 視窗：

```html
<table class="table table-striped">
  <thead>
    <tr>
      <th> 帳號 </th>
      <th> 密碼 </th>
      <th> 動作 </th>
    </tr>
  </thead>
  <tbody>
    <tr v-for="account in accounts" :key="account.id">
      <td>{{ account.username }}</td>
      <td>{{ account.password }}</td>
      <td>
          <a
            href="javascript:void(0)"
            class="btn btn-sm btn-primary float-right"
            data-bs-toggle="modal" data-bs-target="#exampleModal2"
            @click="updateRecord(account.id)">
              <i class="fa-sharp fa-solid fa-pen-to-square"></i>
          </a>
           
          <a
            href="javascript:void(0)"
            class="btn btn-danger btn-sm btn-circle float-right"
            @click="deleteRecord(account.id)">
              <i class="fa-solid fa-trash"></i>
          </a>
      </td>
    </tr>
  </tbody>
</table>
```

如果希望網頁一開啟時即會將所有資料列出，可在 Vue 實例的 mounted「鉤
子」中加入相應的程式碼（詳 vue08-04-001-08.php）：

```
mounted() {
    this.allRecords()
},
```

STEP 8 請將 xindex.php 修改 Modal 取代目前 vue08-04-001-04.php 相應的內容（詳 vue08-04-001-09.php）。

此時開啟 vue08-04-001-09.php 檔案，然後按下表格中的任一筆帳號後點選修改的圖示，因為該按鈕會開啟 Modal 視窗，因此會出現下面的結果，不過這個視窗卻未自動帶入該筆帳號的資料：

這是因為這個 Modal 視窗有綁定相關的資料：

```
<div class="modal fade" id="exampleModal2" tabindex="-1" aria-
labelledby="exampleModalLabel" aria-hidden="true">
    <div class="modal-dialog">
        <div class="modal-content">
            <div class="modal-header">
                <h5 class="modal-title" id="exampleModalLabel"> 修改使用者帳號 </h5>
                <button type="button" class="btn-close" data-bs-dismiss="modal" aria-
label="Close"></button>
            </div>
            <div class="modal-body">
                <div class="input-group mb-3">
```

```
        <span class="input-group-text" id="basic-addon1"> 帳號 </span>
        <input
            type="text"
            disabled
            v-model="editUser"
            class="form-control"
            placeholder=" 請輸入帳號名稱 "
             aria-label="Username" aria-describedby="basic-addon1">
      </div>

      <div class="input-group mb-3">
        <input
            type="text"
            v-model="editPassword"
            class="form-control"
            placeholder=" 請輸入密碼 "
            aria-label="Recipient's username" aria-describedby="basic-addon2">
        <span class="input-group-text" id="basic-addon2"> 新密碼 </span>
      </div>
    </div>
    <div class="modal-footer">
      <button
          type="button" class="btn btn-secondary" data-bs-dismiss="modal">
            結束
      </button>
      <button
          type="button"
           class="btn btn-primary"
          @click="updateCurrentRecord">
            修改
      </button>
    </div>
    </div>
  </div>
</div>
```

而且該按鈕雖然有做 @click="updateRecord(account.id)" 的繫結，但該
方法並未實作。因此，接下來必須再完成這二個不足處。

⑨ 在 Vue 實例中除了加入上面二個的 editUser 及 editPassword 資料外，還要有一個用來記錄目前紀錄的 id，故再新增 editId，並新增 updateRecord(account.id) 方法（由「xindex.updateRecord 方法」檔案中複製過來）（詳 vue08-04-001-10.php）。

```
const app = Vue.createApp({
  data() {
    return {
      accounts: [],
      queryUsername: '',
      newUser: '',
      newPassword: '',
      editId: 0,
      editUser: '',
      editPassword: '',
    }
  },
  (略)
```

此時開啟 vue08-04-001-10.php 檔案即可看到自動帶出的帳號資料，其中帳號在前面的使用者介面中設定其 CSS 樣式的 class 為 disalbed，因此只能看不能修：

這個自動帶出的帳號資料的功能是因為點選該筆資料時會傳入該筆記錄的 id，因此程式利用此資料向後端查詢，並將查詢的結果設定 editUser 及 editPassword，因此才會在使用者介面中看到該 id 相應的紀錄：

```
updateRecord(id) {
  axios.post('action4accounts.php', {
    action: 'fetchSingle',
    id: id
  }).then(response => {
    this.editId = response.data.id;
    this.editUser = response.data.username;
    this.editPassword = response.data.password;
  });
},
```

另外，這個介面中的修改按鈕有 @click="updateCurrentRecord" 的繫結，因此，也必須在 methods 中加入，請複製「xindex. updateCurrentRecord 方法」檔案的內容到 methods 中（詳 vue08-04-001-11.php）。

此時開啟 vue08-04-001-11.php 檔案並按下第一筆記錄的修改按鈕後，即可進行修改：

在點選「資料已更新」視窗中的確定按鈕後，主視窗即會看到更新後的結果：

STEP 10 目前還有一個刪除按鈕的功能並未實作,該按鈕係以 @click="deleteRecord(account.id)" 進行繫結,故新增 deleteRecord(account. id) 方法(由「xindex. deleteRecord 方法」檔案中複製過來)(詳 vue08-04-001-12.php)。

此時開啟 vue08-04-001-12.php 檔案並按下第一筆記錄的刪除按鈕後,會再視確認:

STEP 10 目前還有一個查詢按鈕的功能並未實作,該按鈕係以 @click="queryAccount" 進行繫結,故新增 queryAccount 方法(由「xindex. queryAccount 方法」檔案中複製過來)(詳 vue08-04-001-13.php)。

此時開啟 vue08-04-001-13.php 檔案,並於文字框輸入 john 後按下查詢按鈕:

此時就會看到查詢後的結果:

如果沒有輸入資料就點選查詢，就會出現提示訊息：

如果查詢不到資料，就會出現空白：

12 實作登出的功能。將原先在 xindex.php 中的登出功能複製過來，亦即在 <a> 標籤中加入 href="logout.php"（詳 vue08-04-001-14.php）。

此時開啟 vue08-04-001-14.php 檔案，按下登出，之後就會導向 index.html 的登入頁面：

最後，很重要：這個主頁面是由登入視窗導過來的，因此必須在 login.php 中指定這個完成後的檔案，整個登入過程才會是正確的，以本例而言就是：

```php
<?php
session_start(); //start the PHP_session function

$username = $_POST['username'];
$password = $_POST['password'];

include "config4vue.php";
$sql_query_login = "SELECT * FROM accounts where username='$_POST[username]'
AND password='$_POST[password]'";
mysqli_query($conn, "SET names 'utf8'");
$result1 = mysqli_query($conn, $sql_query_login) or die(" 查詢失敗 ");
if (mysqli_num_rows($result1)) {
  $_SESSION["UserName"] = $username;
  header('Location: vue08-04-001-14.php');
  exit();
} else {
  // echo " 登入失敗 ";
  header('Location: failed.html');
}
```

8-5 action4accounts.php 解說

主頁面的 Vue 實例方法都是利用 axios 來取得 action4accounts.php 中指定的 API，這支檔案區分成二部份：第一部份是連線資料庫與取得送過來的請求及隨附之資料，第二部份則是以 SQL 敘述形成的 if 判斷：

```php
<?php
$servername = "localhost";
$dbadmin = "root";
$password = '';
$dbname = "mis";

$connect = new PDO("mysql:host=$servername;dbname=$dbname", $dbadmin, $password);

$received_data = json_decode(file_get_contents("php://input"));
$data = array();
```

```php
if ($received_data->action == 'fetchall') {
    $query = "SELECT * FROM accounts ORDER BY id DESC";
    ...
}
if ($received_data->action == 'insert') {
    ...
    $query = "INSERT INTO accounts (username, password) VALUES (:username, :password) ";
    ...
}
```

單引號＋雙引號　　雙引號＋單引號＋雙引號

```php
if ($received_data->action == 'fetchSingle') {
    $query = "SELECT * FROM accounts WHERE id = '" . $received_data->id . "'";
    ...
}
if ($received_data->action == 'fetchMatch') {
    $query = "SELECT * FROM accounts WHERE username = '" . $received_data->username . "'";
    ...
}

if ($received_data->action == 'delete') {
    $query = "DELETE FROM accountsWHERE id = '" . $received_data->id . "
    ";
    ...
}
```

而這些 if 判斷主要有二種類型，例如，allRecords() 方法對應到的程式碼是用來取得所有紀錄的 SELECT * 之 SQL 敘述：

```
allRecords() {
    axios.post('action4accounts.php', {
        action: 'fetchall'
    }).then(response => {
        this.accounts = response.data;
    });
},
```

action: **fetchall**

action4accounts.php

```
if ($received_data->action == 'fetchall') {
    $query = "
    SELECT * FROM accounts
    ORDER BY id DESC
    ";
    $statement = $connect->prepare($query);
    $statement->execute();
    while ($row = $statement->fetch(PDO::FETCH_ASSOC)) {
        $data[] = $row;
    }
    echo json_encode($data);
}
```

另外一種則是有傳遞資料的使用方式，例如，Vue 實例中的 insertRecord() 方法：

```
insertRecord() {
    if (this.newUser != '' && this.newPassword != '') {
        axios.post('action4accounts.php', {
            action: 'insert',
            username: this.newUser,
            password: this.newPassword
        }).then(response => {
            this.allRecords();
            this.newUser = '';
            this.newPassword = ''
            alert(response.data.message);

            //Cancel the prompt
            $('#exampleModal').modal('hide');
        });
    } else {
        alert("資料不完整");
    }
},
```

action4accounts.php   action: '**insert**'

```
if ($received_data->action == 'insert') {
    $data = array(
        ':username' => $received_data->username,
        ':password' => password_hash($received_data->password, PASSWORD_DEFAULT)
    );

    $query = "
    INSERT INTO accounts
    (username, password)
    VALUES (:username, :password)
    ";

    $statement = $connect->prepare($query);
    $statement->execute($data);
    $output = array(
        'message' => '已完成新增'
    );

    echo json_encode($output);
}
```

action4accounts.php 的開頭是下列用來連線到資料的程式碼以及取得傳進來的資料，還有宣告一個用來設定查詢結果的變數。這裡使用的連線方式與 config4vue.php 是不同的。

倒數第二列 file_get_contents("php://input") 是用來取得傳進來的資料，此一
敘述是二道敘述的組合 [1]：

```
// 從請求（request）取得原始資料（Takes raw data from the request）
// 特別是透過 POST 的請求
$json = file_get_contents('php://input');
```

```
// 將取得的資料轉換為 PHP 物件或陣列（Converts it into a PHP an array or an object）
$received_data = json_decode($json);
```

```
$servername = "localhost";
$dbadmin = "root";
$password = '';
$dbname = "mis";

$connect = new PDO(
    "mysql:host=$servername;dbname=$dbname",
    $dbadmin,
    $password
);

$received_data = json_decode(file_get_contents("php://input"));

$data = array();
```

例如，下列程式碼將原資料轉換為其列並取其第一個元素的值（詳
v08vue08-05-001-01.php）：

```
<?php
$json = '[" 哲學家看世界的 47 種方法 ", " 西方哲學史：從蘇格拉底到沙特及其後 ", " 法哲學：自然
法研究 "]';
$data = json_decode($json);
echo $data[0];
```

下列程式碼則是轉換成 PHP 物件，因此使用 PHP 物件的方式取出其屬值（詳
v08vue08-05-001-02.php）：

```
<?php
$json = '{
    "title": "PHP",
    "site": "GeeksforGeeks"
```

---

1 有興趣者，可參考 https://www.geeksforgeeks.org/how-to-receive-json-post-with-php/ 網頁。

```
}';
$data = json_decode($json);
echo $data->title;
echo "\n";
echo $data->site;
```

但是，在 json_decode() 函式中加入的 true 參數，則不能用 PHP 物件的方式取值，例如（詳 v08vue08-05-001-03.php）：

```
<?php
$json = '{
    "title": " 資訊刑法 ",
    "site": "info-criminal.alw"
}';
$data = json_decode($json, true);
echo $data->title;
echo "\n";
echo $data->site;
```

開啟 v08vue08-05-001-03.php，其執行結果如下：

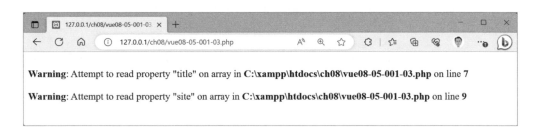

json_decode() 函式中加入的 true 參數，表示要轉換為 PHP 關聯式陣列（PHP associative array），所以要用關聯式陣列的方式取值 [2]（詳 v08vue08-05-001-04. php）：

```
<?php
$json = '{
    "title": " 資訊刑法 ",
    "site": "info-criminal.alw"
```

---

[2] 有興趣者，可參閱 https://www.w3schools.com/Php/func_json_decode.asp 網頁。

```
}';
$data = json_decode($json, true);
echo $data['title'];
echo "\n";
echo $data['site'];
```

開啟 v08vue08-05-001-04.php，其執行結果如下：

8-6　二個安全上的漏洞

8-6-1 明碼的問題與解決之道

目前的密碼是採用明碼儲存，因此任何可以接觸到資料庫的人都有可能知悉這些人的帳號及其密碼。

為了增加安全性，PHP 提供 password_hash 函式將明碼進行雜湊運算，運算後的長度是 60 位 ~ 255 位，PASSWORD_DEFAULT 取值跟 php 版本有關：

password_hash(明碼字串 , **PASSWORD_DEFAULT**)

雜湊運算後的值在登入時可以利用 password_verify 函式比對：

password_verify(
　　使用者登入時輸入的明碼 ,
　　存在資料庫裡經過雜湊的密碼
)

為了改以雜湊運算儲存使用者的密碼，請依下列方式逐一改寫：

STEP 1 開啟 phpMyAdmin，將原先 accounts 資料表的密碼長度變更為 255：

STEP 2 儲存密碼的操作在 action4accounts.php，因此開啟此檔案找到下列程式所在後，將框底線的內容進行修改：

```
if ($received_data->action == 'insert') {
  $data = array(
    ':username' => $received_data->username,
    ':password' => password_hash($received_data->password, PASSWORD_DEFAULT)
  );

  $query = "
  INSERT INTO accounts
  (username, password)
  VALUES (:username, :password)
  ";
(略)
```

本來應該還要再修改驗證密碼的 login.php，但是如果直接改後再測試，那麼目前的使用者因為都是明碼儲存的密碼將無法通過驗證，那麼上一節的管理介面就無法開啟，因此，進行到此之後，先用舊的 login.php 作為驗證，待開啟管理介面之後，新增一個採用雜湊運算的使用者，當然也可以直接修改現有的 john 這個使用者，不過本例採前者，然後登出之後再來修改 login.php。

開啟 index.html 檔案，利用 john 的明碼密碼 p@ssw0rd 登入，登入之後新增一個使用者，假設是 jack，其明碼的密碼是 xyz：

按下新增按鈕回到管理介面，就會發現 jack 的密碼是雜湊運算的值而非新增時輸入的 xyz：

確定無誤後，點選下方的登出。接下來進行 login.php 的修改。

③ 驗證密碼的檔案是 login.php，為同時避免原先程式的資安漏洞（詳 8-6-2），原先的內容修改如下，重點 password_verify 函式的使用：

```php
<?php
session_start(); //start the PHP_session function

$username = $_POST['username'];
$password = $_POST['password'];
$servername = "localhost";
$dbadmin = "root";
$password = '';
$dbname = "mis";

$pdo = new PDO("mysql:host=$servername;dbname=$dbname", $dbadmin, $password);
$query = $pdo->prepare("SELECT * FROM accounts where username = ? ");
$query->execute(array($_POST['username']));
$user = $query->fetch();

if ($user && password_verify($_POST['password'], $user['password'])) {
  $_SESSION["UserName"] = $username;
  header('Location: vue08-04-001-14.php');
  exit();
} else {
  // echo " 登入失敗 ";
  header('Location: failed.html');
}
```

這樣就修改完成，接下來進行測試。開啟 index.html 的登入視窗，此時如果利用 john 的明碼密碼 p@ssw0rd 登入，將會無法通過驗證而被導向 failed. html：

利用再利 jack 的明碼密碼 xyz 登入。

此時是可以順利開啟管理介面的：

因此，也要修改現有使用者 john 的密碼，不過目前對於修改的功能尚未調整，因此開啟 action4accounts.php 調整如下，調整方式同新增的語法：

```
if ($received_data->action == 'update') {
  $data = array(
    ':password' => password_hash($received_data->password, PASSWORD_DEFAULT),
    ':id'   => $received_data->id
  );

  $query = '
UPDATE accounts
SET password = :password
WHERE id = :id
';

  $statement = $connect->prepare($query);
  $statement->execute($data);
  $output = array(
    'message' => ' 資料已更新 '
  );

  echo json_encode($output);
}
```

開啟 index.html 檔案，利 jack 的明碼密碼 xyz 登入，接著修改 john 的資料。
由於只是要改由雜湊運算後的值儲存，因此明碼並未加以改變：

接著管理介面如下，顯然 john 的密碼不變，但已改採雜湊運算儲存了：

登出後，由 john 以 p@ssw0rd 即可登入。

不過這個登入後的畫面,每個人登入都一樣,各位會不會不小心懷疑我用其他使用者的畫面呢?

一般儀表板左上角都會使用者的圖示,例如 [3]:

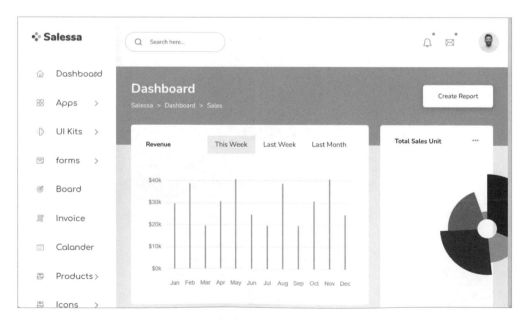

---

[3] https://demo.dashboardpack.com/sales-html/。

我們也試著修改一下吧。

想想登入的流程，其中粗線條的箭頭是帳號的流向：

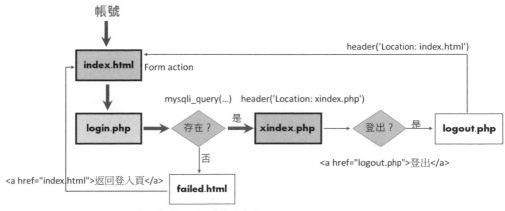

首先，想一下登入者的資料在什麼時候出現過？沒錯，在 index.html 登入時，而這個資料依據前面所說的流程又會流入 login.php，所以來看一下 login.php：

```php
<?php
session_start(); //start the PHP_session function

$username = $_POST['username'];
$password = $_POST['password'];

$servername = "localhost";
$dbadmin = "root";
$password = '';
$dbname = "mis";

$pdo = new PDO("mysql:host=$servername;dbname=$dbname", $dbadmin, $password);

$query = $pdo->prepare("SELECT * FROM accounts where username = ? ");

$query->execute(array($_POST['username']));
$user = $query->fetch();
```

```php
// 語法：password_verify( 使用者登入時輸入的明碼 , 存在資料庫裡經過雜湊的密碼 )
if ($user && password_verify($_POST['password'], $user['password'])) {
    $_SESSION["UserName"] = $username;
    header('Location: vue08-04-001-14.php');
    exit();
} else {
    // echo " 登入失敗 ";
    header('Location: failed.html');
}
```

從上面框起來的程式碼可知，一旦使用者是合法的使用者，其名稱會被 $_ SESSION["UserName"] 這個系統變數所保留。

再根據流程，接下來就會導入主系統頁面，以本例而言，即上述 header('Location: vue08-04-001-14.php') 程式碼中的 vue08-04-001-14.php。

開啟 vue08-04-001-14.php，程式碼一開頭就是：

```php
<?php
session_start();
if (!isset($_SESSION['UserName'])) {
  header('Location: index.html');
};
?>
```

因此只要拿到 $_SESSION['UserName'] 就可以知道目前登入的是誰了。

問題是怎麼在程式中使用這個 $_SESSION['UserName']？由於這是 PHP 的語法，因此就使用 <? echo ?> 吧！試著在標題中加入一個 <span>：

```php
<p class="text-center display-4 shadow-text"> 使用者帳號管理
<span>
    <?php echo $_SESSION['UserName'] ?>
</span>
</p>
```

這樣就可以看到目前的使用者的名稱出現在標題的右側了：

如果覺得寫在 HTML 中的內容太長，也可以這樣做（詳 vue08-04-001-15.php）：
首先，將 $_SESSION['UserName'] 指定給一個變數 $currentUser：

```php
<?php
session_start();
if (!isset($_SESSION['UserName'])) {
   header('Location: index.html');
};
$currentUser = $_SESSION['UserName'];
?>
```

接下來在 HTML 中使用：

```html
<p class="text-center display-4 shadow-text"> 使用者帳號管理
<span>
    <?php echo $currentUser; ?>
</span>
</p>
```

又或者製作一個函式（詳 vue08-04-001-16.php）：

```php
<?php
session_start();
if (!isset($_SESSION['UserName'])) {
```

```
  header('Location: index.html');
};

function get_username()
{
  return json_encode($_SESSION['UserName']);
}

?>
```

然後在 Vue 實例中使用：

```
const app = Vue.createApp({
  data() {
    return {
      accounts: [],
      queryUsername: '',
      newUser: '',
      newPassword: '',
      editUser: '',
      editPassword: '',
      currentUser: <?php echo get_username(); ?>,
    }
  },
  (略)
```

最後，使用鬍子模板語法：

```
<p class="text-center display-4 shadow-text"> 使用者帳號管理
<span>
    {{ currentUser}}
</span>
</p>
```

不過，對於只有一道敘述而使用函式，不免顯得殺雞用牛刀，直接寫在 Vue 實例中即可，HTML 一樣使用 {{ }} 鬍子模板語法（詳 vue08-04-001-16.php）：

```
const app = Vue.createApp({
  data() {
    return {
```

```
        accounts: [],
        queryUsername: '',
        newUser: '',
        newPassword: '',
        editUser: '',
        editPassword: '',
        currentUser: <?php echo json_encode($_SESSION['UserName']); ?>,
    }
  },
(略)
```

8-6-2 SQL Injection 與解決之道

SQL Injection（資料隱碼攻擊）是許多網站的致命傷，係攻擊者利用程式設計師未次程式碼中過濾可能有害的字元的情況下，直接將使用者輸入的文字資料直接交由資料庫處理所引發的漏洞。因為攻擊者有機會在輸入的資料中夾 SQL 語法，更改對資料庫所下的指令。SQL Injection 的攻擊千變萬化，但最簡單且為最常見者莫過於迴避網站的登入。[4]

第 8-3-2-2 的 login.php 雖能夠驗證使用者，卻有 SQL Injection（資料隱碼攻擊的問題）。接下來做這個驗證。

STEP 1 確認 login.php 的內容還是如下的程式碼：

```
<?php

session_start(); //start the PHP_session function

$username = $_POST['username'];
$password = $_POST['password'];

include "config4vue.php";
$sql_query_login = "SELECT * FROM accounts where username='$_POST[username]'
AND password='$_POST[password]'";
```

---

[4] 潘天佑，資訊安全概論與實務，碁峰資訊股份有限公司，2022 年 09 月，三版第二十刷，頁 4-8。

```
mysqli_query($conn, "SET names 'utf8'");

$result1 = mysqli_query($conn, $sql_query_login) or die(" 查詢失敗 ");

if (mysqli_num_rows($result1)) {
  $_SESSION["UserName"] = $username;
  header('Location: xindex.php');
  exit();
} else {
  // echo " 登入失敗 ";
  header('Location: failed.html');
}
```

STEP 2 開啟 index.html 檔案，並輸入下列的帳號及密碼：

點選登入之後即會開啟 xindex.php：

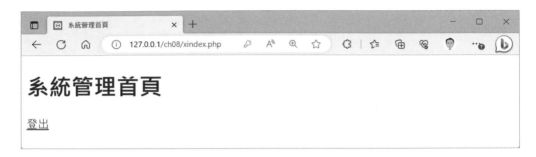

為何使用者輸入了非資料主中的資料卻仍通 SQL 敘述中的 WHERE 條件檢測呢？茲將上述的資料搭配 login.php 中的 SQL 敘述寫成測試程式碼如下（詳 vue08-06-201-01.php）：

```
<!DOCTYPE html>
<html lang="zh-HANT-TW">

<head>
  <meta charset="utf-8" />
  <title>SQL Injection（資料隱碼攻擊）</title>
</head>

<body>
  <?php
  $username = "' or '="";
  $password = "' or '="";

  $sql_query_login = "SELECT * FROM accounts where username='$username' AND password='$password'";

  echo $sql_query_login;
  ?>
</body>

</html>
```

開啟 vue08-06-201-01.php，其執行結果如下，由於 "=" 恆為真，因此 WHERE 條件永遠滿足：

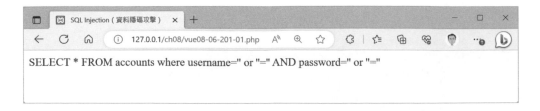

找個外部網站來測試一下我們的 SQL 敘述。開啟 http://sqlfiddle.com/ 網頁，然後依序輸入資料：

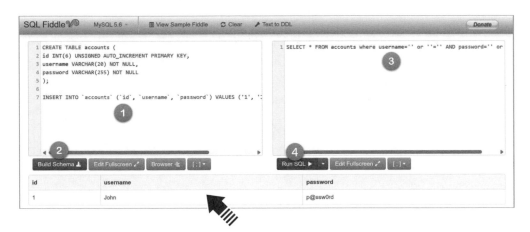

一、輸入建立資料表及插入一筆紀錄的 SQL 敘述（上圖標示 1 的位置），接著按下 Build Schema 按鈕（上圖標示 2 的位置）：

CREATE TABLE accounts (
id INT(6) UNSIGNED AUTO_INCREMENT PRIMARY KEY,
username VARCHAR(20) NOT NULL,
password VARCHAR(255) NOT NULL
);

INSERT INTO `accounts` (`id`, `username`, `password`) VALUES ('1', 'John', 'p@ssw0rd');

二、請在右側的文字框填入 vue08-06-201-01.php 執行結果的字串的 SQL 敘述（上圖標示 3 的位置）：

SELECT * FROM accounts where username=" or "=" AND password=" or "="

接著按下 Run SQL 按鈕（上圖標示 4 的位置）即可列出目前資料表中所有的紀錄了（上圖箭頭所指處）：

關於 "=" 恆為真，因此 WHERE 條件永遠滿足，各位不妨試一下在上述標示 3 的位置輸入：

> **SELECT * FROM accounts where username=" or "="**

接著按下 Run SQL 按鈕（上圖標示 4 的位置），一樣可以看到所有的資料。由 **username=" or "="** 為 true 來看的值，**password=" or "="** 一定也為 true，於是下列條件式就相當於 true AND true，此運算式恆為真：

> **username=" or "=" AND password=" or "="**

STEP 2　目前 SQL Injection 大都藉由 SQL 採用將 WHERE 的條件採字串串接的方式而產生，因此，解決之道就是避開這種方式。解決的方式有二，一種是採預儲程序（stored procedure），另一種則是將 WHERE 的條件參數化。以下的解法係採後者。

因為 MySQL 連線方式的不同，改寫邏輯雖然相同，但不同的連線方式的參數化語法不同。採 PDO 方式者，可將 login.php 改寫為下列的程式碼（以下各解法的程式碼請參考「login.injection」檔案）：

```php
<?php
session_start(); //start the PHP_session function

$username = $_POST['username'];
$password = $_POST['password'];

$servername = "localhost";
$dbadmin = "root";
$password = ";
$dbname = "mis";

$pdo = new PDO("mysql:host=$servername;dbname=$dbname", $dbadmin, $password);
```

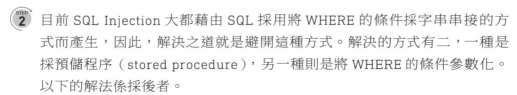

```php
$query = $pdo->prepare("SELECT * FROM accounts where username = ?  and password = ?");
$query->execute(array($_POST['username'], $_POST['password']));
```

```php
if ($query->rowCount()) {
    $_SESSION["UserName"] = $username;
    header('Location: xindex.php');
    exit();
} else {
    // echo " 登入失敗 ";
    header('Location: failed.html');
}
```

開啟 index.html 檔案，輸入相同的字串，但這次會出現登入失敗：

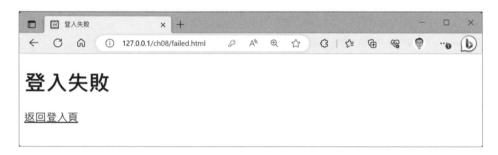

以下係針對密碼未採雜湊運算儲存時的處理方式，如果是採雜湊運算儲存時，則程式碼則參考上一節 8-6-1。

如果非採 PDO 的 mysqli 物件導向方式連線者，亦可修改為如下之程式碼：

```php
<?php
session_start(); //start the PHP_session function

$servername = "localhost";
$dbadmin = "root";
$password = '';
$dbname = "mis";

$mysqli = new mysqli($servername, $dbadmin, $password, $dbname);

$stmt = $mysqli->prepare("SELECT * FROM accounts where username= ? and password = ? ");
```

```
// 下面第一個參數中的 ss⁵，表示接下來二個參數的值都是字串
$stmt->bind_param('ss', $username, $password);

// 設定上述指定參數的值
$username = $_POST['username'];
$password = $_POST['password'];
```

```
$stmt->execute();
$result1 = $stmt->store_result();
if ($stmt->num_rows()) {
    $_SESSION["UserName"] = $username;
    header('Location: xindex.php');
    exit();
} else {
    echo " 登入失敗 ";
}
```

如果密碼採雜湊運算儲存時，上面的程式碼欠缺了 password_verify () 函式的操作，因此要修改成下面的內容：

```
<?php
session_start(); //start the PHP_session function

$servername = "localhost";
$dbadmin = "root";
$password = '';
$dbname = "mis";

$mysqli = new mysqli($servername, $dbadmin, $password, $dbname);

$stmt = $mysqli->prepare("SELECT * FROM accounts where username= ?");
$stmt->bind_param('s', $username);

// 設定上述指定參數的值
$username = $_POST['username'];
```

---

5 除了 s 表示字串外，尚有 i 表示 integer(亦即為整數)、d 表示 double(亦即為浮點數) 及 b 表示 BLOB。因此，倘有 $stmt->bind_param("si", $_POST['name'], $_POST['age']); ，則表示第二個參數的值會是整數。

```php
$stmt->execute();
$result = $stmt->get_result();
$row = $result->fetch_assoc();
$user = $row['username'];
$pwd = $row['password'];

if ($user && password_verify($_POST['password'], $pwd)) {
    $_SESSION["UserName"] = $username;
    header('Location: vue08-04-001-14.php');
    exit();
} else {
    echo " 登入失敗 ";
}
```

8-7　小結

雖然主頁的程式碼很複雜，但都是基本架構而已，就算未來有上萬筆資料，在 Vue 實例中，data 仍舊是下列定設定而已，成千上萬筆的紀錄就只用一個 accounts 陣列表達罷了：

```javascript
const app = Vue.createApp({
    data() {
        return {
            accounts: [],
            queryUsername: '',
            newUser: '',
            newPassword: '',
            editUser: '',
            editPassword: '',
        }
    },
    (略)
```

Vue 果然就是個「前端」的「框架」：框起成堆資料，架起一個足堪重任的網站！

為了示範並作為本書的最後一個範例，請回想一下第一章 W3Schools 的 about 範例（詳 about.html）：

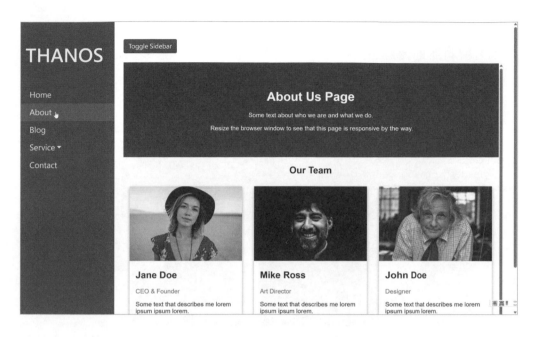

這個範例完全框架化之後,在還沒有導入任何資料之前,其執行結果是這樣的:

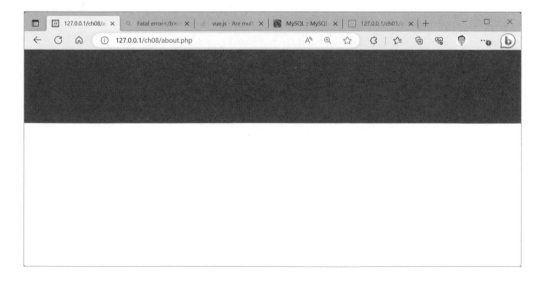

沒錯!都說了框架化而且還沒導入資料,所以只看到這樣的結果。接下來就讓我們來完成本書的最後一個範例吧。

1. 將第一章的 about.html 複製為 about.php。是的，就是 .php，因為要導入資料庫的資料，因此會使用到 PHP 的語法。另外 team1.jpg、team2.jpg 及 team3.jpg 也要一併複製過來喔。

2. 將 about.html 加以分析，其結構如下：

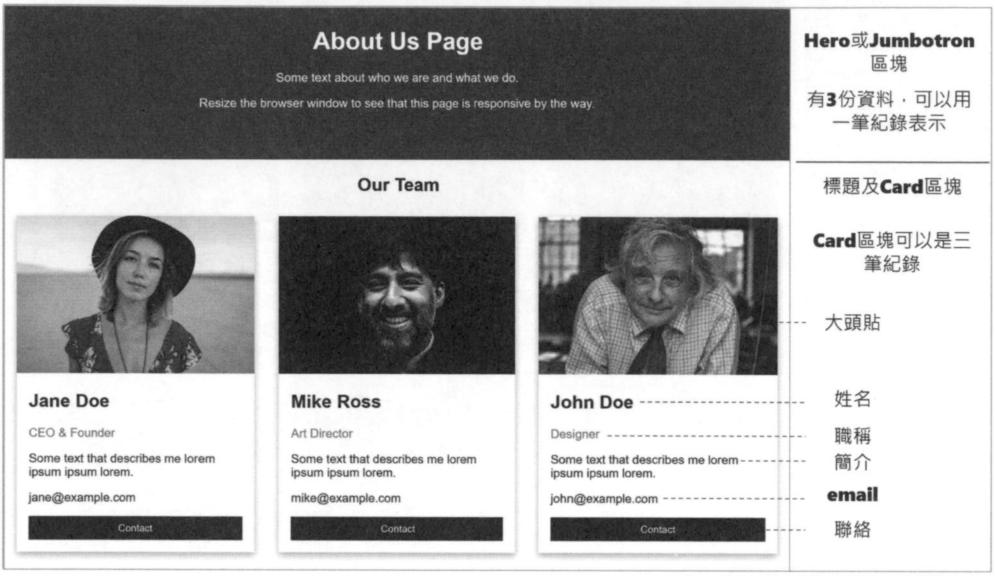

所以，Hero 區塊的資料可以來自一個資料表中的一筆紀錄，該筆紀錄共有 3 個欄位；Card 區塊可以來自一個資料主中的三筆紀錄，每筆紀錄共有 6 個欄位。最後，剩下一個 Our Team 這個標題及 Card 元件上的按鈕標題沒辦法有效的歸屬到上述的二個資料表，因此，這 2 個資料就用 Vue 實例中的 data 來表示。

經由上面這些說明，可知我們需要二個資料表，其中用來表示 Hero 區塊的資料表，我用 about 資料表來儲存資料，共有三個欄位，分別是 title、line1 及 line2：

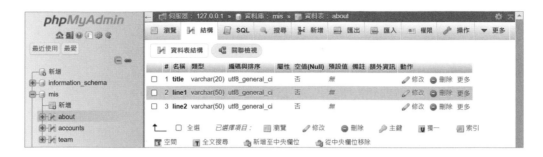

team 資料表用來儲存團隊成員的資料，每個成員有 6 個資料，分別用 7 個欄位表達：id、name、avatar、position、description、email 及 url：

STEP 3 將 about.php 加以「挖空其資料」餘下架構如下。共有二個 id，因此本例會採用第一章 1-7 非單一 Vue 實例的作法，每個 Vue 實例會單獨載入資料表的資料。

「挖空其資料」的部份有的用 {{ }} 鬍子模板語法，有的 v-bind 指令，由於只是從資料表撈資料出來放而已，因此用不著雙向資料綁定的 v-model 指令。

```
<div id="about" class="about-section">
<div id="about" class="about-section">
  <div v-for="item in about" :key="item.title">
   <h1>{{ item.title }}</h1>
   <p>{{ item.line1 }}</p>
   <p>{{ item.line2 }}</p>
  </div>
</div> </div>
```

```
<div id="team">
  <h2 style="text-align: center">{{ title }}</h2>
  <div class="row">
    <div
        class="column"
        v-for="member in team" :key="member.id">
      <div class="card">
        <img
            v-bind:src="member.avatar"
            v-bind:alt="member.name"
            style="width: 100%" />
        <div class="container">
          <h2>{{ member.name }}</h2>
          <p class="title">{{ member.position }}</p>
          <p>{{ member.description }}</p>
          <p>{{ member.email }}</p>
          <p>
            <a
                v-bind:href="member.url"
                target="_blank">
                {{ btn4contact }}
            <a>
          </p>
        </div>
      </div>
    </div>
  </div>
</div>
```

(STEP 4) 根據上述的綁定，設計 Vue 實例的 data：注意，這些資料分別定義在不同的 Vue 實例中。

```
<!-- Vue 實例的程式碼 -->
<script>
  const about = Vue.createApp({
    data() {
      return {
        about: '<?php echo about_page(); ?>'
      }
    },
```

```
    })
    about.mount('#about')

    const team = Vue.createApp({
      data() {
        return {
          team: <?php echo get_team_members(); ?>,
          title: ' 我們的團隊成員 ',
          btn4contact: ' 我的網頁 '
        }
      }
    })
    team.mount('#team')
  </script>
```

此時如果開啟 about.php 檔案，其結果如下：

⑤ 為資料表加入資料。首先是 about 資料表，其中的一筆 INSERT 敘述請從
「about.sql」檔案中複製：

接下來是 team 資料表，其中的三筆 INSERT 敘述請從「about.sql」檔案中複製：

STEP 6 將讀取資料的 PHP 程式碼寫在 about_php_function.php，因此新增該檔案，並且在 about.php 中含括進來：

```
<body>
 <?php
 include "./about_php_function.php";
 ?>
```

STEP 7 根據 Vue 實例中呼叫的方法設計，這二個方法都要寫在 about_php_function.php 中。首先是 about_page() 方法，用來讀取 about 資料表的內容，由於資料表僅有一列資料，

```
function about_page()
{
    $servername = "localhost";
    $dbadmin = "root";
    $password = '';
    $dbname = "mis";

    $connect = new PDO("mysql:host=$servername;dbname=$dbname", $dbadmin, $password);

    $data = array();
    $query = "
SELECT * FROM about";

    $statement = $connect->prepare($query);
    $statement->execute();
    while ($row = $statement->fetch(PDO::FETCH_ASSOC)) {
```

```
    $data[] = $row;
  }

  $connect = null;
  echo json_encode($data);
}
```

此時開啟 about.php 即可看到結果了：一個由空白到圓滿的結果！

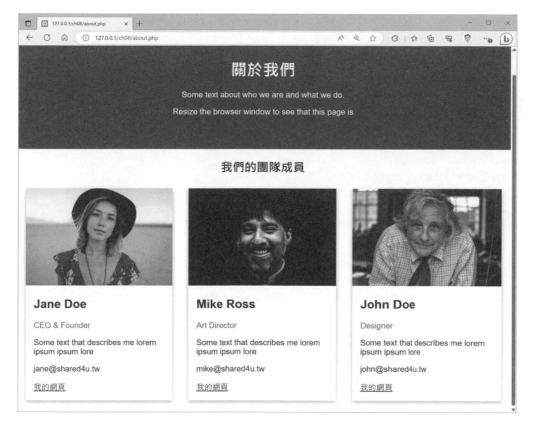

本書到此告一段落，截至目前為止已將各種不同資料的來源及搭配的 Bootstrap 5 元件的使用說明清楚，算是 Vue 基礎的資料實戰的結束。

對於結構不複雜的網站而言，應該是夠用的了，至於較複雜的 Vue 元件、Vue 狀態管理、Vue Router 路由、Composition API、Vue CLI…等較進階的主題，則留待 Vue 進階實戰一書再見囉！

8-8 〈補充〉MySQL 資料庫的連線開啟與關閉

利用 PHP 與 MySQL 資料庫連線時，有二種方式，二者各有優劣，該選用何種方式，簡單來說：任隨君意囉！

一、MySQLi extension[6]，其中字母「i」表示「改善」（improved）之意。此種方式又區分有二種：MySQLi 物件導向式 (object-oriented)，以及 MySQLi 程序式 (procedural)。

二、PDO 資料物件式[7] (PHP Data Objects)

使用 MySQLi (procedural) 者，其程式碼如下，這是我們在 config4vue.php 中的用法：使用 mysqli_connect() 函式進行連線。

```php
<?php

$servername="localhost";
$dbadmin="jidca200_mgt";
$password="yahoo7889";
$database="jidca200_linebot";

// 建立連線
$conn= mysqli_connect($servername,$dbadmin,$password,$database);

// 檢查否能夠連到資料庫
if (!$conn) {
 die("Connection failed: " . mysqli_connect_error());
}
```

要關閉連線話，使用 mysqli_close() 函式：

```php
mysqli_close($conn);
```

如果使用 MySQLi (object-oriented)，則是使用 new PDO 物件的方式（詳 vue08-0a-001-01.php）：

---

6 有興趣者，可參考 phpdelusions.net 的 https://phpdelusions.net/mysqli 網頁及 W3Schools 的 https://www.w3schools.com/php/php_mysql_connect.asp 網頁。

7 有興趣者，可參考 phpdelusions.net 的 https://phpdelusions.net/pdo 網頁及 W3Schools 的 https://www.w3schools.com/php/php_mysql_connect.asp 網頁。

```php
<?php
$servername = "localhost";
$dbadmin = "root";
$password = "";
$database = "mis";

// 建立連線
$conn = new mysqli($servername, $dbadmin, $password);

// 檢查否能夠連到資料庫
if ($conn->connect_error) {
    die(" 連線失敗：" . $conn->connect_error);
}
echo " 成功連線 ";
```

要關閉連線話，使用連線物件 mysql 的 close() 方法：

```php
$conn->close();
```

最後一種是採 PDO 方式，顧名思義是使用 new PDO 物件的方式（詳 vue08-0a-002-01.php）：

```php
<?php
$servername = "localhost";
$dbadmin = "root";
$password = "";
$database = "mis";

try {
    $conn = new PDO("mysql:host=$servername;dbname=mis", $dbadmin, $password);
    // 設定 PDO 錯誤模式
    $conn->setAttribute(PDO::ATTR_ERRMODE, PDO::ERRMODE_EXCEPTION);
    echo " 成功連線 ";
} catch (PDOException $e) {
    echo " 連線失敗：" . $e->getMessage();
}
```

要關閉連線話，則設定連線物件 PDO 的值為 null：

```php
$conn = null;
```

這三種方式連線到 MySQL 資料庫的方式，本章都有使用，而不同的連線式所使用的取得資料的語法不同，則請參考本章前面的範例。

Vue.js 3 前端漸進式建構框架實戰應用｜完美搭配 Bootstrap 5 與 PHP

作　　　者：黃聰明
企劃編輯：詹祐甯
文字編輯：王雅雯
設計裝幀：張寶莉
發　行　人：廖文良

發　行　所：碁峰資訊股份有限公司
地　　　址：台北市南港區三重路 66 號 7 樓之 6
電　　　話：(02)2788-2408
傳　　　真：(02)8192-4433
網　　　站：www.gotop.com.tw
書　　　號：ACL068300
版　　　次：2024 年 03 月初版
建議售價：NT$580

國家圖書館出版品預行編目資料

Vue.js 3 前端漸進式建構框架實戰應用：完美搭配 Bootstrap 5 與 PHP / 黃聰明著. -- 初版. -- 臺北市：碁峰資訊, 2024.03
　　面；　公分
　ISBN 978-626-324-721-5(平裝)
　1.CST：Java Script(電腦程式語言)
312.32J36　　　　　　　　　　　　112022406